Einführung in die Petrologie
metamorpher Gesteine

Vorwort

Metamorphe Prozesse haben im Laufe der Erdgeschichte großräumig stattgefunden und den größten Teil der Gesteine der heutigen Erdkruste geprägt. Dennoch sind sie noch nicht so gut verstanden wie sedimentäre oder vulkanische Prozesse, weil Metamorphose selten direkt beobachtet werden kann. Die Untersuchung metamorpher Gesteine beruht stattdessen auf Beobachtungen und logischen Schlußfolgerungen, die auf relativ vereinfachten Experimenten und den Grundlagen der Chemie und Physik basieren.

Beim Verfassen dieses Buches habe ich versucht, eine Einführung in das deduktive Denken des metamorphen Petrologen zu geben sowie einige bekannte Fakten und derzeit moderne Hypothesen über metamorphe Gesteine vorzustellen. Mein Ziel ist es, einerseits einen breitangelegten Überblick über das Fach solchen Studenten zu geben, die nur eine Vorlesung in metamorpher Petrologie belegen und etwas über die Bedeutung des Faches für andere Bereiche der Geowissenschaften erfahren wollen, andererseits aber gleichzeitig denen eine angemessene Einführung zu bieten, die weiter fortschreiten und eigene Beiträge zu dem Fach liefern wollen. Der größte Teil des Buches ist metamorphen Mineralparagenesen gewidmet, die in bestimmten Gesteinen unter bestimmten Bedingungen entstehen. Dies beruht auf der grundlegenden Annahme, daß Gesteine reagieren, bis sie während der Metamorphose chemisches Gleichgewicht erreicht haben. Tatsächlich ist dies nicht immer der Fall, aber dennoch weisen Gleichgewichtsuntersuchungen auf die Richtung hin, in die natürliche Prozesse ablaufen. Somit sind sie die Voraussetzung für die Untersuchung metamorpher Prozesse, die folgen. Schließlich betreibt man nicht metamorphe Petrologie um ihrer selbst Willen: sie spielt auch eine entscheidende Rolle bei der Entzifferung vergangener krustenweiter tektonischer Prozesse. Somit behandelt der letzte Teil des Buches die tektonischen Ursachen der Metamorphose, ein Thema, in dem derzeit sehr schnelle Erkenntnisfortschritte erzielt werden.

Das schwierigste Problem bei der Planung eines Lehrbuches über metamorphe Petrologie ist die Entscheidung, wie weit die Einführung in die theoretischen Grundlagen erfolgen soll. Einerseits ist ein gutes Grundlagenwissen der Thermodynamik unabdingbar für alle, die auf dem Gebiet der metamorphen Petrologie forschen wollen, aber andererseits ist es auch völlig unmöglich, die grundlegende Methodik, Ziele und Erkenntnisse der metamorphen Petrologie ohne einen Grundkurs in Thermodynamik zu verstehen. Viele Geologen, die nur einen generellen Überblick über das Fach bekommen wollen, werden berechtigterweise ein Buch erwarten, das einen Einstieg auf diesem Niveau bietet. Mein Ziel war es also, einen umfassenden Text für Studenten mit geringem Wissen in Thermodynamik zu schreiben mit einer gleichzeitigen Einführung der grundlegendsten Größen der Thermodynamik und ihrer Bedeutung für die metamorphe Petrologie.

Metamorphe Petrologie wird vermutlich auch in nächster Zukunft ein kleines Forschungsgebiet in den Geowissenschaften bleiben. Ich hoffe aber, meine Leser davon zu überzeugen, daß Metamorphose kein so komplexes, schwieriges oder gar unlogisches Thema ist, wie es von Studenten vielfach angesehen wird. Stattdessen möchte ich etwas von dem Reiz und der Spannung der Forschung auf diesem Gebiet vermitteln und aufzeigen, daß hierdurch einige der Schlüsselfragen in den Geowissenschaften beantwortet werden können.

Bruce Yardley
Leeds, Februar 1988

zwischen **Kontaktmetamorphose** (contact metamorphism) einerseits, die Umwandlungen durch Erwärmung in unmittelbarer Umgebung einer magmatischen Intrusion bedingt, und **Regionalmetamorphose** (regional metamorphism) andererseits, die ein großes Gebiet erfaßt, keinen lokalisierbaren Ursprung hat und gewöhnlich von intensiver Verformung der entsprechenden Gesteine begleitet wird. Metamorphe Gesteine wurden einem größeren Publikum durch LYELLS „Principles of Geology" 1833 vorgestellt, und schon um die Mitte des Jahrhunderts hatten einige Geologen, die metamorphe Gesteine im Gelände kartierten, ein recht tiefes Verständnis für diese Problematik. Beispielsweise gebrauchte der irische Geologe PATRICK GANLY schon um 1856 sedimentäre Schrägschichtungsstrukturen, um in deformierten Schichten „oben und unten" zu bestimmen. In der zweiten Hälfte des neunzehnten Jahrhunderts bemühten sich einige Schulen bereits, die Ursachen von Metamorphose zu klären, und der Einfluß der meisten dieser Denkrichtungen wirkt noch bis heute nach.

HUTTON hob die Rolle der Wärme hervor und war wahrscheinlich der erste Geologe, der erkannte, daß in Gesteinen, die unter den tief in der Erde herrschenden Drücken aufgeheizt werden, Dampf aufgrund des hohen Drucks nicht wie unter Oberflächenbedingungen entweichen kann. Diese Schlußfolgerung wurde experimentell durch HUTTONS Freund, SIR JAMES HALL, getestet, der Kreidepulver in einem Kanonenrohr verschloß und dieses im Ofen seiner Gießerei erhitzte. Nach dem Öffnen fand er grobkristallinen Marmor anstelle von Kalziumoxid, das sich bei Erhitzen unter Atmosphärendruck gebildet hätte. HUTTONS Einfluß schlug sich ein Jahrhundert später im Werk von BARROW nieder, der in einem Gebiet des schottischen Hochlandes erste systematische Untersuchungen zur Variation des Metamorphosegrades vornahm und die Metamorphose auf Hitzeeinwirkung durch Granitintrusionen zurückführte.

Viele deutsche und Schweizer Geologen folgten VON ROSENBUSCH, der Druck und Deformation als Ursachen von Regionalmetamorphose hervorhob. GRUBENMANN machte dann ein Klassifikationsschema populär, in dem verschiedene Metamorphosetypen drei Tiefenzonen zugeordnet wurden. Eine obere **Epizone** war durch niedrige Temperatur, aber intensive Deformation gekennzeichnet, eine mittlere **Mesozone** durch intermediäre Temperatur und Deformation und schließlich eine tiefe **Katazone** durch hohe Temperaturen, aber geringe Deformation. Der Begriff **Anchizone** wird noch manchmal für den Übergangsbereich zwischen Diagenese und Metamorphose benutzt. Der Einfluß von Deformation wurde um 1920 auch durch den britischen Petrologen HARKER betont, der glaubte, daß einige sogenannte „Streßminerale" sich in Gesteinen nur während einer Deformation bilden und somit nur in regionalmetamorphen Gesteinen auftreten könnten. Nach modernen experimentellen Untersuchungen hat sich dieses Konzept als nahezu vollständig falsch erwiesen.

Eine dritte, hauptsächlich französische Schule betonte die Rolle von Fluiden und glaubte, daß sie oft erhebliche Änderungen des Gesteinschemismus während der Metamorphose verursachen würden. Dieser Ansatz war zeitweise recht populär und spiegelt sich in den Auseinandersetzungen über die Granitentstehung in den vierziger und fünfziger Jahren wider. Vielleicht ist es nicht überraschend, daß wir heute gerade französischen Wissenschaftlern grundlegende Untersuchungen über eingeschlossene Bläschen metamorpher Fluide in Mineralen metamorpher Gesteine, sogenannte **Fluideinschlüsse** (fluid inclusions), verdanken.

Unser heutiges Verständnis der Bedingungen, bei denen Metamorphose stattfindet, beruht weitgehend auf experimentellen Untersuchungen, die seit den frühen fünfziger Jahren bei hohen Drücken und Temperaturen durchgeführt wurden. Die Anfänge können jedoch bis zum Anfang des Jahrhunderts zurückverfolgt werden, insbesondere zu den Arbeiten GOLDSCHMIDTS im Oslogebiet Norwegens (GOLDSCHMIDT 1911). 1912 benutzte GOLDSCHMIDT die damals neue Methode der Thermodynamik, um Bedingungen zu errechnen, bei denen sich Wollastonit auf Kosten von Calcit und Quarz bilden würde und erhielt somit die Bildungstemperatur Wollastonit-haltiger Gesteine. Dies nahm schon vor über fünfzig Jahren die heute generell verbreitete Anwendung solcher Methodik in der metamorphen Petrologie vorweg!

Kurz darauf untersuchte der finnische Geologe ESKOLA die Metamorphose in Südwest-Finnland. Hier wendete auch er das Prinzip des chemischen Gleichgewichtes bei der Interpretation von Mineralparagenesen an. Der Vergleich seiner Resultate mit denen von GOLDSCHMIDT brachte ihn dazu, das Schema der **metamorphen Fazies** (metamorphic facies) zu entwickeln (Kap. 2 und 4), bei dem verschiedene metamorphe Mineralparagenesen als typisch für unterschiedliche Druck- und Temperaturbereiche bei der Metamorphose erkannt wurden. Er bestimmte die relativen Temperaturen und Drücke der verschiedenen Fazies und konnte zeigen, daß etwa Glaukophanschiefer, nach GRUBENMANN noch der Epizone zugehörig, sich in Wirklichkeit in erheblicher Tiefe bildeten. ESKOLAs Ideen, in den zwanziger Jahren entwickelt, wurden zunächst nur sehr langsam akzeptiert, werden aber heute als grundlegend für das Verständnis metamorpher Gesteine angesehen.

Die hauptsächlichen Entwicklungen der zweiten Hälfte des zwanzigsten Jahrhunderts basieren auf neuer Technologie. Viele metamorphe Minerale und **Mineralparagenesen** (mineral assemblages), d.h. Vergesellschaftungen koexistierender Minerale, wurden unter sorgfältig kontrollierten experimentellen Bedingungen synthetisiert, und auch die thermodynamischen Eigenschaften von vielen Mineralen sind jetzt recht gut bekannt, die zusätzliche Informationen zu den Bildungsbedingungen liefern. Neue, schnelle und hochentwickelte Analysenmethoden für natürliche Gesteine und Minerale stehen zur Verfügung, während verbreitete Altersbestimmungen ein viel besseres Verständnis der Entwicklung regionalmetamorpher Gebiete erlauben. Entwicklungen in der Strukturgeologie liefern den Rahmen, in dem man die grundsätzlichen Ursachen der Bildung bestimmter Arten metamorpher Gesteine untersuchen kann. In den letzten Jahren wurde besonderer Wert vor allem auf die Bestimmung von Druck und Temperatur bei der Bildung metamorpher Gesteine gelegt. Dagegen werden viele andere Probleme gerade erst in Angriff genommen, zum Beispiel die Metamorphoseraten, d.h. die Weise, in der sich metamorphe Bedingungen mit der Zeit entwickeln, oder die Beziehung von Deformation und Tektonik zur Metamorphose und das Verhalten von Fluiden bei der Metamorphose.

1.2 Die Arten metamorpher Umwandlung

Zwei prinzipielle Arten von Umwandlung bei der Metamorphose können an Gesteinen beobachtet werden: Ersatz ursprünglicher Minerale durch neue metamorphe Minerale infolge chemischer Reaktionen, d.h. **Phasenumwandlungen** (phase changes), und Rekristallisation von Mineralen zu neuen Gefügen wie die Regelung plattiger Phasen in Schiefern oder die kontinuierliche Kornvergröberung von Kalkstein zu Marmor, d.h. **Gefügeumwandlungen** (textural changes). Diese Arten der Umwandlung können gemeinsam oder mehr oder weniger unabhängig voneinander auftreten, je nach Ursache der Metamorphose und dem betreffenden Gesteinstyp.

Metamorphose findet im Wesentlichen im festen Zustand statt. Mit anderen Worten, die Gesteine bleiben völlig kohärent (im Gegensatz etwa zum Fall umfangreicher Schmelzbildung), und so können ursprüngliche Gefüge wie sedimentärer Lagenbau erhalten bleiben, wenn auch durch Deformation verformt und zerrissen. Die Umschreibung von Metamorphose als Festkörperumwandlung darf allerdings nicht allzu wörtlich genommen werden. Kleine Mengen an freien Fluiden können bei der Metamorphose beteiligt sein und diesen Fluiden kann eine bedeutende Rolle bei metamorphen Umwandlungen zugeschrieben werden.

Bei vielen Untersuchungen wurde festgestellt, daß metamorphe Gesteine die gleiche chemische Zusammensetzung haben wie ihre sedimentären oder magmatischen Ausgangsgesteine mit Ausnahme von Zu- oder Abfuhr flüchtiger Bestandteile (gewöhnlich H_2O). Diese Umwandlung ist als **isochemische Metamorphose** (isochemical metamorphism) bekannt und wird durch die Analysen in Tabelle 1.1 belegt. Jedoch kann sich die chemische Zusammensetzung während der Rekristallisation eines Gesteins durchaus erheblich ändern. Gewöhnlich ereignet sich dies dort, wo heiße Lösungen frei durch Gesteine zirkulieren können, einige Substanzen aufgelöst werden und andere sich abscheiden. Auch können zwei aneinandergrenzende Schichten stark voneinander abweichenden Chemismus haben und an ihrem Kontakt miteinander reagieren. Dieser Prozeß der Änderung des Chemismus während der Metamorphose wird **Metasomatose** (metasomatism) genannt, und die entsprechenden Gesteine sind **metasomatische Gesteine**.

Tabelle 1.1 Vergleich der chemischen Zusammensetzungen von Metamorphiten und ihren sedimentären oder magmatischen Ausgangsgesteinen.

	Pelitische Sedimente				Basische Gesteine			
	Tonschiefer		Glimmerschiefer		repräsentative Analysen			
	MW	σ	MW	σ	1	2	3	4
SiO_2	59,93	6,33	63,51	8,94	43,01	51,98	50,92	49,17
TiO_2	0,85	0,57	0,79	0,67	2,99	1,21	0,60	1,04
Al_2O_3	16,62	3,33	17,35	5,08	14,55	14,48	16,83	18,02
Fe_2O_3	3,03	2,08	2,00	1,66	5,60	1,37	1,11	1,64
FeO	3,18	1,84	4,71	2,44	8,55	8,92	9,78	7,09
MgO	2,63	1,98	2,31	1,82	8,45	7,59	7,99	10,67
CaO	2,18	2,54	1,24	0,92	10,21	10,33	9,87	10,64
Na_2O	1,73	1,27	1,96	1,06	1,82	2,04	1,15	2,74
K_2O	3,54	1,33	3,35	1,31	1,02	0,84	1,12	0,63
H_2O	4,34	2,38	2,42	1,53	2,87	0,88	0,96	-
CO_2	2,31	2,60	0,22	0,22	-	-	-	-

Quellen

Pelitische Sedimente:
Analysenmittelwerte MW nach SHAW (1956) mit Standardabweichungen σ.

Basische Gesteine:
1. Olivintholeiit, Principe Island, Golf von Guinea (BARROS 1960).
2. Diabas (Dolerit), Fuß des Palisades Sill, New Jersey (WALKER 1969).
3. Eklogit, Lyell Highway, Tasmanien (SPRY 1963 a).
4. Ophitischer Metadolerit, Grünschieferfazies, schottisches Hochland (GRAHAM 1976). Diese Analyse ist auf wasserfreier Basis auf 100% gerechnet.

1.3 Untersuchungen über Metamorphose in den Geowissenschaften

Viele Geowissenschaftler neigen zu der Vorstellung, daß Metamorphose mit dem Wachstum großer und attraktiver Minerale in Gesteinen beginnt! Jedoch muß eine logische Definition von Metamorphose jedes Gestein einschließen, das ohne totale Aufschmelzung rekristallisiert ist, so daß es jetzt entweder Minerale enthält, die unter den ursprünglich sedimentären und magmatischen Bildungsbedingungen nicht stabil waren, oder daß neue Gefüge entstanden sind. In der Praxis werden Umwandlungen bei tiefer Versenkung und Diagenese von Sedimenten konventionell vom Bereich der Metamorphose ausgeschlossen, während Prozesse im Zusammenhang mit der Bildung von Erzlagerstätten gewöhnlich separat behandelt werden. Die Grenzen der Metamorphose sind somit teilweise willkürlich, und einige metamorphe Prozesse können wissenschaftlich auf exakt die gleiche Weise behandelt werden wie analoge Prozesse der Erzbildung oder Diagenese.

Das Verständnis von Metamorphose hat sich sehr viel langsamer entwickelt als das von magmatischen und sedimentären Prozessen, vielleicht weil wir in der Regel Metamorphose nicht direkt beobachten können und darauf angewiesen sind, aus den Gesteinen selbst abzuleiten, was vermutlich geschehen ist. Andererseits ist Metamorphose extrem wichtig für unser Verständnis von der Entwicklung und Dynamik der Erde, zumal der weitaus größte Anteil aller Gesteine der Erdkruste metamorph überprägt ist. Dank des technologischen Fortschritts der vergangenen 30 Jahre haben wir vielfach sehr gute Vorstellungen über die physikalischen Bildungsbedingungen bestimmter metamorpher Gesteine bekommen. Dies bietet uns eine geradezu unschätzbare Information über frühere thermische Zustände in der Erdkruste.

Einige Beispiele für Metamorphose

Bevor wir uns den relativ abstrakten Konzepten zuwenden, wie und warum Metamorphose stattfindet, sollten wir eine Vorstellung davon haben, wie metamorphe Gesteine im Gelände auftreten, und wie sie tatsächlich aussehen. In diesem Abschnitt werden einige sehr unterschiedliche Gebiete metamorpher Gesteine beschrieben, um einige mögliche Vorkommen zu belegen. Obwohl moderne metamorphe Petrologie viel auf theoretischen oder experimentellen Untersuchungen beruht, sind Laboruntersuchungen jedoch von geringer Bedeutung, wenn sie sich nicht auf die Zusammensetzungen und physikalischen Bildungsbedingungen natürlicher Gesteine beziehen. So werden Geländeuntersuchungen auch immer ein wesentlicher Stützpfeiler des Faches bleiben.

Eines der klassischen Gebiete metamorpher Geologie ist das südöstliche schottische Hochland (Abb. 1.2). Hier zeigte G.M. BARROW (1883, 1912) erstmalig eine systematische Variation der Mineralzusammensetzung metamorpher Gesteine auf, die deutlich auf unterschiedliche Bedingungen (besonders der Temperatur) zurückgeführt werden konnte, denen die Gesteine ausgesetzt waren. Später wurde BARROWs Werk von TILLEY (1925) verfeinert und nach Südwesten erweitert.

Das südliche Hochland Schottlands

Die Gesteine dieses Gebietes sind Metasedimente (sowie einige basische Magmatite) der eokambrisch-kambrischen Dalradian Supergruppe. Ursprüngliche quarzreiche Sandsteine zeigen relativ wenig Veränderungen, allerdings fand BARROW heraus, daß **metapelitische Gesteine** (metamorphe tonige Sedimente) in eine Abfolge **metamorpher** Zonen eingeteilt werden konnten, jede durch das Auftreten eines neuen metamorphen Minerals bei zunehmender Metamorphose gekennzeichnet. Die Mineralumwandlungen werden von allgemeiner Kornvergröberung begleitet, wenn feinkörnige Tonschiefer in grobkörnige Glimmerschiefer übergehen. Tonschiefer zeigen die geringste Abweichung von den ursprünglichen Sedimenten und werden als **niedriggradige** Gesteine (low grade) bezeichnet. (**Grad** ist ein lose definierter Begriff, um die relativen Extrembedingungen in bezug auf die Temperatur, seltener des Drucks, zu kennzeichnen, denen ein Gestein ausgesetzt war. Ein hochgradiges Gestein wurde bei Temperaturen nahe denen einiger Magmen metamorphosiert.) BARROW bezeichnete die niedrigstgradigen Tonschiefer als „Zone unverdauter klastischer Glimmer", die jedoch von TILLEY in Chlorit-Zone umbenannt wurde. Aufeinanderfolgende metamorphe Zonen werden am Auftreten neuer Minerale erkannt, die bei jeweils niedrigeren Graden noch nicht vorhanden sind. Die Zonenabfolge, wie sie jetzt bekannt ist, ist folgende:

Chlorit-Zone: Metapelite enthalten vor allem Chlorit sowie Muskovit, Quarz und Albit.

Biotit-Zone: Rotbraune oder grünbraune Biotite treten auf; Chlorit, Muskovit, Albit und Quarz bleiben erhalten.

Granat-Zone: Roter almandinreicher Granat ist typisch und oft augenfällig im Handstück. Bei diesem Grad sind metapelitische Gesteine Glimmerschiefer und enthalten gewöhnlich neben Granat Biotit, Chlorit, Muskovit, Quarz und Albit oder Oligoklas. Chlorit kann jedoch fehlen.

Staurolith-Zone: Staurolith tritt neben Biotit, Muskovit, Quarz, saurem Plagioklas und gewöhnlich Granat auf. Etwas Chlorit kann noch vorkommen.

Disthen-Zone: Disthen-Glimmerschiefer enthalten Biotit, Quarz, Plagioklas, Muskovit und meistens Granat. Staurolith kommt auch oft vor und kann komplexe Verwachsungen mit Disthen bilden.

Sillimanit-Zone: Sillimanit tritt neben Biotit, Muskovit, Quarz, Plagioklas, Granat und manchmal Staurolith auf. Disthen kann auch noch vorhanden sein, obwohl Disthen und Sillimanit die gleiche chemische Zusammensetzung haben (Al_2SiO_5).

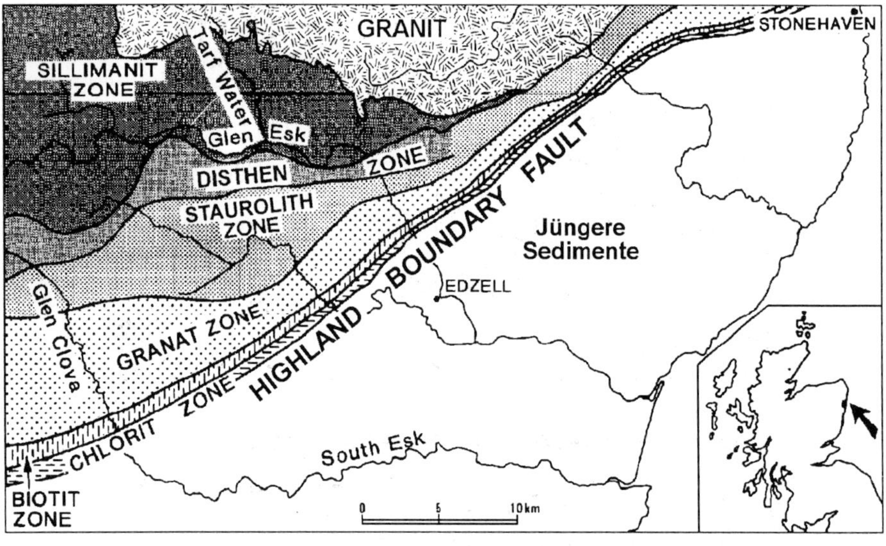

Abb. 1.2 Metamorphe Zonen im östlichen Hochland Schottlands, bestimmt durch die mineralogische Zusammensetzung metapelitischer Schiefer. Nach TILLEY (1925).

Unter dem Mikroskop erkennt man, daß metamorphe pelitische Gesteine zusätzlich zu den oben genannten Silikaten akzessorische Minerale wie Turmalin, Apatit und Zirkon und oft beträchtliche Mengen an opaken Mineralen wie Magnetit, Ilmenit, Pyrit, Pyrrhotin und Graphit enthalten.

Die Minerale, die jede Zone charakterisieren (z.B. Chlorit, Biotit etc.), werden **Indexminerale** (index minerals) genannt. Allerdings können alle Indexminerale noch bei höheren Graden stabil sein als die, die sie charakterisieren. Die Zonen wurden kartiert, indem die Fundpunkte der einzelnen Indexminerale auf einer Karte eingetragen und Linien durch die ersten Erscheinungspunkte eines Indexminerals mit aufsteigendem Grad gezogen wurden. Einige Indexminerale treten bei etwas abweichender Temperatur in Lagen mit leicht unterschiedlichem Chemismus auf. Somit wurden bei dieser Methode der Grenzziehung Effekte willkürlicher Variation der Gesteinszusammensetzung ausgeglichen.

Dies bedeutet, daß beispielsweise einige metapelitische Gesteine der Granatzone tatsächlich keinen Granat enthalten und so von Gesteinen der Biotitzone nicht zu unterscheiden sind (Abb. 1.3). TILLEY bezeichnete die Zonengrenzen als **Isograden** (isograds), also Linien gleichen Metamorphosegrades. Isograden, die auf diese Weise kartiert werden, sind „Mineralbildungs-Isograden". Weil dieser Typ von Isograde nicht genau in Gebieten kartiert werden kann, in denen die Gesteinszusammensetzung variiert, ist es heute üblich, Isograden auf der Basis vollständiger Mineralparagenesen in Gesteinen strenger zu definieren als lediglich durch das Auftreten individueller Indexminerale.

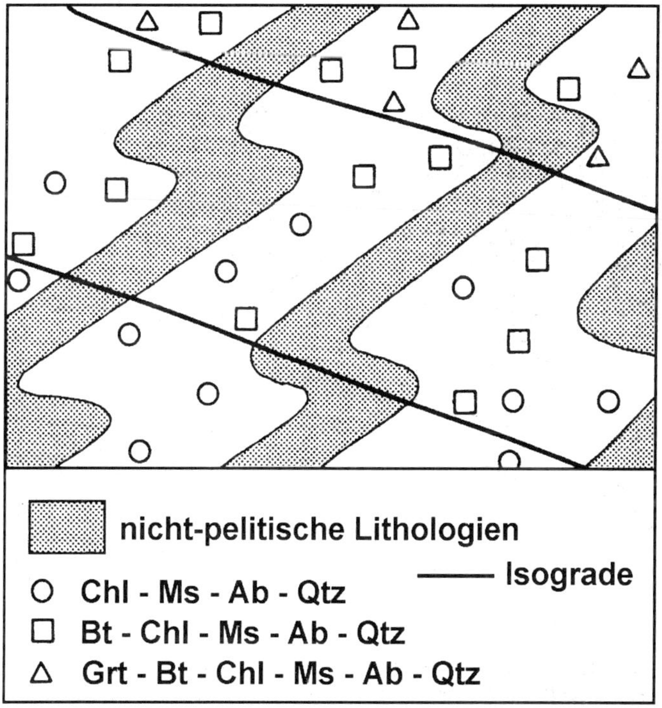

Abb. 1.3 Schematische Karte mit der Verteilung von Mineralparagenesen (offene Symbole) in metapelitischen Lithologien einer regionalmetamorphen Abfolge. Die Mineralisograden sind auf der Basis von Information aus den Paragenesen kartiert. (Mineralabkürzungen im Anhang).

Diese Untersuchung metamorpher Zonen veranschaulichte ein sehr bedeutendes Metamorphosekonzept, das der **fortschreitenden Metamorphose** (progressive metamorphism). Generell wird bei den meisten Metamorphosearten angenommen, daß höhergradige Gesteine vorher Mineralparagenesen niedriggradigerer Zonen aufwiesen, mit zunehmender Metamorphose kontinuierlich rekristallisierten sowie ihre mineralogische Zusammensetzung änderten und nicht etwa vom unmetamorphen Sediment zu höhergradigen Schiefern direkt umgewandelt wurden. Diese Annahme wurde wiederholt in Frage gestellt, aber es gibt doch viele Belege, die sie stützen. Beispielsweise können Minerale niedrigergradiger Zonen als **Einschlüsse** (inclusions) in größeren Körnern anderer Minerale erhalten sein und so in höhergradigen Zonen vorkommen, in denen sie sonst nicht auftreten würden. Dieses Thema wird in Kap. 6 nochmals aufgegriffen.

Die Metamorphose des südöstlichen Hochlandes ist als **Regionalmetamorphose** bekannt, weil sie ein weites Gebiet betrifft und – im Gegensatz zur ursprünglichen Ansicht von BARROW – keine offensichtliche lokale Ursache wie etwa eine magmatische Intrusion hatte. Die Tatsache, daß Granite im Gebiet von Abb. 1.2 auftreten, wird heute als rein zufällig angesehen. Die Zonengliederung, die sich aus den schottischen Metapeliten ergibt, wird oft als **Barrow-Zonierung** (Barrovian zoning) bezeichnet und wurde schon aus vielen Teilen der Welt beschrieben.

Die östlichen Ligurischen Apenninen NW-Italiens

Die Gesteine des östlichen Liguriens enthalten einen **Ophiolithkomplex** (ophiolite suite) mit alterierten ultrabasischen Gesteinen, metamorphosierten Gabbros mit lokalen Basaltgängen, Kissenlaven und einer Sedimentabfolge aus Kieselgesteinen, Turbiditen und Tonsteinen. Diese Abfolge wurde als Rest ozeanischer Kruste interpretiert, der während einer Gebirgsbildung in kontinentale Kruste eingeschuppt wurde. Die Metamorphose einer 225 m mächtigen Abfolge aus Lavenergüssen und Zufuhrgängen wurde von SPOONER & FYFE (1973) beschrieben, die folgende Zonengliederung vom stratigraphischen Top der Laven nach unten feststellten:

Rote Kissenlaven: Sie sind gekennzeichnet durch häufig vorkommenden roten Hämatit. Albit, Smektit, Calcit und Titanit treten auch auf, und Chlorit bildet sich im mittleren und unteren Teil der Zone. Ganz unten erscheint Pumpellyit.

Blau-grüne Kissenlaven: In dieser Zone ist Smektit nicht mehr vorhanden und Calcit sowie Hämatit treten nur noch in geringen Mengen auf. Die Gesteinsfarbe reflektiert den häufigen Chlorit und Pumpellyit.

Gelb-grüne Kissenlaven: Hier erscheinen Epidot und Aktinolith, obwohl Chlorit, Pumpellyit, Albit und Titanit noch stabil sind.

Zufuhrgänge: An der Basis der Abfolge tritt Hornblende mit Aktinolith zusammen in den Gängen auf und Magnetit ersetzt Hämatit.

Diese Abfolge metamorpher Zonen ist von dem vorausgegangenen Beispiel sehr verschieden. Dies liegt natürlich an den unterschiedlichen beteiligten Ausgangsgesteinen. In diesem Falle sind Ca-haltige Minerale wie Calcit, Pumpellyit und Amphibole von Bedeutung, weil basische Laven reich an Ca sind, während in den metapelitischen Gesteinen K- und Al-reiche Phasen wie Glimmer, Staurolith und Disthen charakteristisch sind.

Obwohl das Gebiet Teil eines komplex deformierten Gebirgsgürtels bildet, hat diese Metamorphose wahrscheinlich eine andere Ursache als diejenige im schottischen Hochland.

Auch sind Brekzien mitdeformiert, die im höheren Teil dieser Lavenabfolge eingeschaltet sind. Diese Brekzien enthalten Fragmente metamorpher Basalte, obgleich die Brekzienmatrix nicht metamorphosiert wurde. Dies bedeutet, daß die Laven sehr kurz nach ihrer Bildung metamorph überprägt wurden – und natürlich vor der Ablagerung der Brekzien. Aus diesem Grund glaubt man, daß die metamorphe Abfolge im östlichen Ligurien ein Beispiel für **Ozeanbodenmetamorphose** (sea-floor metamorphism) darstellt – d.h. Metamorphose, die durch heiße wäßrige Lösungen verursacht wurde, die durch neue ozeanische Kruste zirkulierten. Man sollte auch erwähnen, daß wenigstens der obere Teil der Gesteinsabfolge durch geringfügige Metasomatose neben der Metamorphose überprägt wurde, weil frische Lava normalerweise zu sehr reduziert ist, um Hämatit zu bilden. Viel Sauerstoff, CO_2 und H_2O wurden dem Gestein durch zirkulierende Fluide zugeführt, und wahrscheinlich fanden auch andere chemische Veränderungen statt.

Donegal, Irland

Ein dritter Typ von Metamorphose, der metapelitische Gesteine der Dalradian Supergruppe wie im ersten Beispiel überprägt, tritt nahe Glinsk in Irland in einem schmalen Streifen um einen Granitkörper, dem Fanad-Pluton, auf (Abb. 1.4): Die Metamorphose dieses Gebietes wurde detailliert von W.M. EDMUNDS untersucht und durch PITCHER & BERGER (1972) beschrieben.

Die Gesteine des Dalradians in Donegal erfuhren ebenfalls eine Regionalmetamorphose ähnlich der in Schottland. Bei Glinsk wurden Bedingungen der Granatzone erreicht. Danach wurde Granat teilweise durch Chlorit ersetzt. Der Prozeß der Rückumwandlung von Hochtemperaturmineralen in Minerale, die bei niedrigeren Graden stabil sind, heißt **retrograde Metamorphose** (retrograde metamorphism).

Der Fanad-Pluton drang nach dieser Episode retrograder Metamorphose ein. Seine genaue Größe ist nicht bekannt. Er ist 15 km entlang der Küste aufgeschlossen, und bestimmte metamorphe Effekte treten bis zu 1750 m entfernt vom Granit auf. Die Abfolge der metamorphen Zonen kann am besten entlang des Ostufers der Mulroy Bay beobachtet werden, wo ein einziges Metapelitband nordwärts in den Granit hineinstößt (Abb. 1.4): Die erste Umwandlung (im Dünnschliff sichtbar) bei Annäherung an den Granit ist das Wachstum neuen Biotits, der teilweise um alte Granatkörner wächst. Darauf folgen kleine neue Granatkörner um die alten Körner. Sehr nahe an diesem Isograd erscheint Andalusit und Granat verschwindet. Folgende Isograde bedeuten das Auftreten von Cordierit und Kalifeldspat mit Sillimanit (anfänglich in einer feinkörnigen faserigen Form). Muskovit existiert nicht mehr in der Sillimanitzone.

Schon durch die Geländebefunde bei Glinsk wird deutlich, daß die metamorphen Zonen direkt im Zusammenhang mit der Granitintrusion stehen. Diese Gesteine bilden eine **metamorphe Aureole** (metamorphic aureole) um den Granit, der in diesem Fall eindeutig die Wärmequelle für die Metamorphose darstellte. So wird dieser Typ von Metamorphose als **Kontaktmetamorphose** bezeichnet.

Trotz der ähnlichen chemischen Zusammensetzung der Gesteine sind die in der Fanad-Aureole entstandenen Minerale nicht gleich denen im südöstlichen schottischen Hochland. Cordierit und Andalusit treten in der Aureole auf, während Staurolith selten ist und Disthen fehlt. Dies belegt, daß die Metamorphosebedingungen in beiden Gebieten unterschiedlich waren. In beiden Beispielen liegt eine breite Abfolge von metamorphen Graden vor, mit Sillimanit in den höchsten Graden. Es ist daher vernünftig, anzunehmen, daß das Temperaturspektrum der Metamorphose in beiden Gebieten überlappte. Die mineralogischen Unter-

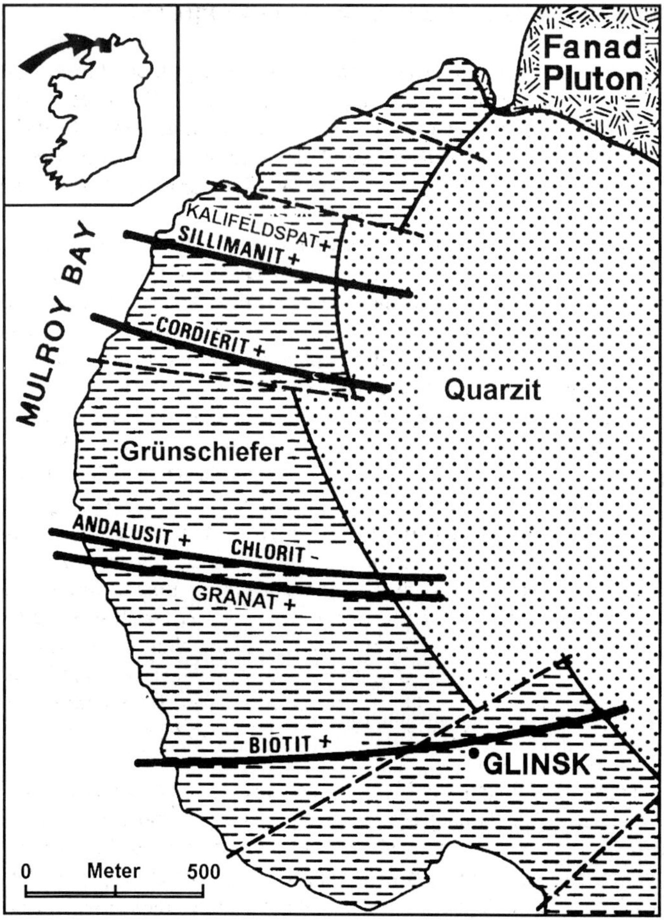

Abb. 1.4 Metamorphosezonen in metapelitischen Schiefern in der Aureole des Fanad-Plutons, Donegal, Irland. Vereinfacht nach EDMUNDS in PITCHER & BERGER (1972).

schiede reflektieren wahrscheinlich unterschiedliche Tiefen und somit Metamorphosedrücke. Wir können dies anhand der auftretenden unterschiedlichen Al_2SiO_5-Polymorphe bestätigen. Im südlichen schottischen Hochland tritt zu höheren Graden hin Sillimanit anstelle von Disthen auf, während bei Fanad Andalusit das erste auftretende Alumosilikat ist. Die Dichte von Disthen ist 3,6 g/cm^3, die von Andalusit nur 3,15 g/cm^3. Erhöhter Druck fördert die Bildung relativ dichter Minerale. Im vorliegenden Fall haben Andalusit und Disthen die gleiche chemische Zusammensetzung und scheinen sich in einem ähnlichen Temperaturbereich zu bilden. Daraus können wir ableiten, daß die Kontaktmetamorphose bei Glinsk bei niedrigeren Drücken stattfand als die Regionalmetamorphose im südöstlichen Hochland.

1.4 Die Erscheinungsformen von Metamorphose

Die eben beschriebenen Beispiele metamorpher Gesteine zeigen, daß Metamorphose in ganz unterschiedlichem Umfeld innerhalb der Erdkruste stattfindet. So ist es nützlich, eine Art genetischer Klassifikation zur Unterscheidung zu haben. Es gibt kein einheitlich anerkanntes Klassifikationsschema, da die Vorstellungen über Metamorphose sich gerade in den letzten 20 Jahren ganz erheblich verändert haben. Beispielsweise wurde erst kürzlich der Prozeß der Ozeanbodenmetamorphose weithin bekannt.

Regionalmetamorphose betrifft weite Gebiete metamorpher Gesteine in vielen Gebirgsgürteln. Aufheizung erfolgt ohne engen Zusammenhang mit bestimmten magmatischen Körpern, obwohl Intrusionen auftreten und zur allgemeinen Anhebung der Temperatur beitragen können. Regionalmetamorphose ist stets von Verformung und Faltung begleitet. Regionalmetamorphe Gesteine haben oft ein planares Gefüge (Schieferung), das von der Deformation hervorgerufen wird. **Versenkungsmetamorphose** (burial metamorphism) ist eine Art von Regionalmetamorphose, bei der sich sehr mächtige sedimentäre oder vulkanosedimentäre Serien in einem sich absenkenden Becken bilden, so daß sich an der Basis des Stapels Bedingungen niedriggradiger Metamorphose einstellen, obwohl keine für die Regionalmetamorphose typische begleitende Deformation erkennbar ist.

Kontakt- oder Thermometamorphose (contact or thermal metamorphism) entsteht durch den Temperaturanstieg in Gesteinen, die eine magmatische Intrusion umgeben. Aureolengesteine werden üblicherweise nicht während der metamorphen Rekristallisation verformt, und so verwachsen und verzahnen sich die Körner zu einem harten, splittrigen Gestein, **Hornfels** (hornfels) genannt. Die Produkte der Kontaktmetamorphose sind sehr verschieden. Die meisten beschriebenen bildeten sich um Granitplutone in der oberen oder mittleren Kruste. Die Fanad-Aureole ist repräsentativ dafür. In speziellen lokalen Situationen jedoch, etwa wo vulkanische Gesteine Sedimente sehr nahe der Oberfläche aufheizen, können ungewöhnliche Gesteine und Minerale entstehen.

Dynamische oder kataklastische Metamorphose (dynamic or cataclastic metamorphism) ist normalerweise noch lokaler aufgeschlossen als Kontaktmetamorphose. Sie findet auf Störungsflächen und in Scherzonen infolge intensiver Verformung des Gesteins in der unmittelbaren Bewegungszone statt. Oft wird die mechanische Zerkleinerung von Rekristallisation oder vom Wachstum OH-haltiger Minerale infolge von Fluidfluß in der Deformationszone begleitet. **Mylonite** (mylonites) sind typische Produkte dieses Metamorphosetyps, d.h. kohärente, feinkörnige foliierte Gesteine.

Hydrothermale Metamorphose (hydrothermal metamorphism) schließt chemische Veränderung (Metasomatose) ein und ist das Ergebnis der Zirkulation heißen Wassers entlang von Brüchen und Rissen in einem Gesteinskörper (z.B. Abb. 1.1 c). Dieser Metamorphosetyp ist oft mit magmatischer Aktivität verbunden, weil ausgeprägte Temperaturgradienten ähnlich denen um oberflächennahe Intrusionen notwendig sind, um die Fluidkonvektion anzutreiben. Es ist ein bedeutender Prozeß in Geothermalfeldern und auch Voraussetzung für die Bildung vieler Erzlagerstätten wie etwa die vom „Porphyry-Copper“-Typ. Jedoch ist wahrscheinlich der am meisten verbreitete Typ von hydrothermaler Metamorphose die Ozeanbodenmetamorphose an mittelozeanischen Rücken. Die oben beschriebenen Gesteine der östlichen Ligurischen Alpen sollen auf diese Weise entstanden sein. Heutige Ozeanbodenmetamorphose wird noch in Kap. 4 detailliert beschrieben.

Impaktmetamorphose (impact metamorphism) hat keine genetische Beziehung zu irgendeiner anderen Erscheinungsform von Metamorphose und wird durch den Impakt, d.h. Einschlag großer Meteoriten mit hoher Geschwindigkeit auf eine Planetenoberfläche erzeugt. Auf einigen Körpern des Sonnensystems (z.B. Merkur oder Mond) ist Impaktmetamorphose vielleicht der bedeutendste geologische Prozeß. Wenn er auch nicht weniger häufig auf der Erde ist, so sind doch andere Prozesse viel bedeutender. Beispiele von Impaktmetamorphose sind sehr selten und haben nach dem Archaikum wahrscheinlich kaum noch eine Rolle bei der Entwicklung der Erde gespielt. Der Stoß, der durch einen Meteoriteneinschlag hervorgerufen wird, läuft durch die umgebenden Gesteine und setzt sie für einen Bruchteil einer Sekunde extrem hohen Drücken aus. Die Erholung der Kristallgitter nach dem Stoßereignis bewirkt einen Anstieg der Temperatur, der zu Aufschmelzung oder gar Verdampfung führen kann. Eines der bestbekanntesten Beispiele für Impaktmetamorphose ist der „Meteor Crater" in Arizona, wo unter anderem einige Quarzkörner kretazischer Sandsteine in die dichten Hochdruck-SiO_2-Polymorphen Coesit und Stishovit umgewandelt wurden. Coesit wird andererseits auch in Gesteinen gefunden, die in Manteltiefen rekristallisierten, z.B. als Einschlüsse in Diamant, und somit deutlich anzeigen, daß Drücke entsprechend denen des Erdmantels kurzzeitig bei dem Impakt auch auf der Erdoberfläche geherrscht haben müssen. Impaktmetamorphose wird in diesem Buch nicht weiter behandelt, jedoch ist weiterführende Literatur am Ende des Kapitels angegeben.

Mit Ausnahme der Impaktmetamorphose zeigen die anderen Metamorphosetypen untereinander Ähnlichkeiten in bezug auf die betroffenen Gesteine und die entstandenen Minerale. Beispielsweise können sich viele Minerale sowohl bei Kontakt- als auch bei Regionalmetamorphose trotz ihrer Gefügeunterschiede bilden. Die regionalmetamorphen Gesteine vieler Gebirgsgürtel werden von vielen Zonen mit Kataklase und dynamischer Metamorphose durchzogen und können auch Reste ozeanischer Kruste enthalten, in denen regionalmetamorphe Mineralparagenesen den Produkten einer früheren Ozeanbodenmetamorphose überlagert werden. So definieren die Unterschiede zwischen idealen metamorphen Prozessen keine sich gegenseitig ausschließenden Klassen, und ein einzelnes Gestein kann von mehr als einem Metamorphosetyp betroffen worden sein.

1.5 Die bestimmenden Faktoren der Metamorphose

Metamorphose findet statt, wenn ein Gestein neuen chemischen und physikalischen Bedingungen ausgesetzt wird, unter denen sein existierender Mineralbestand nicht länger stabil ist. Neue chemische Bedingungen können etwa durch die Zufuhr einer fluiden Phase hervorgerufen werden, die mit dem Gestein reagiert. Änderungen der physikalischen Bedingungen können Änderungen von Temperatur und Druck bedeuten, denen das Gestein unterworfen wird, oder die Aufprägung eines gerichteten Druckes, der Deformation und Rekristallisation im Gestein verursacht und neue Gefüge schafft. Der folgende Abschnitt soll die Bedeutung einiger dieser Parameter näher beleuchten.

1.5.1 Temperatur (T)

Temperatur ist natürlich ein Maß für die Wärme von Substanzen. Wärme fließt von warmen Körpern zu kalten Körpern, bis der Wärmeunterschied ausgeglichen ist, aber unterschiedliche Substanzen benötigen unterschiedliche Wärmemengen, um ihre Temperatur um einen bestimmten Betrag zu erhöhen. Beispielsweise braucht man ungefähr 45 Joule (J) Wärme, um die Temperatur von 22 cm^3 Quarz von 25 °C auf 26 °C zu erhöhen, aber etwa 75 J, um das gleiche Volumen Magnetit um den gleichen Betrag zu erwärmen. Die Wärmemenge, die man benötigt, um die Temperatur von 1 Mol einer Substanz um 1 °C (bei konstanter Temperatur) zu erhöhen, wird **Wärmekapazität** C_p (heat capacity) genannt und in J/Mol/K angegeben.

Konventionell wird die absolute oder Kelvin-Temperatur-Skala verwendet (bei der Wasser bei 373,15 K siedet und bei 273,15 K friert), wenn thermodynamische Eigenschaften von Mineralen benutzt werden oder thermodynamische Berechnungen ausgeführt werden, hingegen die Celsius-Temperaturskala (°C) für beschreibende Zwecke. In jedem Fall gilt T (K) = T (°C) + 273.

Gesteine sind relativ gute Isolatoren, weil sie Wärme nur sehr langsam leiten. Große Gesteinsvolumina, die einer Regionalmetamorphose unterworfen sind, benötigen gewöhnlich Zehner Millionen Jahre, um große Temperaturunterschiede mitzumachen.

Die Temperatur nimmt stets in der Erde mit der Tiefe zu. Die Rate, mit der sie sich mit der Tiefe verändert, ist als **geothermischer Gradient** (geothermal gradient) bekannt. Weil Wärme entlang von Temperaturgradienten fließt, ist der geothermische Gradient eng mit dem Wärmefluß durch die Kruste verknüpft. Geothermische Gradienten liegen gewöhnlich im Bereich von 15-30 °C/km, aber Extrema zwischen 5 und 60 °C/km kommen durchaus vor. Messungen des derzeitigen Wärmeflusses nahe der Oberfläche geben Hinweise, auf welche Weise der geothermische Gradient zwischen unterschiedlichen geotektonischen Milieus differieren kann. Frühe Ergebnisse wurden von Oxburgh (1974) zusammengefaßt und sind in Abb. 1.5 dargestellt. Ein umfassender Überblick späterer Daten durch Sclater, Jaupart & Galson (1980) zeigt an, daß generell der Wärmefluß in kontinentaler Kruste höher ist als in älteren Ozeanbecken. Jedoch liefert jüngere ozeanische Kruste höhere Wärmeflußwerte, weil sie noch von ihren ursprünglichen magmatischen Bildungstemperaturen abkühlt. Der Effekt ist besonders bei ozeanischer Kruste markant, die jünger als 40 Ma (Millionen Jahre vor heute) ist, kann aber in bis zu 120 Ma alter Kruste ermittelt werden. Der Grund für die regionalen Variationen des Wärmeflusses liegt darin, daß drei bedeutende Quellen für oberflächennahen Wärmefluß existieren, die in verschiedenen Situationen unterschiedliche Beiträge liefern.

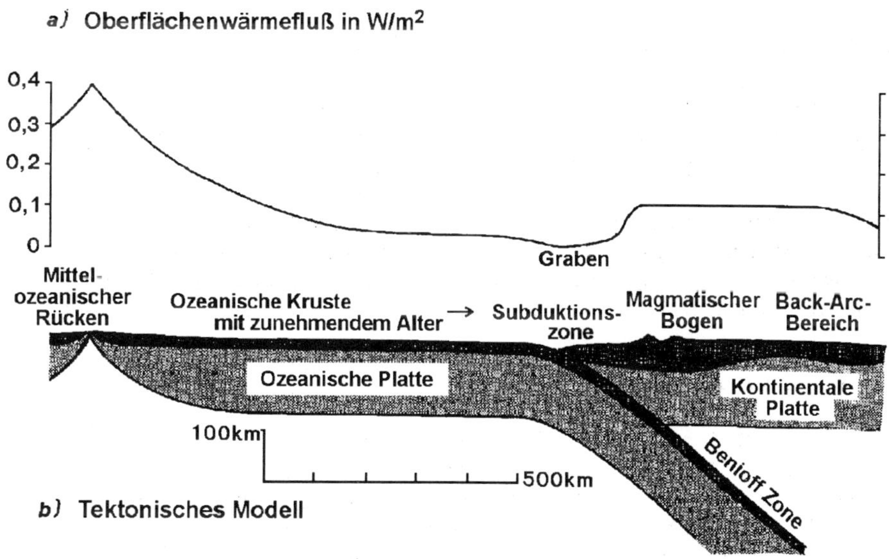

Abb. 1.5 Variation im Oberflächenwärmefluß an verschiedenen Stellen der Erde **(a)** in Bezug zu plattentektonischen Situationen **(b)**. Zusammengestellt nach Oxburgh (1974).

Diese sind: (a) Wärme, die vom Erdmantel an die Basis der Erdkruste fließt; (b) Wärme, die durch radioaktiven Zerfall in der Erdkruste selbst gebildet wird (größer in kontinentaler als in ozeanischer Kruste); (c) Wärme, die von aufsteigenden Magmenkörpern in die Kruste gebracht wird. Weiterhin ergeben sich in jungen Gebirgsgürteln die höchsten kontinentalen Wärmeflußwerte, die sich aufgrund eines vierten Faktors von solchen unterscheiden, die an magmatische Aktivität gebunden sind. Schnelle Hebung und Erosion bringen schnell heiße Gesteine ohne großen Wärmeverlust an die Oberfläche. Krustendehnung hat einen ähnlichen Effekt.

Zusätzlich zur Wärmezufuhr in die Kruste kann der Temperaturgradient auch durch Absorption von Wärme, beispielsweise durch mächtige Anhäufungen kalter Sedimente, verändert werden. Die wichtigsten Bereiche für Zu- und Abfluß von Wärme, die für die Metamorphose relevant sind, sind in Abb. 1.6 zusammengefaßt.

Aufgrund der Art und Weise, mit der verschiedene Faktoren zum Wärmefluß in der Kruste beitragen, variieren geothermische Gradienten etwas mit der Tiefe. Generell wird er nahe der Oberfläche aufgrund eines höheren Anteils radiogener Wärme höher sein. Unterhalb der Lithosphäre bewirkt wahrscheinlich Mantelkonvektion eine relativ einheitliche Temperatur über beträchtliche Tiefen.

Ein **Geotherm** (geotherm) ist eine Kurve in einem Tiefen/Temperatur-Diagramm, die anzeigt, wie die Temperatur unterhalb eines bestimmten Teils der Erdoberfläche variiert, und die aus Anteilen mit verschiedenen geothermischen Gradienten aufgebaut wird. Zwei mögliche Geotherme, für kontinentale und ozeanische Gebiete, sind in Abb. 1.7 dargestellt. In tektonisch aktiven Gebieten, in denen Metamorphose stattfindet, ist die Temperaturverteilung wahrscheinlich viel komplexer und variabler. Der Einfachheit halber werden Geotherme gewöhnlich in Druck-Temperatur (P-T)-Diagramme statt in Tiefen-Temperatur-Diagramme eingetragen.

1.5.2 Druck (P)

Der Druck ist ein Maß für die Kraft pro Flächeneinheit und hängt vom Gewicht des überlagernden Gesteins und somit von der Tiefe ab. Die Druckeinheit, die in den Geowissenschaften gebräuchlich ist, ist Bar oder Kilobar (kbar). 1 bar entspricht 0,987 Atmosphären. Jedoch wird zunehmend auch die Einheit Pascal benutzt: 1 bar = 10^5 Pa, 1 kbar = 0,1 GPa (Gigapascal).

Der Druck, der auf einen Punkt innerhalb der Kruste durch das Gewicht überlagernder Gesteine ausgeübt wird, ist der **lithostatische Druck** (lithostatic pressure) und durch $\rho \cdot g \cdot h$ bestimmt; dabei bedeutet d die mittlere Dichte der überlagernden Gesteine, h die Tiefe und g die Beschleunigung aufgrund der Schwerkraft. In den meisten Fällen gehen wir davon aus, daß der Druck auf einen Punkt in allen Richtungen ungefähr gleich ist und dem lithostatischen Druck entspricht. Der Grund für diese Annahme ist folgender: Wenn ein Gestein in einer Richtung einer größeren Spannung, d.h. „gerichtetem Druck", ausgesetzt ist als in einer anderen, wird es brechen, sobald die Druckdifferenz die **Gesteinsfestigkeit** überschreitet. Somit bildet die Gesteinsfestigkeit eine Obergrenze für mögliche Spannungsunterschiede in der Kruste. Experimentelle Untersuchungen haben gezeigt, daß unter den meisten metamorphen Bedingungen (niedrige Verformungsraten, mittlere bis hohe Temperaturen, Anwesenheit von Wasser) Gesteine relativ weich sind und Spannungsunterschiede von nur wenigen zehner, im Höchstfall von wenigen hundert Bar aushalten können (vgl. CARTER 1976; ETHERIDGE 1983). Dies sind sehr kleine Beträge im Vergleich zu lithostatischen Drücken, die üblicherweise mehrere Kilobar betragen. So beträgt der seitlich auf Gesteine in Tiefen weni

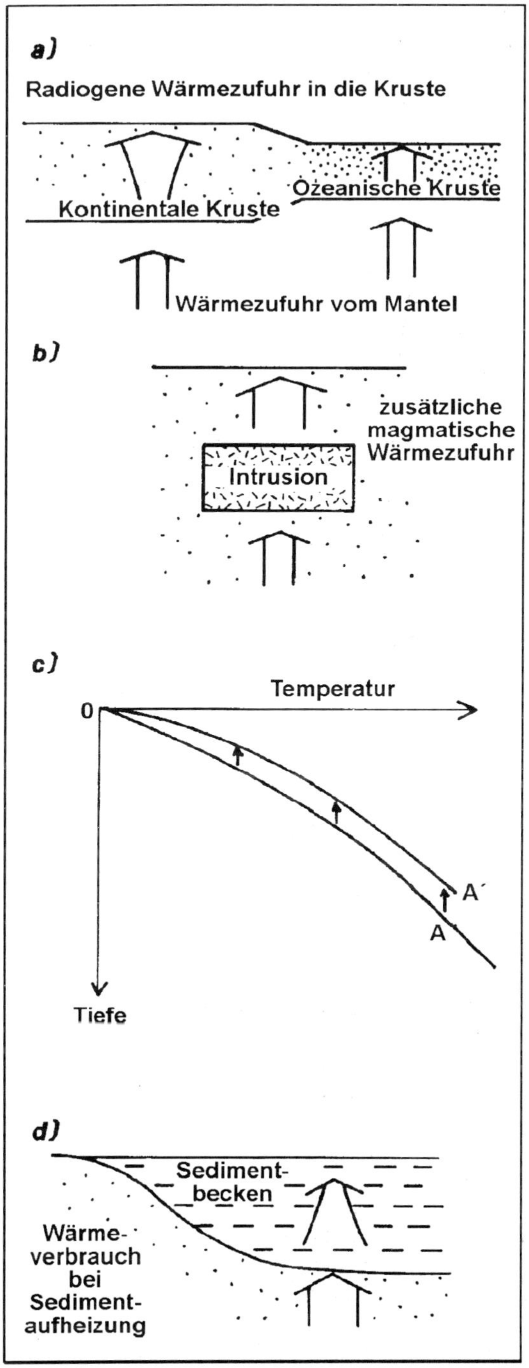

Abb. 1.6 Ursachen der Variation des Oberflächenwärmeflusses:
a) Veranschaulichung der aufwärtsgerichteten Zunahme des Wärmeflusses in kontinentaler Kruste durch radiogene Wärme zusätzlich zu Wärmezufuhr aus dem Mantel.
b) Die Auswirkung einer Intrusion auf den Wärmefluß der Umgebung.
c) Der Effekt schneller Hebung und Erosion auf die Zunahme des thermischen Gradienten ohne Kühlung in der Tiefe. Gesteine, deren Temperatur den Geotherm A definieren, werden nach oben verlagert und es bildet sich der Geotherm A' aus.
d) Abnahme des Wärmeflusses durch Wärmeabsorption durch eine kalte Sedimentdecke.

Eine andere Rolle, die der Differentialspannung zugeschrieben wurde, ist, daß er zu „tektonischem Überdruck" führen könnte. Nach dieser Hypothese (in RUTLAND 1965 diskutiert) sollten seitliche, durch tektonische Einengung verursachte Drücke so viel größer sein als der vertikale lithostatische Druck. Damit sei der mittlere auf die Gesteine ausgeübte Druck signifikant größer als der durch die Auflast verursachte, und somit würden anomale Hochdruckminerale schon in relativ geringen Tiefen gebildet. Die jüngeren Arbeiten zur Gesteinsfestigkeit, wie oben erwähnt, zeigen jedoch, daß mögliche gebildete Überdrücke bei weitem viel zu klein sind, um überhaupt von Bedeutung zu sein.

Ein bei der Metamorphose sehr bedeutender und variabler Druck ist der **Fluiddruck** (fluid pressure). Dies ist der Druck, der von einer in Porenräumen oder auf Korngrenzen vorkommenden fluiden Phase ausgeübt wird. Ist ein Gestein trocken, ist der Fluiddruck null und der lithostatische Druck wirkt auf die Korngrenzen, hält die Körner zusammen und verhindert Brüche. Wenn jedoch Fluide anwesend sind, wirkt der Fluiddruck im entgegengesetzten Sinn, reduziert den **effektiven Druck** (effective pressure) auf die Korngrenzen und erleichtert Bruchbildung. Schon bei der Hochdiagenese werden Sedimente so tief versenkt, daß Fluide nicht länger ausgepreßt werden und direkt über Brüche zur Oberfläche gelangen. Hierbei werden hohe Fluiddrücke ähnlich dem lithostatischen Druck erzeugt. Kompaktion verbunden mit dem Entweichen gebundenen Kristallwassers und der thermischen Ausdehnung existierenden Wassers verursacht wahrscheinlich Fluiddrücke, die etwa dem lithostatischen Druck entsprechen, wenn metamorphe Gesteine aufgeheizt werden. Wenn der Fluiddruck (p_f) den lithostatischen Druck (p_l) um mehr als die Zugfestigkeit des Gesteins (normalerweise klein) überschreitet, wird das Gestein wahrscheinlich infolge **hydraulischer Bruchbildung** (hydraulic fracturing) zerbrechen. Bei diesem Prozeß entweicht die fluide Phase entlang von Brüchen (NORRIS & HENLEY 1976). Im Gegensatz dazu fällt der Fluiddruck bei Abkühlung metamorpher Gesteine vermutlich zu sehr kleinen Werten ab, da die geringe Menge an verbleibenden Fluiden schnell durch Mineralreaktionen absorbiert wird (YARDLEY 1981 a).

Ein moderenes Lehrbuch zur Strukturgeologie sollte für eine umfassendere und detailliertere Behandlung von Differentialspannung konsultiert werden. Die Aspekte, die hier beschrieben wurden, sind in Abb. 1.8. zusammengefaßt.

1.5.3 Metamorphe Fluide

Es ist schon deutlich geworden, daß Porenfluiden generell eine bedeutende Rolle bei einigen Metamorphosetypen zugeschrieben wird (s. FYFE, PRICE & THOMPSON 1979). Dafür gibt es zweierlei Hinweise. Erstens können wir rein theoretisch argumentieren, daß bei der Anwesenheit von OH-haltigen Mineralen wie Glimmern, Amphibolen etc. in metamorphen Gesteinen, die sich bei erhöhten Temperaturen bildeten, Wasser in einer bestimmten Form im Gestein zugegen gewesen sein muß, oder aber diese Minerale wären instabil geworden und dehydriert. Da weiterhin flüchtige Bestandteile wie H_2O oder CO_2 von den Mineralen bei fortschreitender Metamorphose freigesetzt werden, müssen sie als freie Fluide im Gestein wenigstens für kurze Zeit, bevor sie entwichen, anwesend gewesen sein.

Zweitens können wir tatsächlich metamorphe Fluide noch als Einschlüsse in vielen Gesteinen erhalten finden, meistens in milchigem Gangquarz oder in groben Mineralkörnern der Matrix. Es gibt zunehmend Belege dafür, daß einige Einschlüsse tatsächlich Fluide enthalten, die bei fortschreitender Metamorphose eingeschlossen wurden (z.B. ROEDDER 1972; POTY, STALDER & WEISBROD 1974; TOURET 1977). Obwohl viele Fluideinschlüsse mit H_2O gefüllt sind, werden auch andere Fluidspezies gefunden, einschließlich CO_2, CH_4 und seltener N_2.

Einige eingeschlossenen Fluide können Mischungen von mehr als einer Spezies sein, während andere relativ rein sind.

Wenn Fluide wirklich so bedeutend während einer Metamorphose sind, ist es notwendig, auch etwas über ihr Verhalten bei metamorphen Drücken und Temperaturen zu verstehen. Es ist bekannt, daß flüssiges Wasser eine Phasenumwandlung zu Dampf erfährt, sobald es bei 100 °C und Atmosphärendruck kocht, und daß der Siedepunkt des Wassers mit erhöhtem Druck steigt, wie in einem Überdruckkochtopf. Wir können den Prozeß des Siedens als Volumenänderung einer gegebenen Menge Wassers ansehen. Es ist vorteilhaft, das **Molarvolumen** (molar volume) von Wasser oder Dampf bei gegebenem Druck und Temperatur anzugeben. Das ist das Volumen eines Moles Wasser (18,015 g). Je höher der Druck beim Sieden von Wasser ist, desto geringer ist die Volumenänderung bei der Umwandlung von Flüssigkeit zu Dampf. Dies ist in Abb. 1.9 dargestellt, die das Molarvolumen von H_2O als Funktion von Druck und Temperatur zeigt. Bei 220 bar und 374 °C endet jeglicher scharfe Volumensprung

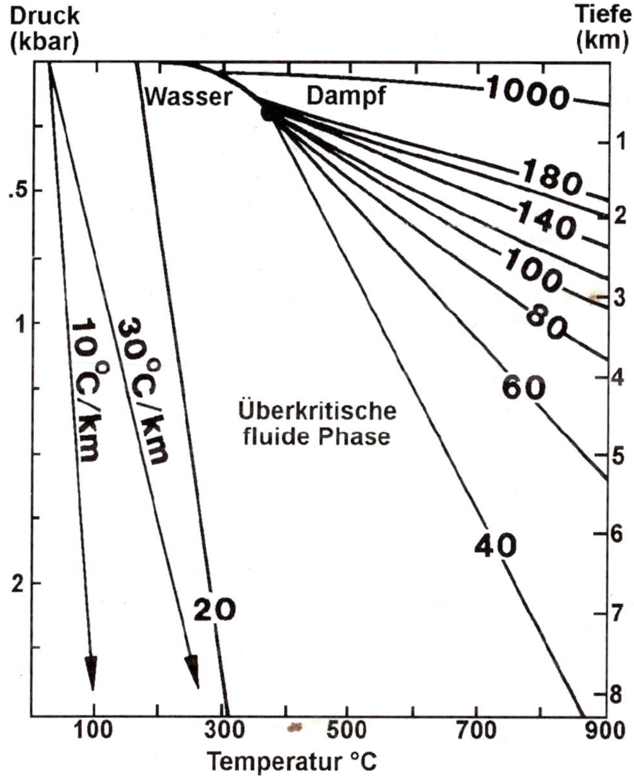

Abb. 1.9 Variation des Molarvolumens von Wasser mit Druck und Temperatur. Die vertikale Skala rechts zeigt die ungefähre Tiefe bei $p_f = p_l$ an. Die Dampfspannungskurve des Wassers endet am kritischen Punkt. Radiale Linien sind Linien konstanten Molarvolumens (mit Zahlenangaben in cm^3 versehen). Auch sind die geothermischen Gradienten von 10 °C/km und 30 °C/km eingetragen. Dies veranschaulicht, daß unter den häufigsten metamorphen Bedingungen (s. Abb. 1.7) nur sehr geringe Variationen des Wasservolumens auftreten. Daten nach BURNHAM, HOLLOWAY & DAVIS (1969).

zwischen Wasser und Dampf. Im Phasendiagramm endet die Dampfspannungskurve, die diese beiden Phasen voneinander trennt, an diesem Punkt, dem **kritischen Punkt** (critical point). Bei einem Druck oberhalb von 220 bar kann Wasser nicht sieden, so stark es auch erhitzt wird, wenn das Volumen auch relativ stark über ein enges Temperaturintervall ansteigen mag. Wasser wird bei einem Druck oberhalb 220 bar oder einer Temperatur oberhalb 375 °C als **überkritische fluide Phase** (supercritical fluid) anstelle von Flüssigkeit oder Gas bezeichnet. Man beachte, daß der **kritische Druck** (d.h. der Druck am kritischen Punkt) von H_2O gering im Vergleich zu üblichen metamorphen Drücken ist und sogar schon am Boden tiefer Ozeane überschritten wird. Bei Drücken, die schon Erdtiefen von mehr als wenigen Kilometern entsprechen, ist das Molarvolumen superkritischen Wassers vergleichbar mit dem von flüssigem Wasser im Labor, sogar bei hohen Temperaturen. Die Anwesenheit gelösten Salzes kann die Tiefe, bei der Wasser siedet, erweitern, aber nur um wenige Kilometer.

Um die Bedeutung eines relativ kleinen Molarvolumens Wasser unter den meisten Krustenbedingungen zu veranschaulichen, sei der Effekt eines Magmas vor Augen geführt, das in wasserhaltige Sedimente intrudiert, einerseits (a) innerhalb des ersten Kilometers unter der Oberfläche oder (b) in mittlere Tiefen etwa größer als 5 km. Im ersten Fall wird sich Wasser beim Sieden schnell ausdehnen (mit einem Faktor 5 oder mehr) und zum Zerbrechen und Zerplatzen des Gesteins führen. Sogar wenn die Poren oder Risse mit Dampf gefüllt bleiben, wird die tatsächliche Masse des vorhandenen Wassers so gering sein, daß das Sediment effektiv „trocken gekocht" wird. Solch ein Verhalten erklärt wahrscheinlich, warum Sedimente, die im subvulkanischen Milieu metamorphosiert wurden, oft bröckelig sind und keine Hornfelse bilden. Wenn Wasser dagegen in größerer Tiefe fast bis zu magmatischen Temperaturen erhitzt wird, wird es nicht sieden, und die Volumenzunahme wird relativ gering sein. Eine signifikante Wassermenge wird im Porenraum eines Gesteins auch bei sehr hohen Temperaturen verbleiben, und die Anwesenheit dieses Wassers kann Rekristallisation fördern oder die Art der Deformation, die ein Gestein erfährt, beeinflussen. Die Zusammensetzung und das Verhalten metamorpher Fluide sind gegenwärtig der Gegenstand intensiver Forschung.

1.6 Nomenklatur metamorpher Gesteine

Jeder Wissenschaftszweig hat sein eigenes Vokabular, und die metamorphe Petrologie stellt dabei keine Ausnahme dar. Was eine nützliche Information darstellt, hängt vom eigenen Standpunkt ab, und so ist es legitim, verschiedene Namen für dasselbe Gestein zu gebrauchen, je nach der Aussage, die getroffen werden soll. Um ein extremes Beispiel zu nennen: Geologen, die an archäischen Gesteinen arbeiten, möchten zunächst einfach ehemalige Plutonite von solchen Gesteinen trennen, die ursprünglich an der Erdoberfläche gebildet wurden. In diesem Fall kann das gesamte Spektrum metamorphosierter Sedimente und Vulkanite als „suprakrustale Gesteine" zusammengefaßt werden.

Es gibt folgende vier Hauptkriterien, nach denen metamorphe Gesteine benannt werden können:

1. Die Art des Ausgangsmaterials.
2. Die Mineralzusammensetzung.
3. Das Gesteinsgefüge.
4. Ein geeigneter spezieller Name.

Diese können sehr allgemein sein, wie Metasediment, oder speziell, wie Marmor. Solche Namen können als Substantive mit oder ohne Zusatz verwendet werden, z.B. Diopsidmarmor, oder mit einem Adjektiv versehen werden, das etwa einen Gefügeausdruck spezifiziert, z.B. pelitischer Schiefer. Weiterhin ist es möglich, jeden magmatischen oder sedimentären Gesteinsnamen mit dem Präfix „Meta-„ zu versehen, um das metamorphe Äquivalent zu kennzeichnen. Einige übliche Namen und ihre adjektivische Form sind im folgenden angegeben:

Ausgangsgestein	*Metamorphit* (Substantiv/Adjektiv)
Toniges Sediment	Metapelit/metapelitisch
Sandiges Sediment	Metapsammit/metapsammitisch oder Quarz-Feldspat-Gestein
Quarzsand	Quarzit/quarzitisch
Mergel	Kalksilikatgestein/metakarbonatisch
Kalkstein	Marmor
Basalt	Metabasit/metabasitisch
Eisenformation	Metaeisenformation/Fe-haltig

Die Namen besonderer metamorpher Minerale, die in einem Gestein auftreten, können als erläuternde Zusätze zum metamorphen Gesteinsnamen verwendet werden, z.B. Granatglimmerschiefer, Forsteritmarmor. Es gibt zwei mögliche Konventionen dabei: Die Namen der häufigsten metamorphen Minerale können in der Reihenfolge ihrer Häufigkeit als Angabe zum modalen Mineralbestand genannt werden, z.B. Granat-Sillimanit-Schiefer, oder Namen signifikanter Minerale können ohne Rücksicht auf ihre Häufigkeit genannt werden, um spezifische Metamorphosebedingungen anzuzeigen, z.B. Sillimanit-Muskovit-Schiefer. Die erste Konvention kann für einen Feldgeologen geeignet sein, der Korrelationen zu erstellen wünscht und den Modalbestand als groben Anhaltspunkt für die Gesteinszusammensetzung gebrauchen kann. Andererseits wird ein Petrologe, der die Variationen im Metamorphosegrad untersucht, nur die Minerale betonen, die bestimmte Metamorphosebedingungen anzeigen. Einige im wesentlichen monomineralische Gesteine werden nach ihrem hauptsächlichen Mineral benannt, z.B. Quarzit, Serpentinit oder Hornblendit. Eine Anzahl anderer Namen, die sich auf spezielle Mineralparagenesen beziehen, werden unten unter „spezielle Namen" beschrieben.

Gefügebezeichnungen sind sehr wichtig für die Nomenklatur von Metamorphiten und zeigen an, ob eine Vorzugsrichtung das Aussehen eines Gesteins bestimmt oder nicht und in welcher Größenordnung sie ausgebildet ist. Obwohl **bevorzugte Mineralorientierungen** (preferred orientations) am besten in Metapeliten entwickelt sind, können sie in einem breiten Spektrum an Gesteinstypen auftreten, wenn die Deformation entsprechend intensiv ist. In vielen regionalmetamorphen Gesteinen sind Glimmer senkrecht zur Richtung der Hauptspannung orientiert und erzeugen so ein **planares Gefüge** (planar fabric) oder eine **Foliation** (foliation). Die Namen, die für planare Gefüge verwendet werden, hängen von der Korngröße und von der Gesamterscheinung des Gesteins ab. Deformation und Metamorphose toniger klastischer Sedimente lassen sich mit zunehmendem Metamorphosegrad in folgende Reihenfolge von Gesteinen typischer Gefüge einordnen:

Tonschiefer (slate): Ein stark geschiefertes Gestein, in dem die Schieferungsflächen aufgrund der Orientierung extrem feinkörniger Phyllosilikate penetrativ im gesamten Gestein entwickelt sind. Die orientierten Einzelkörner können mit bloßem Auge nicht gesehen werden, und frische Gesteinsflächen wirken stumpf (Abb. 1.10 a).

Phyllit (phyllite): Er ist dem Tonschiefer ähnlich, aber etwas gröbere Phyllosilikate können manchmal im Handstück ausgemacht werden und geben den Schieferungsflächen einen Seidenglanz. Oft sind die Schieferungsflächen weniger ausgeprägt planar als in Tonschiefern.

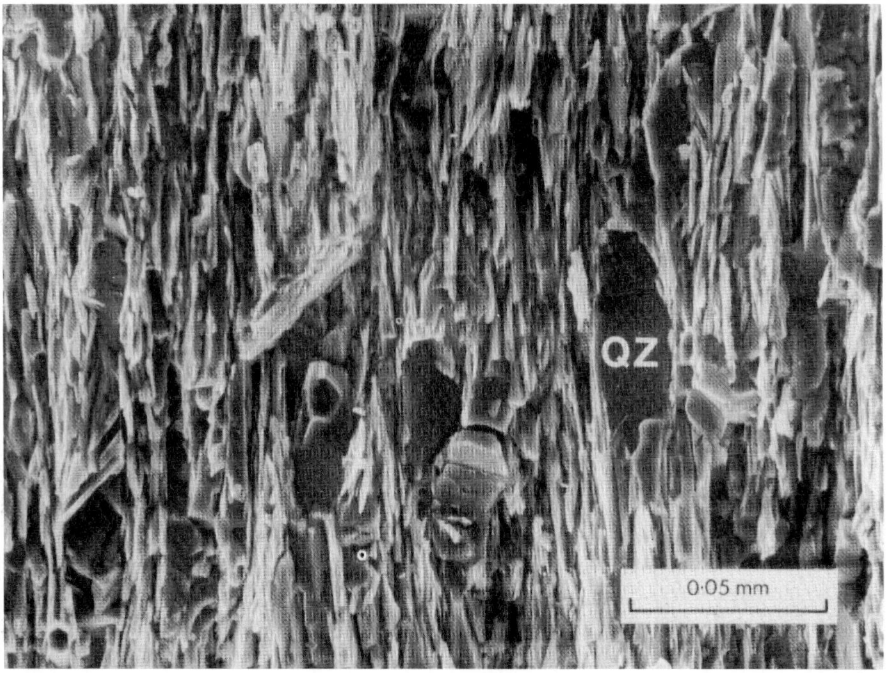

Abb. 1.10 a

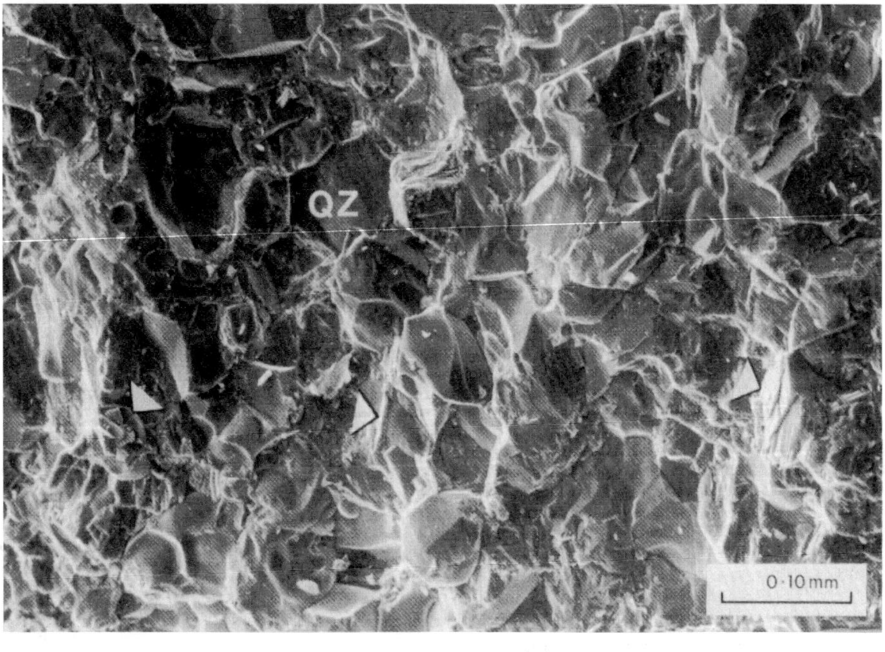

Abb 1.10 b

Abb 1.10 c

Abb. 1.10 Beispiele metamorpher Gesteinstypen

a) Tonschiefer: Rasterelektronenmikroskopische (REM) Aufnahme einer Bruchfläche, die eine ausgeprägte Regelung der Phyllosilikate sowie größere zwischengelagerte planare Quarzkörner zeigt. Easdale, Schottland. Aufnahme G.E. LLOYD.

b) Hornfels. REM Aufnahme von regellosen Glimmern (Pfeile) zwischen rekristallisierten gleichkörnigen Quarzkörnern. Ben Nevis, Schottland. Aufnahme G.E. LLOYD.

c) Granatglimmerschiefer mit grobkörnigen Granatporphyroblasten in glimmerreicher Matrix sowie kleinen Gängen von Quarzsegregationen. Sligo, Irland.

d) Augengneis mit zwei Flächen unterschiedlicher Orientierung (s. Skizze). Die großen hellen Kristalle sind Kalifeldspäte. Die Deformation der umgebenden Matrix schafft das ausgeprägte Augengefüge rechts. Moldefjord, Norwegen.

e) Mylonit: Ein intensiv deformiertes Gestein mit einem charakteristischen plattigen Aussehen. Moineschiefer nahe der Moine-Überschiebung bei Ullapool, Schottland. Der Bleistift liegt über einer flachen späten Störung mit begleitender Faltung des Mylonitgefüges. Photo R.J. KNIPE.

f) Migmatit: Ein typisches Gestein in hochgradig metamorphem Grundgebirge. Bereiche mit hellen Leukosomen wechsellagern mit Schiefern, die selbst in kleinerem Maßstab migmatisiert wurden. Die vertikale Höhe des Aufschlusses beträgt ca. 100 m. Skagit-Gneis, Nördliche Cascaden, Washington, USA.

g) Marmor. Spektakuläre kongruente Falten sind typisch für mittel- bis hochgradige regionalmetamorphe Marmore. Connemara, Irland.

Abb. 1.10 d) bis **g)** auf den kommenden Seiten.

Abb 1.10 d

Abb 1.10 e

Abb 1.10 f

Abb 1.10 g

Glimmerschiefer (schist): Er ist durch die parallele Anordnung mittelkörniger Phasen gekennzeichnet, die üblicherweise deutlich mit bloßem Auge erkennbar sind (Abb. 1.10 c). Wo die Deformation hinreichend intensiv ist, kann dieses Gefüge auch durch andere Minerale als durch Phyllosilikate bestimmt werden, z.B. durch Hornblende.

Gneis (gneiss): Gneise sind grobkörnig bei einer Korngröße von mehreren Millimetern und foliiert. Die englische und nordamerikanische Gebrauchsweise betont die Tendenz verschiedener Minerale, sich in Lagen parallel zur Foliation abzusondern; typische quarz- oder feldspatreiche Lagen separieren sich von stark glimmerhaltigen oder mafischen Lagen. Der europäische Gebrauch von Gneis steht für grobkörnige, glimmerarme, hochgradige Gesteine unabhängig vom Gefüge. Die Bezeichnung **Orthogneis** (orthogneiss) bezieht sich auf Gneise mit magmatischer Herkunft, **Paragneis** (paragneiss) auf metasedimentäre Gneise (Abb. 1.10 d).

Die Grenzen zwischen all diesen Typen sind verschwommen. Es sei angemerkt, daß in Zweifelsfällen die Mehrzahl der Metamorphite als Schiefer beschrieben werden können.

Manchmal beinhaltet eine Deformation sowohl Dehnung als auch Plättung, und in diesem Fall können geregelte längliche Mineralkörner (z.B. Amphibole) ein **lineares Gefüge** oder eine **Lineation** (lineation) in Streckungsrichtung bilden.

Mylonit (mylonite) ist eine Bezeichnung für feinkörnige Gesteine, die sich in Zonen intensiver duktiler Deformation bilden, wo präexistente Körner deformiert wurden und als feinkörnigere Körner rekristallisierten (Abb. 1.10 e). Oft ist die Gesamterscheinung dieses Gesteins im Aufschluß plattig, auch wenn einzelne Handstücke keine augenfällige Mineralorientierung wegen durchgreifender Rekristallisation aufweisen. In extremen Fällen bilden sich dünne Bänder eines glasigen Gesteins, des **Pseudotachylits** (pseudotachylite), das durch Aufschmelzen infolge von Reibungswärme gebildet wurde.

Kontaktmetamorphose in Abwesenheit von Deformation erzeugt ein orientierungsfreies Gefüge verzahnter Körner, die ein hartes Gestein, den **Hornfels**, bilden (Abb. 1.10 b).

Einige Metamorphite, besonders solche, die relativ arm an Schichtsilikaten sind, haben regellose Gefüge, ohne Hornfelse zu sein. WINKLER (1976) schlug den Begriff „**Fels**" (fels) für solche Gesteine vor, obwohl er nicht überall angenommen wurde. In der älteren Literatur wird der Ausdruck „Granulit" für einige dieser Gesteine, insbesondere für gleichkörnige Psammite, benutzt, aber dieser Begriff ist heute dafür reserviert, definierte physikalische Metamorphosebedingungen anzuzeigen.

Gefügebegriffe werden üblicherweise als Substantive gebraucht, spezifiziert durch Adjektive, die das Ausgangsgestein oder die Mineralzusammensetzung bezeichnen (z.B. Granat-Gimmerschiefer, metapelitischer Hornfels).

Spezielle Namen sind glücklicherweise selten in der metamorphen Petrologie und die meisten sind auch deskriptiv. Jedoch machen die Mineralparagenesen, die durch die Namen angedeutet sind, Angaben zu den Metamorphosebedingungen. Einige der gebräuchlichsten sind folgende:

Grünschiefer (greenschist) sind grüne, foliierte Metabasite, gewöhnlich vorwiegend aus Chlorit, Epidot und Aktinolith zusammengesetzt.

Blauschiefer (blueschist) sind dunkle, lilagraue Metabasite, die ihre Farbe häufigen Na-Amphibolen wie Glaukophan oder Crossit verdanken und selten wirklich „blau" im Handstück sind.

Ein **Amphibolit** (amphibolite) ist ein hauptsächlich bimineralisches dunkelgrünes Gestein aus Hornblende und Plagioklas. Viele Minerale können akzessorisch auftreten. Die meisten Amphibolite sind Metabasite (**Orthoamphibolite**), aber einige können metamorphosierte karbonatische Sedimente sein (**Paraamphibolite**).

Serpentinit (serpentinite) ist ein grünes, schwarzes oder rötliches Gestein, das hauptsächlich aus Serpentin besteht. Es bildet sich bei der Hydratation von magmatischen oder metamorphen Peridotiten (olivinreiche ultrabasische Gesteine).

Eklogite (eclogite) sind Metabasite, die aus Granat und omphazitischem Klinopyroxen bestehen, aber keinen Plagioklas enthalten. Übliche Nebengemengteile sind Quarz, Disthen, Amphibole, Zoisit, Rutil oder untergeordnet Sulfide.

Ein **Granulit** (granulite) ist ein Gestein, das sowohl für alle Phasen durch das Gefüge mehr oder weniger gleichgroßer Körner mit geraden Korngrenzen charakterisiert ist, und andererseits durch einen Mineralbestand, der sehr hohe Metamorphosetemperaturen anzeigt, sehr nahe dem Mineralbestand kalkalkaliner basischer bis saurer Plutonite (Feldspäte, Pyroxene, Amphibole). Die **Charnockite** (charnockite) bilden eine spezielle Varietät von Kalifeldspat und Hypersthen-führenden Granuliten.

Migmatit (migmatite) ist ein „gemischtes" Gestein, das aus einem gneisartigen Anteil vermischt mit Anteilen eines offensichtlich magmatischen Quarz-Feldspat-reichen Materials, dem **Leukosom** (leucosome), besteht (Abb. 1.10 f).

Zusätzliche Gefügebegriffe

Metamorphe Gefüge werden detailliert in Kap. 6 beschrieben, aber es gibt eine kleine Anzahl von Namen zusätzlich zu den angegebenen, die so gebräuchlich sind, daß sie für das Verständnis der folgenden Kapitel vorausgesetzt werden müssen.

Porphyroblasten (porphyroblasts) sind Körner, die signifikant größer als solche in der Matrix sind (z.B. Staurolithkristalle in Abb. 1.1 a oder die Granate in Abb. 1.10 c). Viele Porphyroblasten enthalten **Einschlüsse** von Matrixmineralen. Manchmal treten Minerale als Einschlüsse auf, auch wenn sie nicht mehr in der Gesteinsmatrix vorkommen. Solche Minerale werden als **gepanzerte Relikte** (armoured relics) oder **reliktische Einschlüsse** bezeichnet. Porphyroblasten mit einer sehr hohen Dichte an Einschlüssen werden Poikiloblasten (poikiloblasts) genannt. Wenn Porphyroblasten gut ausgebildete Kristallflächen aufweisen, werden sie als **idioblastisch** (idioblastic) bezeichnet bzw. als **xenoblastisch** (xenoblastic) bei unregelmäßiger Kornfom.

Manchmal können ein oder mehrere Minerale ein präexistentes Mineralkorn unter Beibehaltung seiner Kornform ersetzen. Solche Verdrängungsgefüge bezeichnet man als **Pseudomorphosen** (pseudomorphs). Das ursprüngliche Korn kann üblicherweise nur dann ermittelt werden, wenn Spuren erhalten sind oder es eine bestimmte signifikante Kristallform hatte.

1.7 Weiterführende Literatur zu ausgewählten Themen

Kontaktmetamorphose

REVERDATTO, V.V. (1973): The Facies of Contact Metamorphism. - Australian National University, Canberra.

Regionalmetamorphose

ERNST, W.G. (Hrsg.; 1977): Metamorphism and Plate Tectonic Regimes. - Benchmark Papers in Geology 17, Stroudsburg (Dowden, Hutchinson & Ross).

Impaktmetamorphose

FRENCH, B.M. & SHORT, N.M. (Hrsg.; 1968): Shock Metamorphism of Natural Materials. - Baltimore (Mono Book Co.).
GRIEVE, R.A.F. (1987): Terrestrial impact structures. - Annual Reviews of Earth & Planetary Science **15**: 245-270.

Ozeanbodenmetamorphose

RONA, P.A., BOSTROM, K., LAUBIER, L. & SMITH, K.L. (Hrsg.; 1983): Hydrothermal processes at seafloor spreading centres. - New York (Plenum Press).

Metamorphe Fluide

FYFE, W.S., PRICE, N. & THOMPSON, A.B. (1979): Fluids in the Earth's Crust. - Amsterdam (Elsevier).
WALTHER, J.V. & WOOD, B.J. (1986): Fluid-Rock Interactions during metamorphism. - 218 S., Berlin (Springer).

Metamorphe Gesteine

BEST, M.G. (1982): Igneous and metamorphic petrology.- 630 S., San Francisco (Freeman).
BUCHER, K. & FREY, M. (1994): Petrogenesis of metamorphic rocks. - 318 S., Berlin (Springer).
YARDLEY, B.W.D., MACKENZIE, W.S. & GUILFORD, C. (1992): Atlas metamorpher Gesteine und ihrer Gefüge in Dünnschliffen. - Stuttgart (Enke).

2 Das chemische Gleichgewicht bei der Metamorphose

Die grundlegende Annahme bei den meisten Untersuchungen metamorpher Gesteine ist, daß Mineralparagenesen physikalische Bedingungen wie Druck und Temperatur zur Zeit der Rekristallisation eines Gesteins widerspiegeln. Dieses Grundprinzip beruht auf zahlreichen Geländeuntersuchungen, die belegen, daß Mineralparagenesen in einem bestimmten Gesteinstyp systematisch und voraussagbar über ein Gebiet hinweg variieren. Solche Beobachtungen bilden die Grundlage für die Anwendung der Theorie des chemischen Gleichgewichtes auf metamorphe Gesteine. Dieses Kapitel behandelt die Anwendung des chemischen Gleichgewichtes auf Gesteine, weiterhin die Information, die man erhält, wenn Gesteine als chemische Gleichgewichtssysteme angesehen werden, und schließlich die Einschränkungen und Fehler dabei. Die Relevanz dieses im folgenden Kapitel erläuterten geochemischen Ansatzes für die Geowissenschaften besteht darin, daß er in vielen Fällen die Angabe der ungefähren Metamorphosebedingungen eines Gesteins wie Temperatur, Versenkungstiefe etc. auf der Basis eines Vergleichs mit den Ergebnissen von Laborexperimenten zuläßt. In weit mehr Fällen ist es möglich, die relativen Unterschiede in den Metamorphosebedingungen zwischen verschiedenen Teilen eines metamorphen Gürtels abzuleiten.

2.1 Das Gleichgewicht – eine Einführung

Angenommen, wir betrachten das Verhalten von Atomen in einer Masse von Gesteinen, die metamorph umgewandelt werden. Die angenommene hypothetische Masse Gesteine ist ein **System** im chemischen Sinn. Sie besteht aus einer Anzahl Minerale und enthält vielleicht auch ein intergranulares Gas. Alle Bestandteile sind **Phasen**: Phasen sind physikalisch trennbare Bestandteile eines Systems, die fest, flüssig oder gasförmig sein können. Plagioklas und Quarz sind separate Phasen in einem Metapelit. Wenn die Plagioklase eine mittlere Zusammensetzung zwischen Anorthit und Albit haben, sind die Anorthit- und Albitendglieder keine Phasen, da die Plagioklaskörner nicht weiter in Albit- und Anorthitpartikel getrennt werden können.

Wenn wir unser System bestimmten Druck- und Temperaturbedingungen aussetzen und diese Bedingungen eine hinreichend lange Zeit unverändert aufrecht erhalten, werden sich die Atome selbst in die stabilste Anordnung bringen, und das System ist dann im **Gleichgewicht** (equilibrium). Diese Anordnung kann ein oder mehrere feste, flüssige oder gasförmige Phasen betreffen, je nach verfügbaren Atomen und den Bedingungen, denen das System ausgesetzt ist. Sogar beim Gleichgewicht bleiben die Atome ständig in Bewegung und können zwischen zwei Phasen austauschen. Jedoch findet keine Änderung der Menge oder Zusammensetzung einzelner Phasen über längere Zeit hinweg statt, d.h. es passiert also nichts beim Gleichgewicht.

Angenommen, Temperatur oder Druck eines Systems würden nun langsam geändert, dann würden letztlich die koexistierenden Phasen nicht mehr im Gleichgewicht miteinander vorliegen. Einige könnten auf Kosten anderer wachsen, oder neue Phasen können auftreten. Diese Änderungen in Gesteinen sind **metamorphe Reaktionen** und führen zur Bildung einer neuen Paragenese von Phasen, die unter neuen Bedingungen im Gleichgewicht sind.

Alle chemischen Systeme mit der gleichen chemischen Zusammensetzung (d.h. mit den gleichen Atomarten in gleichen Anteilen), die gleichen Bedingungen ausgesetzt sind, werden die gleichen Mineralparagenesen im Gleichgewicht bilden. Die Tatsache, daß – wie bei den Regionalbeispielen in Kap. 1 dargestellt – alle Gesteine gleicher Pauschalzusammensetzung über einen weiten Bereich einer metamorphen Zone gleiche Mineralparagenesen zeigen, ist ein Beleg für das Erreichen eines chemischen Gleichgewichtes während der Metamorphose. In gleicher Weise bedeutet die Variation von Mineralparagenesen zwischen einzelnen Zonen bei gleicher chemischer Zusammensetzung, daß in jeder Zone unterschiedliche Metamorphosebedingungen vorgelegen haben müssen.

Die Phasenregel

Die meisten Metamorphite sind chemisch ziemlich komplex und bestehen aus einer relativ großen Anzahl von Mineralen. Um zu verstehen, wie sie sich bilden, müssen wir erst wissen, wie viele Minerale stabil in einem bestimmten Gestein im Gleichgewicht koexistieren können, also ob eine Mineralparagenese auch wirklich eine Gleichgewichtsparagenese darstellt. Hierfür kann die Phasenregel herangezogen werden, die erstmalig von V.M. GOLDSCHMIDT auf Gesteine angewendet wurde. Die Regel soll am Beispiel eines Glases mit Wasser (bei Atmosphärendruck) als einfaches chemisches System erläutert werden.

Wir können das Wasser in Eis oder Dampf nur durch Änderung seiner Temperatur umwandeln. Eis, flüssiges Wasser und Dampf stellen physikalisch trennbare Phasen dar. Da sie jedoch gleiche chemische Zusammensetzung besitzen, können wir sie alle aus einer **chemischen Komponente**, H_2O, bilden. Komponenten sind chemische Bestandteile, die benötigt werden, um die Phasen eines Systems zu bilden. Nach der Phasenregel ist die kleinste Anzahl chemischer Komponenten, die zur Festlegung der Zusammensetzung aller Phasen notwendig sind, festgelegt. Beispielsweise hat ein System, das nur Andalusit und Disthen enthält, nur eine Komponente, Al_2SiO_5, während ein System, das Andalusit, Korund und Quarz enthält, schon zwei Komponenten, Al_2O_3 und SiO_2, enthalten muß, um alle Phasen zu bilden.

Kommen wir zu unserem Glas mit Wasser zurück. Hier liegt das Einkomponentensystem H_2O vor, in dem wir die Beziehungen zwischen den drei Phasen bei unterschiedlichen Drücken und Temperaturen betrachten wollen. Eine Frage nach der Temperatur eines Glases mit Wasser erscheint nicht sinnvoll, da flüssiges Wasser über ein weites Temperaturintervall stabil sein kann. Andererseits hat die Frage nach der Temperatur, bei der Wasser neben Dampf koexistiert, eine klare Antwort, nämlich 100 °C. Will man ganz exakt sein, muß man natürlich den genauen Atmosphärendruck beim Sieden des Wassers kennen. Ist diese Information bekannt, kann die Temperatur des siedenden Wassers Standardtabellen entnommen werden, ohne daß eine direkte Messung notwendig ist. Die Schlußfolgerungen, die wir für unser Glas Wasser und damit allgemein für das Verhalten eines Ein-Komponenten-Systems ziehen können, sind folgende:

1. Eine Phase allein kann unter einem weiten Bereich von Temperaturen und Drücken stabil sein. Man sagt, dieses Ein-Phasen-/Ein-Komponenten-System habe zwei **Freiheitsgrade** (degrees of freedom), weil es begrenzt möglich ist, seine Temperatur und seinen Druck unabhängig voneinander zu variieren, ohne Anzahl und Art der vorhandenen Phasen zu ändern.
2. Zwei Phasen können in einem Ein-Komponenten-System nur bei einer Temperatur bei gegebenem Druck im Gleichgewicht koexistieren. Solange die beiden Phasen miteinander koexistieren, hat das System nur einen Freiheitsgrad, da jeder Temperaturwechsel auch zu einer damit verbundenen Änderung des Druckes führt.

Diese Schlußfolgerungen werden für den allgemeinen Fall durch die Phasenregel zusammengefaßt und als

$$F = K - P + 2$$

angeben. Dabei gibt F die Anzahl der unabhängigen Freiheitsgrade für ein System an, K die Zahl der chemischen Komponenten und P die Anzahl der Phasen.

Eine Folge der Phasenregel besteht darin, daß im weitesten Sinn Mineralparagenesen mit einer großen Anzahl Phasen nur eine kleine Anzahl von Freiheitsgraden haben. So werden die Bildungsbedingungen einer solchen Paragenese relativ eng definiert sein, und man kann sie leichter aus Experimenten bestimmen.

Obwohl Druck und Temperatur sehr bedeutende Variablen bei der Metamorphose sind, ist die Zusammensetzung vieler üblicher metamorpher Gesteine infolge der Bildung von Mischkristallen ebenfalls sehr variabel. Obwohl es oft vorteilhaft ist, Druck und Temperatur als Freiheitsgrade einer Mineralparagenese anzugeben, besteht prinzipiell kein Grund dazu. Zusammensetzungsparameter können viel angebrachter sein. Ungeachtet der Zahl möglicher chemischer Substitutionen in den Mineralen eines Gesteins, gibt nach der Phasenregel die Zahl der berechneten Freiheitsgrade die Zahl der **unabhängigen Variablen** (independent variables) an.

Als Beispiel sei eine Paragenese aus fünf Phasen, Hellglimmer-Quarz-Disthen-Alkalifeldspat-Wasser, angenommen, in der Glimmer und Feldspäte Mischkristalle darstellen, die intermediär aus den Na- und K-Endgliedern zusammengesetzt seien. Wir erhalten also folgende Phasen:

Glimmer	$(Na,K)Al_3Si_3O_{10}(OH)_2$
Quarz	SiO_2
Disthen	Al_2SiO_5
Feldspat	$(Na,K)AlSi_3O_8$
Gas	H_2O

die aus den fünf Komponenten Na_2O, K_2O, H_2O, SiO_2, Al_2O_3 gebildet werden. Nach der Phasenregel hat die Paragenese zwei Freiheitsgrade, aber wenigstens vier mögliche Variablen: Druck, Temperatur, Glimmerzusammensetzung, Feldspatzusammensetzung. Dies bedeutet, daß nur zwei Variablen unabhängig voneinander verändert werden können. Die zwei verbleibenden **abhängigen Variablen** (dependent variables) werden von den unabhängigen Variablen bestimmt. Welche Mischungen dieser fünf Phasen wir somit herstellen und getrennt denselben Druck- und Temperaturbedingungen aussetzen (P und T als unabhängige Variable angenommen), Glimmer und Feldspäte werden im Gleichgewicht immer dieselbe Zusammensetzung haben.

Wenn wir Disthen aus dem System herausnehmen, verbleiben nur vier Phasen und somit nimmt die Anzahl der unabhängigen Freiheitsgrade auf drei zu. Bei bestimmten P und T bleibt ein Freiheitsgrad, aber die Zusammensetzungen von Glimmern und Feldspäten sind beide variabel. Das bedeutet, daß die Na/K-Verhältnisse von Glimmer und Feldspat voneinander abhängig sind und nicht unabhängig voneinander variieren. Für gegebene P und T kann nur eine Feldspatzusammensetzung mit einer speziellen Glimmerzusammensetzung oder umgekehrt koexistieren.

2.2 Metamorphe Phasendiagramme

Das PT-Diagramm

Stabilitätsfelder verschiedener metamorpher Mineralparagenesen stellt man üblicherweise in einem Druck-Temperatur-Diagramm dar, das uns die Bedingungen im Inneren der Erde, bei denen sich eine bestimmte Mineralparagenese bilden kann, anschaulich vor Augen führt.

Aus der Phasenregel folgt, daß in einem Gestein mit K Komponenten eine Mineralparagenese mit P Phasen (bei $P \leq K$) in einem bestimmten Bereich des PT-Diagramms stabil sein wird, weil es (wenigstens) zwei unabhängige Freiheitsgrade hat. Man sagt, die Paragenese belege ein **divariantes Feld** (divariant field). Abb. 2.1 a zeigt die divarianten Felder, in denen Andalusit, Sillimanit und Disthen stabil sind. Zwei dieser Phasen können im Gleichgewicht nur bei einer einzigen Temperatur für einen gegebenen Druck koexistieren, und das System hat dann einen Freiheitsgrad. Die Bedingungen, bei denen $K + 1$ Phasen stabil koexistieren, definieren **univariante Kurven** (univariant curves), die die Grenzen der divarianten Felder bilden. In Abb. 2.1 a schneiden sich die univarianten Kurven an einem einzigen Punkt, an dem alle drei Phasen im Gleichgewicht vorliegen können. Nach der Phasenregel hat ein System mit $K + 2$ Phasen keinen Freiheitsgrad und kann daher nur bei einer einzigen Temperatur und einem einzigen Druck stabil sein, d.h. an einem **invarianten Punkt** (invariant point).

Viele Regeln, die metamorphen Phasendiagrammen zugrunde liegen, sind rein geometrisch und ergeben sich direkt aus der Phasenregel; eine vollständigere Behandlung wird im Anhang gegeben.

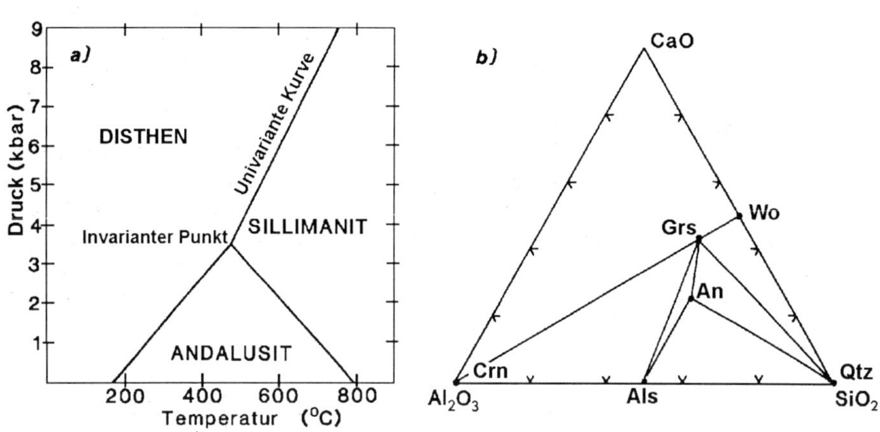

Abb. 2.1 **a)** Druck-Temperatur-Diagramm mit den Stabilitätsfeldern von Andalusit, Disthen und Sillimanit nach HOLDAWAY (1971) **b)** CaO-SiO_2-Al_2O_3-Diagramm mit den Zusammensetzungen und Phasenbeziehungen zwischen Korund (Crn), Wollastonit (Wo), Grossular (Grs), Anorthit (An), Quarz (Qtz) und Alumosilikat (Als) bei gegebenen Druck- und Temperaturbedingungen. Nur Phasen, die durch Konoden verbunden sind, können koexistieren. Jede Pauschalzusammensetzung in diesem System, die nicht direkt auf eine Konode fällt, wird als Drei-Phasen-Paragenese kristallisieren, je nach dem Konodendreieck, in das es fällt.

Chemische Phasendiagramme

Der Wert eines PT-Diagramms besteht darin, daß es die tatsächliche Breite physikalischer Bedingungen anzeigt, unter denen spezifische Paragenesen relativ zu anderen stabil sind. Jedoch sind auch Phasendiagramme notwendig, die den Einfluß verschiedener Gesteinszusammensetzungen auf die Entstehung von Paragenesen anzeigen. So läßt sich sagen, ob unterschiedliche Proben unterschiedliche Mineralparagenesen haben, weil sie unter verschiedenen Bedingungen metamorphosiert wurden, oder ob ihre chemische Zusammensetzungen signifikant voneinander abweichen.

Wie PT-Diagramme basieren chemische Phasendiagramme auf der Phasenregel. Sie werden für bestimmte gegebene PT-Bedingungen konstruiert, um mögliche Mineralzusammensetzungen und Mineralparagenesen bei Gleichgewichtsbedingungen anzuzeigen. Ein Beispiel ist Abb. 2.1 b. Vorausgesetzt, die gewählten PT-Bedingungen fallen nicht genau mit einer univarianten Kurve zusammen, so ist die Anzahl der Phasen in einem Gestein gleich der Zahl der Komponenten im System, d.h. die Bedingungen liegen in einem divarianten Feld im PT-Diagramm. Während man noch ein chemisches Drei-Komponenten-System in einem Dreiecksdiagramm darstellen kann – die Spitzen entsprechen den reinen Komponenten – bedeutet es eine große Einschränkung, für komplexere Systeme zusätzliche Annahmen und Vereinfachungen machen zu müssen. Hierfür werden später Beispiele gebracht. Oft sind diese unbefriedigend, manchmal sogar unhaltbar.

Viele Informationen können jedoch durch ein chemisches Phasendiagramm dargestellt werden. Mischkristallzusammensetzungen werden als Linien oder Flächen anstelle von Punkten dargestellt. Mögliche Gleichgewichts-Mineralparagenesen werden durch Linien angezeigt, die die koexistierenden Phasen verbinden. Diese werden als **Konoden** (tie-lines) bezeichnet. Im Falle von divarianten Paragenesen bilden die Konoden in Dreiecksdiagrammen Dreiecke, die jeweils eine mögliche stabile Paragenese bei den vorgegebenen PT-Bedingungen repräsentieren. Jede dieser Paragenesen bildet sich in Gesteinen mit unterschiedlichen Pauschalchemismen. Minerale, die nicht direkt durch Konoden verbunden sind, können nicht stabil miteinander koexistieren. Gesteinszusammensetzungen können auch in ein solches Diagramm eingetragen werden. Damit kann vorausgesagt werden, welche Mineralparagenese sich in einem Gestein bei geeigneten PT-Bedingungen bilden wird.

Eine Serie von chemischen Diagrammen, die für aufeinanderfolgende PT-Bedingungen konstruiert wurden (nach Gelände- oder experimentellen Befunden) veranschaulicht nicht nur Änderungen der Mineralparagenese, sondern ermöglicht auch anzugeben, welche Reaktionen stattgefunden haben. Wenn zwei Minerale miteinander reagieren, wird eine ehemals beide verbindende Konode wegfallen. Wenn zwei Minerale zum ersten Mal gemeinsam wachsen, erscheint eine neue Konode zwischen ihnen. Dies wird später an realen Beispielen vorgeführt (s. Kap. 3).

2.3 Anwendung der Phasenregel auf natürliche Gesteine

Oft ist der Sprung zwischen idealisierten und vereinfachten Systemen, die von Experimentatoren untersucht oder in Lehrbüchern diskutiert werden, hin zu den natürlichen Mineralvergesellschaftungen recht schwierig, die in vielen gewöhnlichen Metamorphiten gefunden werden, und die oft selbst komplexe Mischkristallbildungen darstellen.

Eine chemische Analyse eines typischen metapelitischen Schiefers (Tab. 1.1) enthält erhebliche Mengen an SiO_2, TiO_2, Al_2O_3, Fe_2O, FeO, MgO, MnO, CaO, Na_2O, K_2O und H_2O sowie kleinere Mengen an P, S, B, F, Sr, Ba, Zr und Spuren anderer Elemente. Angenommen, die vorhandenen Phasen seien Muskovit, Biotit, Granat, Chlorit, Plagioklas, Quarz, Turmalin, Ilmenit, Pyrrhotin, Apatit und Zirkon. Dieses System hat wenigstens 16 Komponenten, aber nur 11 Phasen (12, wenn während der Metamorphose eine fluide Phase anwesend war), und somit existieren wenigstens 6 Freiheitsgrade. Bedeutet dies, daß die Paragenese über ein so weites Feld von Bedingungen existieren kann, daß sie nicht als brauchbarer Indikator der Metamorphosebedingungen herangezogen werden kann? Oder ist es unnötig, alle Nebenkomponenten in Betracht zu ziehen?

Im allgemeinen sind Phasen wie Turmalin, Apatit, Zirkon und in gewissem Maße auch Sulfide keine brauchbaren Anzeiger metamorpher Bedingungen. Sie alle konzentrieren ein bestimmtes Nebenelement, z.B. B in Turmalin, Zr in Zirkon, das nicht in irgendein anderes vorhandenes Mineral eingebaut wird. Daher nehmen diese Minerale nicht an den metamorphen Reaktionen teil, weil es keine andere Phase gibt, in die das Spurenelement eingebaut werden kann. In erster Nährerung verhalten sie sich als inerte Matrix umgeben von anderen Phasen, mit denen sie nicht reagieren können. Daher ist es legitim, sowohl die akzessorischen Phasen als auch ihre charakteristische Spurenelementkomponente bei der Anwendung der Phasenregel auf die meisten Metamorphite nicht zu berücksichtigen.

Weiterhin gibt es andere Spurenelemente, die keine eigenen Minerale bilden, aber als sehr geringe Mischkristallkomponenten in gewöhnlichen Silikaten auftreten. Beispiele sind Sr und Ba in Feldspäten oder Mn in Fe-Mg-Mineralen (wenn auch manchmal Mn-reiche Minerale gefunden werden). Die Konzentration etwa von Sr im Feldspat kann unabhängig von Druck und Temperatur in Abhängigkeit davon variieren, wieviel Feldspat und wieviel Sr im Gestein zugegen ist. Diese Variation kann als ein zusätzlicher unabhängiger Freiheitsgrad angesehen werden. Wenn sie nicht ungewöhnlich stark angereichert sind, hat die Variation solcher Spurenelementkonzentrationen einen geringen Effekt auf die Stabilität eines Silikates und braucht auch in erster Näherung nicht berücksichtigt zu werden.

Somit sind die chemischen Komponenten, die für die Beurteilung wichtig sind, ob sich eine Mineralparagenese bei Gleichgewicht gebildet hat, vor allem Hauptbestandteile von mehr als einer Phase.

2.4 Metamorphe Reaktionen – Erste Grundlagen

Metamorphe Reaktionen und das Erreichen von Gleichgewichten werden von den Gesetzen der Thermodynamik gesteuert, aber eine detaillierte Behandlung liegt nicht in der Absicht dieses Buches. Jedoch werden einige grundlegende Prinzipien, die für ein Verständnis metamorpher Gesteine essentiell sind, hier qualitativ umrissen, und Literaturhinweise für ein tiefergreifendes Studium sind am Ende des Kapitels angegeben.

Ein grundlegendes Konzept besagt, daß jede Substanz eine „freie Energie" enthält, die ihren Energieinhalt umfaßt. Es gibt mehrere Möglichkeiten, eine freie Energie zu formulieren, aber in den Geowissenschaften wird generell die **freie Gibbs-Energie** G (Gibbs free energy) benutzt (in der deutschsprachigen Literatur häufig auch als freie Enthalpie bezeichnet). Denn die freie Gibbs-Energie einer Phase variiert mit ihrer Zusammensetzung in einer festen oder flüssigen Lösung und mit Druck und Temperatur, und gerade an diesen Variablen sind die Geowissenschaftler besonders interessiert. G ist eine **extensive Größe** (extensive property)- je mehr Material, desto mehr freie Energie ist vorhanden. Dagegen hat eine **intensive Größe** (intensive property) wie die Temperatur den gleichen Wert unabhängig von der Größe des Systems. Extensive Größen werden üblicherweise auf 1 Mol einer Substanz bezogen.

Die molare freie Gibbs-Energie einer bestimmten Phase ist eine definierte Größe, die im Prinzip gemessen werden kann. Jedoch haben wir es oft mit Mischkristallen zu tun, bei denen die Energie bestimmter Endglieder der Mischreihe von Interesse ist. Wenn beispielsweise die Energie von Albit in Lösung im Plagioklas größer als die von Albit in Lösung in einem benachbarten Orthoklas ist, können wir erwarten, daß Albit von der höherenergetischen Umgebung (Plagioklaskristall) in eine niedrigerenergetische (Orthoklas) wandert. Das Maß für die freie Gibbs-Energie von Endgliedern in Mischkristallen (oder Komponenten von flüssigen Lösungen) ist das **chemische Potential** (chemical potential), definiert als:

$$\mu_i = (\partial G_p / \partial n_i)_{T,P,n_j}$$

d.h. für eine Komponente i ist sein chemisches Potential μ_i gleich der Änderung der freien Gibbs-Energie der Phase, in der sie auftritt, mit Änderung der Anzahl der Mole von i (n_i), wenn Temperatur, Druck und Anzahl der Mole aller anderen Komponenten (n_j) konstant bleiben.

Wir können die molare freie Gibbs-Energie einer Mischkristallphase mit j Komponenten definieren als:

$$G_p = \left(\sum_{i=1}^{i=j} \mu_i n_i \right) / n_p$$

wobei n_p die Anzahl der Mole der Phase aus $\Sigma\, n_i$ Molen seiner Komponenten bedeutet.

Somit wird die freie Gibbs-Energie eines Systems mit m Phasen:

$$G_s = \sum_{k=1}^{k=m} G_{p,k} n_{p,k}$$

Es bedeuten $G_{p,k}$ die molare freie Gibbs-Energie der k-ten Phase, von der $n_{p,k}$ Mole vorhanden sind. Wenn die gleichen Atome auf unterschiedlichste Weise bei unterschiedlichen Paragenesen in verschiedenen Anteilen kombiniert werden können, dann wird natürlich der Wert für G_s in jedem Fall verschieden sein.

Im Gleichgewicht ist die freie Gibbs-Energie eines Systems minimal für entsprechende Druck und Temperaturbedingungen, d.h. eine Kombination von Atomen mit dem kleinsten Wert von G_s ist stabil.

Der Grund, warum überhaupt Reaktionen stattfinden, ist der, daß der Wert von G für jede Substanz bei Änderung von P oder T variiert, allerdings ist für unterschiedliche Minerale die Größenordnung dieser Änderung unterschiedlich. Daher hat eine Mineralparagenese im Gleichgewicht bei gegebenen Bedingungen nicht länger die niedrigst mögliche freie Energie, wenn sich Druck und Temperatur geändert haben.

Als Beispiel bestehe ein Gestein ganz aus Andalusit. Unter verschiedenen Bedingungen können sich die gleichen Atome neu zu Disthen oder Sillimanit anordnen, wenn diese eine niedrigere freie Gibbs-Energie haben, da die chemische Zusammensetzung all dieser Phasen gleich ist, nämlich Al_2SiO_5. Andalusit hat eine niedrigere Dichte (3,15 g/cm^3) als Disthen (3,6 g/cm^3), und daher stabilisieren Hochdruckbedingungen vorzugsweise Disthen. Wenn die Temperatur konstant gehalten wird, ist die Variation der freie Gibbs-Energie mit dem Druck für jede Phase gegeben durch:

$$(\partial G / \partial P)_T = V$$

V ist das **Molarvolumen** (molar volume) der Phase. Da Minerale nur wenig komprimierbar sind, ist V ziemlich konstant über große Druckbereiche. Jedoch wird V^0 als Molarvolumen verwendet, das unter Standardbedingungen gemessen wurde, 25 °C und 1 bar. Wenn G gegen P für eine Phase bei einer bestimmten Temperatur aufgetragen wird, ergibt sich eine nahezu

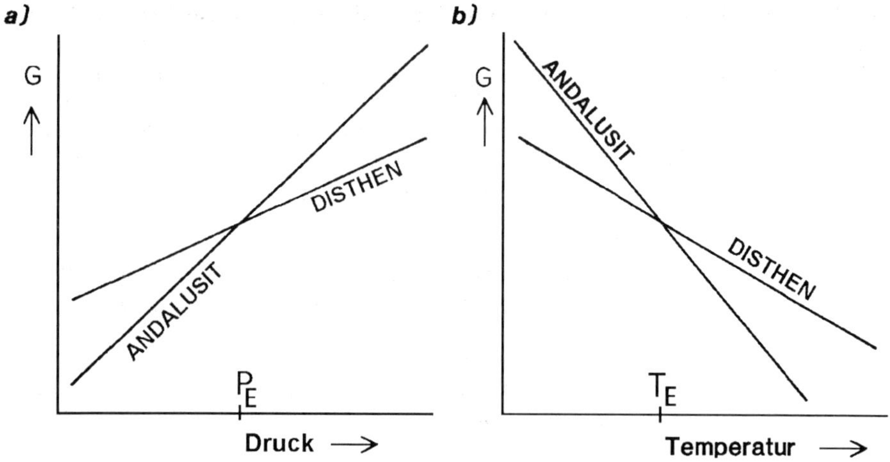

Abb. 2.2 Schematische Darstellung zur Variation der molaren freien Gibbs-Energie (G) von Andalusit und Disthen **a)** mit dem Druck bei konstanter Temperatur und **b)** mit der Temperatur bei konstantem Druck. P_E und T_E sind jeweils der Druck und die Temperatur, bei denen zwei Phasen im Gleichgewicht koexistieren.

gerade Linie mit der Steigung V^0 bei 1 bar. Dies wurde schematisch für Andalusit (V^0 = 51,50 cm^3) und Disthen (V^0 = 44,09 cm^3) in Abb. 2.2 a dargestellt. Die Linie für Disthen hat eine flachere Steigung als die für Andalusit, weil das Molarvolumen geringer ist und daher kreuzen sich beide Linien am Punkt, an dem $P = P_E$ ist und beide Phasen die gleiche freie Gibbs-Energie haben, daher in gleicher Weise stabil sind und im Gleichgewicht miteinander koexistieren. Bei Drücken kleiner als P_E ist $G_{And} < G_{Ky}$, und so wird jeder Disthen zu Andalusit reagieren, während bei Drücken größer als P_E das Gegenteil eintritt. Der tatsächliche Wert von P_E hängt von der Temperatur ab, für die das Diagramm gezeichnet wurde.

Ähnlich ist die Beziehung zwischen G und T, wenn der Druck konstant gehalten wird. In diesem Fall gibt es eine Größe, die bestimmt, auf welche Weise sich G mit der Temperatur ändert, die **Entropie** S (entropy). Sie repräsentiert den Ordnungsgrad der Atomanordnung in einer Substanz. Dies wird in Abb. 2.2 b für Andalusit und Disthen veranschaulicht. Dabei wird die Phase mit dem höheren Entropiewert stabiler mit steigender Metamorphose. Wieder gibt es bei gegebenem Druck eine einzige Temperatur, T_E, bei der Disthen und Andalusit gleichermaßen stabil sind. Wenn Disthen über T_E hinaus erhitzt wird, wird er zu Andalusit reagieren und umgekehrt.

Die in Abb. 2.2 dargestellten Beziehungen sind einfach, weil sie nur zwei Phasen derselben Zusammensetzung betreffen. Prinzipiell macht es jedoch keinen Unterschied, die freie Gibbs-Energie zweier Phasen der gleichen Zusammensetzung oder die von zwei Mineralparagenesen aus einer Anzahl von Phasen miteinander zu vergleichen, vorausgesetzt, es ist möglich, eine bilanzierte Reaktion zwischen den beiden Paragenesen zu formulieren.

Man kann die Phasenregel auf Gesteine ohne jede Kenntnis thermodynamischer Eigenschaften der Phasen anwenden. Jedoch sind die Voraussagen der Phasenregel konsistent mit den Schlußfolgerungen aus den thermodynamischen Überlegungen (Abb. 2.2). Andalusit und Disthen bilden ein Ein-Komponenten-System mit zwei Phasen, und bei Koexistenz beider Phasen gibt es daher nur einen Freiheitsgrad wie bei siedendem Wasser. Nur bei einer einzigen Temperatur bei gegebenem Druck können sie stabil koexistieren, und dies ist T_E in Abb. 2.2 b.

Eine letzte thermodynamische Eigenschaft von grundlegender Bedeutung für die Verhaltensweise der Erdkruste ist die **Enthalpie** H (enthalpy). Die Enthalpie einer Phase reflektiert ihren Wärmeinhalt. Ebenso wie Reaktanten und Produkte einer Reaktion unterschiedliche Volumina haben können, können sie auch unterschiedliche Enthalpien haben. Die Enthalpiedifferenz zwischen Reaktanten und Produkten ist:

$$\Delta H_R = H_{Produkte} - H_{Reaktanten}$$

H_R ist die **Reaktionswärme** (heat of reaction). Wenn H_R positiv ist, muß zusätzliche Wärme dem System zugeführt werden, damit eine Reaktion abläuft, wenn die Gleichgewichtstemperatur erreicht worden ist. Solche Reaktionen nennt man **endotherm** (endothermic) und ein gutes Beispiel ist siedendes Wasser. Metamorphe Reaktionen, die Wasser aus OH-haltigen Mineralen freisetzen, sind in gleicher Weise endotherm. Andere Reaktionen (wie beispielsweise die Kondensation von Dampf zu Wasser oder die Umwandlung von Basalt zu Eklogit) geben Wärme ab und sind **exotherm** (exothermic).

Das Prinzip der Pufferung

Wenn die Phasenregel auf eine natürliche Mineralparagenese angewendet wird, passiert es häufig, daß das System nur eine kleine Anzahl unabhängiger Freiheitsgrade aufweist, auch bei einer relativ großen Anzahl möglicher Variabler wie Druck, Temperatur, Fluiddruck und Phasenzusammensetzung. In diesem Fall legt die Mineralparagenese einige dieser Variablen fest oder **puffert** (buffer) sie bei einem bestimmten Wert bei gegebenen Druck- und Temperaturbedingungen. In analoger Weise bleibt die Temperatur eines Bechers mit siedendem Wasser immer 100 °C bei einem Druck von 1 Atmosphäre, unabhängig davon, wieviel erhitzt wird, bis eine der Phasen komplett verbraucht ist, wenn die Temperatur des Behälters und des darin verbleibenden Dampfes schnell zunimmt.

Ein einfaches, aber wichtiges Beispiel für Pufferung ist die Art, wie eine Paragenese mit Magnetit und Hämatit die Konzentration freien Sauerstoffs in der fluiden Phase bei einem konstanten Wert hält, unabhängig vom tatsächlichen Gehalt an Magnetit und Hämatit. Das entsprechende Gleichgewicht ist:

$$3\,Fe_2O_3 \rightarrow 2\,Fe_3O_4 + \tfrac{1}{2}\,O_2 \qquad [2.1]$$

Hämatit *Magnetit* *in der fluiden Phase*

Der Anteil des Sauerstoffs in der fluiden Phase wird als sein Beitrag zum gesamten Fluiddruck beschrieben. Da Sauerstoff etwa 20% der Luft ausmacht, ist der Anteil der Sauerstoffmoleküle am Atmosphärendruck etwa 0,2 bar. Dieser wird als der **Partialdruck** (partial pressure) des Sauerstoffs in Luft bezeichnet. Bei chemischen Gleichgewichtsuntersuchungen wird die **Fugazität** f (fugacity) anstelle des Partialdrucks gebraucht, der *thermodynamisch effektive Druck* einer Gasspezies in der fluiden Phase. Wie andere Druckgrößen, wird die Fugazität üblicherweise in bar oder Pascal gemessen.

Wenn wir die Phasenregel auf die Paragenese Hämatit-Magnetit-(H_2O-O_2)Fluid anwenden, haben wir drei Phasen und drei Komponenten (H_2O-FeO-O_2). Daher hat das System zwei Freiheitsgrade. Obwohl somit die Sauerstoffugazität (f_{O_2}) in der fluiden Phase variabel ist, muß sein Wert für einen bestimmten Druck und eine bestimmte Temperatur, denen Hämatit und Magnetit ausgesetzt sind, immer gleich sein. Mit anderen Worten, wenn P und T als unabhängige Variablen behandelt werden, ist f_{O_2} eine abhängige Variable mit einem festen Wert für spezifische P und T.

Werte für f_{O_2} bei der Metamorphose sind üblicherweise sehr klein (10^{-10} bis 10^{-45} bar), da die Bedingungen in der Kruste viel reduzierender sind als die an der Oberfläche. MYERS & EUGSTER (1983) geben Gleichungen für die Variation von f_{O_2} mit Temperatur und Druck im Gleichgewicht mit einer Vielzahl wichtiger Mineralparagenesen an, die als Puffer der Sauerstoffugazität dienen können.

2.5 Metamorphe Reaktionen – einige weiterführende Überlegungen

2.5.1 Univariante Kurven und Reaktionsbedingungen

Man bezieht sich häufig auf univariante Kurven wie etwa die Grenze der Stabiltätsfelder von Andalusit und Disthen in Abb. 2.1 in der Meinung, daß sie die Bedingungen etwa der Reaktion:

$$\text{Andalusit} \rightarrow \text{Disthen} \qquad [2.2]$$

tatsächlich wiedergibt. Jedoch sollte eine kurze Überlegung ausreichen, um zu zeigen, daß die univariante Kurve die einzige Bedingung darstellt, der eine Mischung aus Disthen und Andalusit ausgesetzt sein kann, ohne daß eine Reaktion stattfindet.

Wenn wir Wasser erhitzen, findet die Reaktion zu Dampf nahezu exakt auf der univarianten Kurve statt. Die meisten Flüssigkeiten können jedoch unter ihren Gefrierpunkt gekühlt werden, ohne zu kristallisieren. Generell gilt, daß Reaktionen, bei denen neue feste Phasen produziert werden, in der Regel nicht stattfinden, bis die Bedingungen der univarianten Kurve leicht überschritten sind. Dies hängt mit den Schwierigkeiten zusammen, die sich beim Beginn des Wachstums neuer Festphasen einstellen (s. Kap. 6). Wenn ein Mineral oder eine Mineralparagenese über seine Gleichgewichtsbedingungen hinaus im Stabilitätsfeld einer anderen Paragenese fortbesteht, wird sie als **metastabil** (metastable) bezeichnet und die Reaktion als **überschritten** (overstepped).

Bei Untersuchungen zur Metamorphose wird heute gemeinhin angenommen, daß die meisten Reaktionen nicht stark überschritten worden sind und nahe dem Gleichgewicht stattfanden. Dies ist wahrscheinlich eine Folgerung aus der Annahme, daß metamorphe Mineralparagenesen bei Gleichgewicht kristallisierten. Nichtsdestoweniger gibt es Ausnahmen für diese Regel, insbesondere bei Reaktionen wie den polymorphen Übergängen zwischen Andalusit, Disthen und Sillimanit. Hier ist es nicht ungewöhnlich, mehr als eine dieser Phasen im gleichen Gestein nebeneinander vorzufinden.

2.5.2 Metamorphe Reaktionen und die Phasenregel

Im vorausgegangenen Kapitel wurden Reaktionen so behandelt, als wenn sie bei bestimmten Temperatur- und Druckbedingungen ablaufen würden wie etwa das Sieden reinen Wassers. Die Paragenese sowohl aus Reaktanten als auch aus Produktphasen hat nur einen Freiheitsgrad und ist nur entlang einer univarianten Kurve im Gleichgewicht. Einfache Reaktionen dieses Typs werden als **diskontinuierliche** (discontinuous) oder **univariante Reaktionen** (univariant reaction) bezeichnet.

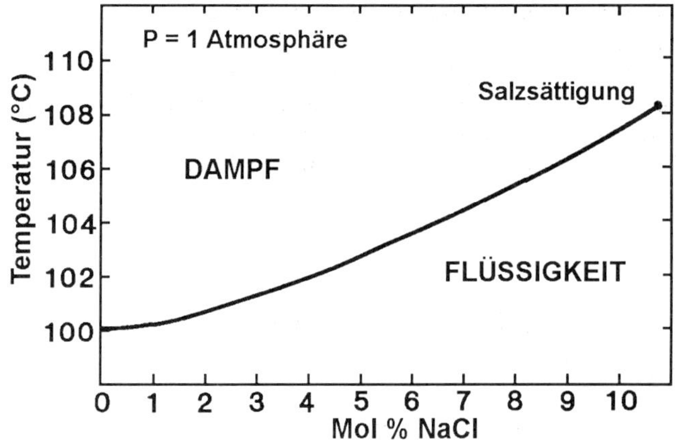

Abb. 2.3 Dampfspannungskurve für Salzlösungen im System NaCl-H_2O. Dargestellt ist die Variation der Siedetemperatur (d.h. Flüssigkeits-Dampf-Gleichgewichtstemperatur) mit Salz-Gehalten (angegeben als Mol% NaCl in der Flüssigkeit). Der Druck ist konstant bei 1 Atmosphäre. Diese Darstellung von Temperatur gegen einen Zusammensetzungsparameter wird T-X-Diagramm genannt. Daten aus HAAS (1976).

Wenn Phasen im festen oder flüssigen Zustand Mischungen darstellen, können Reaktionen unter verschiedenen Bedingungen je nach der Zusammensetzung der Phasen stattfinden. Ein einfaches Beispiel ist das Sieden von Wasser, das bei schrittweise höheren Temperaturen mit zunehmender Salzkonzentration stattfindet (Abb. 2.3). Da der Dampf aus einer siedenden Salzlösung fast reines H_2O ist, nimmt die Salzkonzentration in der übrigen Flüssigkeit mit der Temperatur bei fortgesetztem Sieden zu. Nach der Phasenregel hat das System zwei Komponenten (NaCl, H_2O). Aber selbst wenn Reaktanten und Produkte koexistieren, gibt es nur zwei Phasen (Flüssigkeit, Dampf). Somit hat ein System aus einer Salzlösung, die zu Dampf reagiert, auch dann zwei Freiheitsgrade, wenn die Reaktion stattfindet. Die Kurve in Abb. 2.3, die die Zusammensetzung der siedenden Salzlösung als Funktion der Temperatur zeigt, sieht wie eine univariante Kurve aus. Dies rührt daher, daß das Diagramm für einen festgelegten Druck von 1 Atmosphäre gilt. Das bedeutet, daß einer der Freiheitsgrade für die Spezifizierung des Druckes festgelegt wurde. Die Abbildung zeigt, daß die beiden verbleibenden Variablen, Temperatur und Zusammensetzung der siedenden Lösung, abhängig voneinander bei konstantem Druck variieren. Wenn man somit zwei Parameter (z.B. P und T oder P und Lösungszusammensetzung) festlegt, ist der Zustand des Systems vollständig nach der Phasenregel festgelegt.

Reaktionen diesen Typs, bei denen Reaktanten und Produkte über ein Druck- und Temperaturintervall (divariantes Feld) koexistieren, sind **kontinuierliche Reaktionen** (continuous reaction). Sie enthalten stets wenigstens eine Phase variabler Zusammensetzung und führen zu einer Änderung der Zusammensetzung und Häufigkeit verschiedener Phasen.

Ein dritter Reaktionstyp, der eine Änderung nur in der Phasenzusammensetzung bewirkt, aber kein Wachstum oder Abbau, ist der der **Kationenaustauschreaktionen** (cation exchange reaction). Diese Reaktionen können in Paragenesen mit einer großen Anzahl von Freiheitsgraden ablaufen (z.B. wenigen Phasen, aber vielen Komponenten). Ihre Bedeutung wurde speziell in den letzten 20 Jahren erkannt, seit neue Technologie die Bestimmung der Mineralzusammensetzung weitgehend erleichtert hat.

Kationenaustauschreaktionen treten da auf, wo zwei oder mehr Minerale die gleiche Ionensubstitution zeigen, z.B. den Austausch Fe^{2+} gegen Mg^{2+} oder K^+ gegen Na^+. Die Fe-Mg-Minerale bieten tatsächlich die meisten Beispiele für metamorphe Kationenaustauschreaktionen. Der Grund, warum diese Reaktionen stattfinden, liegt darin, daß unterschiedliche Kristallgitter die alternativen Kationen in verschiedener Weise bevorzugt aufnehmen (BURNS 1970). Wenn daher in einem Gestein verschiedene Fe-Mg-Minerale beim Gleichgewicht koexistieren, wird das Verhältnis $Mg^{2+}/(Mg^{2+}+Fe^{2+})$, bekannt als X_{Mg} oder Molenbruch der Mg-Endglieder, für jedes Mineral unterschiedlich sein. X_{Mg} und andere Verhältnisse werden aus den Molekularanteilen der Elemente (oder Oxiden) in einer Analyse berechnet und nicht aus den Gewichtsprozenten.

Granat bevorzugt Fe gegenüber Mg und hat so relativ zu anderen koexistierenden Fe-Mg-Mineralen ein geringeres X_{Mg}. Viele Untersuchungen haben konsistente Ergebnisse zu den relativen X_{Mg}-Werten verschiedener koexistenter Minerale geliefert. Im Fall der Minerale in metapelitischen Schiefern ist die Reihenfolge:

$$X_{Mg}^{Grt} < X_{Mg}^{St} < X_{Mg}^{Bt} < X_{Mg}^{Chl} < X_{Mg}^{Crd}$$

Kationenaustauschreaktionen treten bei Fe-Mg-Mineralen auf, weil der Grad des Einbaus von Fe^{2+} in ein bestimmtes Mineral relativ zu Mg^{2+} von der Temperatur abhängt, mit kleineren Unterschieden im X_{Mg} zwischen zwei Phasen bei hohen Temperaturen. In einem Gestein mit nur einer kleinen Anzahl von Phasen und einer Paragenese mit einer somit großen Zahl von Freiheitsgraden (z.B. ein Schiefer mit Granat, Biotit, Quarz, Plagioklas und Akzessorien) reflektieren die X_{Mg}-Werte der Fe-Mg-Minerale die Fe^{2+}- und Mg^{2+}-Anteile im Gesamtgestein. In Mg-reichen Granat-Biotit-Schiefern haben Granat und Biotit relativ hohe X_{Mg}-Werte im Vergleich zu einem Fe-reichen Schiefer, in dem beide Minerale geringe X_{Mg}-Werte haben. Jedoch bleibt das Verhältnis, nach dem Fe und Mg zwischen Granat und Biotit aufgeteilt werden, mehr oder weniger konstant für alle Gesteine, die unter gleichen Bedingungen metamorphosiert wurden, unabhängig von den Mineralzusammensetzungen. Dieses Verhältnis ist der **Verteilungskoeffizient** K_D (distribution coefficient) und ist für den Fe-Mg-Austausch definiert als:

$$K_D = \frac{(Mg / Fe)^A}{(Mg / Fe)^B} = K_{D_{Fe-Mg}}^{A-B}$$

Die Hochzeichen stehen für abgekürzte Mineralnamen, um das Mineralpaar anzugeben, für das K_D berechnet wird, während die Tiefzeichen die chemische Substitution angeben, auf die sich der Verteilungskoeffizient bezieht. Ähnliche Verteilungskoeffizienten können für jedes Paar koexistierender Minerale berechnet werden, das eine chemische Reaktion gemeinsam hat.

Temperaturänderung bewirkt in einem Granat-Biotit-Schiefer also eine Kationenaustauschreaktion zwischen Granat und Biotit, und dies ändert den K_D-Wert. Die Reaktion kann auf schematische Weise geschrieben werden:

$$\text{Fe-Granat} + \text{Mg-Biotit} \rightarrow \text{Mg-Granat} + \text{Fe-Biotit} \qquad [2.3],$$

obwohl natürlich zu jeder Zeit nur eine einzige Zusammensetzung des Granats und Biotits im Gestein vorliegt. Da Aufheizung bewirkt, daß der Unterschied zwischen Fe und Mg für jedes Mineral reduziert wird, tendiert K_D mit zunehmender Temperatur zu einem Wert um 1.

Eine entscheidende Einschränkung von Kationenaustauschreaktionen ist, daß sie nur dann von Bedeutung sind, wenn die Kationen durch die Mineralgitter an die Oberfläche diffundieren können. Bei niedrigen Metamorphosegraden (sicherlich unter der Granatzone) sind Diffusionsraten in den meisten Mineralen wahrscheinlich sehr langsam. Jedoch steigen die Diffusionsraten exponentiell mit der Temperatur an, und unter Bedingungen der Sillimanitzone sind sie in den meisten Mineralen vermutlich sehr groß (s. Kap. 6).

2.5.3 Grenzen der Anwendung des chemischen Gleichgewichtes

Obwohl theoretisch jedes Gestein unter verschiedensten Bedingungen bei ausreichender Zeit zu einer Gleichgewichtsparagenese reagieren kann, sind einige Reaktionen tatsächlich so langsam, daß sie sogar über geologische Zeiten hinweg nicht in nennenswertem Umfang auftreten. Wenn dies nicht der Fall wäre, würden wir auf der Erdoberfläche keine Gesteine finden können, die sich bei den hohen Drücken und Temperaturen innerhalb der Kruste bildeten. Andererseits wurden viele in Gesteinen auftretende Reaktionen im Labor bei Laufzeiten von höchstens wenigen Monaten reproduziert, wenn auch Zeiten von wenigstens Tausenden von Jahren in der Natur zur Verfügung stehen.

Reaktionen, die die Freisetzung von flüchtigen Phasen (z.B. H_2O oder CO_2) infolge von Erwärmung beinhalten, scheinen meistens relativ schnell abzulaufen, während einige Reaktionen zwischen Festphasen sehr langsam sein können, insbesondere wenn keine fluide Phase im Gestein zugegen ist (s. Kap. 6). Viele Fluide, die bei der Aufheizung durch Reaktion freigesetzt wurden, entweichen aus dem Gestein und stehen daher nicht für die Rückreaktion während der Abkühlung zur Verfügung. Daher bleiben bei der Abkühlung oft Hochtemperaturminerale erhalten, auch wenn sie manchmal Anzeichen zeigen, daß sie bei der Abkühlung teilweise mit kleinen noch vorhandenen Fluidmengen reagierten.

Da Reaktionen nicht grundsätzlich vollständig ablaufen, bilden sich häufig nicht alle Mineralkörner eines Gesteins am Gleichgewicht. Jedoch scheinen Reaktionen während der Aufheizung schnell abzulaufen, und Reste der Reaktanten verbleiben nur, wenn sie durch das Wachstum einer Produktphase um sie herum geschützt wurden. Dagegen laufen Reaktionen bei Abkühlung oft unvollständig ab, wenn nicht eine fluide Phase gleichzeitig dem Gestein wieder zugeführt wird. Im Dünnschliff ist es häufig offensichtlich, daß nicht alle Minerale eines Gesteins bei Gleichgewicht gleichzeitig wachsen. Beispielsweise kann ein Mineral nur als Verdrängung einer bestimmten Vorläuferphase auftreten wie im Fall von Chlorit, der Biotit in retrograden Schiefern ersetzt.

2.6 Der Einfluß von Fluiden auf metamorphe Phasengleichgewichte

Viele metamorphe Reaktionen verbrauchen Fluide oder setzen sie frei. Meistens ist es H_2O, aber auch häufig CO_2 und bei niedrigen Graden CH_4. Viel seltener setzen Reaktionen N_2 oder H_2 frei. Diese Reaktionen werden **Entgasungsreaktionen** (devolatilisation reaction) genannt und ihre Bedingungen hängen nicht nur von Druck und Temperatur, sondern auch vom Fluiddruck ab. Bei gegebenem lithostatischem Druck wird die für eine Entwässerungsreaktion notwendige Temperatur um so größer sein, je größer der Partialdruck von H_2O (P_{H_2O}) im Porenraum ist. In ähnlicher Weise verhindert ein hohes P_{CO_2} Dekarbonatisierungsreaktionen bei Aufheizung (Abb. 5.2).

Obwohl noch über Zusammensetzung, Quantität und Verhalten metamorpher Fluide kontrovers diskutiert wird, gibt es doch wenigstens zwei wichtige natürliche Grenzwerte für P_{H_2O} und P_{CO_2} während der Metamorphose. Erstens bedeuten Entgasungsreaktionen einen Anstieg des Fluiddrucks durch Entstehung von zusätzlicher fluider Phase. Die Obergrenze des Fluiddrucks ist durch den lithostatischen Druck, P_l, und die Zugfestigkeit des Gesteins gegeben, oberhalb der das Gestein durch hydraulische Bruchbildung zerreißt und ein weiterer Anstieg im Fluiddruck verhindert wird (s. Kap. 1). Wahrscheinlich wird diese extreme Situation nicht immer erreicht und einige Gesteine sind so permeabel, daß neugebildete Fluide auch ohne Bruchbildung entweichen können, wenn P_f sich P_l annähert. Aufgrund dieser mechanischen Grenze des Fluiddruckes wird häufig angenommen, daß Metamorphose oft bei $P_f = P_l$ abläuft. Dies ist auch die Bedingung vieler experimenteller Untersuchungen.

Die zweite wichtige Einschränkung betrifft die Zusammensetzung der fluiden Phase. Entwässerungsreaktionen finden bei niedrigeren Temperaturen statt, wenn der H_2O-Partialdruck niedrig ist. Jedoch setzen sie auch H_2O frei, und P_{H_2O} steigt damit. Grundsätzlich ist die Porosität von Metamorphiten gering, wahrscheinlich unter 1% bei vielen Bedingungen, so daß nur ein kleiner Anteil an OH-Phasen im Gestein abgebaut zu werden braucht, um bei hohem Druck die Poren mit Wasser zu füllen. Das bedeutet, daß Dehydratisierungs- und Dekarbonatisierungsreaktionen nur selten ablaufen, und P_{H_2O} oder P_{CO_2} signifkant niedriger als P_l bleiben. Dieses Thema wird in Kap. 5 noch einmal aufgegriffen.

Redoxreaktionen

Die Sauerstoffugazität ist in Metamorphiten so gering, daß der Anteil freien Sauerstoffs, der an Reaktionen teilnehmen kann oder durch Gesteine diffundiert, vernachlässigbar ist. Wo jedoch Sauerstoff- oder Wasserstoff-haltige Fluide in einem Gestein durch Reaktionen gebildet werden und aus ihm entweichen bzw. von außerhalb in Gesteine eindringen, ist es möglich, den Sauerstoffgehalt durch Redoxreaktionen zu verändern.

Beispielsweise fand Shaw (1956), daß hochgradige Metapelite vergleichbare Fe-Gehalte wie ähnliche nichtmetamorphe Sedimente aufweisen, aber normalerweise ist ein höherer Anteil zwei- statt dreiwertig (Tab. 1.1). Gleichzeitig ist der Kohlenstoffgehalt, der in hochgradigen Gesteinen als Graphit vorliegt, oft viel geringer als in dem abgebauten organischen Material im Orginalsediment. Die Erklärung dafür ist, daß sich während der Metamorphose Kohlenstoff mit dreiwertigem Eisen verbindet, um CO_2 zu produzieren, das dann das Gestein mit anderen Fluiden verläßt, während Minerale mit zweiwertigem Eisen zurückbleiben:

$$C + 2\ Fe_2O_3 \rightarrow CO_2 + 4\ FeO \qquad [2.4]$$

Fe_2O_3 und FeO stehen dabei für drei- bzw. zweiwertiges Eisen in einzelnen Mineralen und nicht für freie Oxide (Miyashiro 1964).

Das extremste Beispiel für Reduktion während der Metamorphose ist die Serpentinisierung olivinreicher Peridotite. Hier reagieren Mg und Si im ursprünglichen Olivin mit eindringendem Wasser zu Serpentin, aber zweiwertiges Eisen aus dem Olivin verbindet sich mit Sauerstoff aus dem Wasser zu Magnetit. Dies setzt Wasserstoff frei und kann zu Wässern mit einem erheblichen Wasserstoffgehalt führen und damit zu reduzierenden Bedingungen, so daß Fe-Ni-Legierungen gebildet werden können (Frost 1985).

2.7 Anwendung des chemischen Gleichgewichtes auf natürliche Gesteine: ein Beispiel

Bevor wir darangehen, mit den Regeln des chemischen Gleichgewichtes metamorphe Gesteine allgemein zu interpretieren, wollen wir noch zeigen, daß der Ansatz auch wirklich brauchbar ist. Dazu ziehen wir ein Beispiel einer Metamorphose in Gesteinen heran, deren Chemismus hinreichend einfach ist, so daß sie durch ein Drei-Komponenten-System in einfachen chemischen Phasendiagrammen dargestellt werden können. Das gewählte Beispiel sind metamorphe ultrabasische Gesteine, da sie hauptsächlich aus MgO, SiO_2 und H_2O bestehen, obwohl gewöhnlich auch CaO, Al_2O_3 und etwas FeO in geringen Mengen vorkommen. Dunitkörper mit Wehrlit, Lherzolith und ähnlichen Gesteinen sind in vielen Orogenen häufig und oft intensiv hydratisiert. Nachfolgende Regional- oder Kontaktmetamorphose kann den Abbau einiger OH-Phasen bewirken und sogar zur Neubildung ursprünglicher magmatischer Minerale führen, die als neue metamorphe Körner mit einem bestimmten Gefüge wachsen.

TROMMSDORF & EVANS (1972) haben die Auswirkungen der Kontaktmetamorphose in der Aureole des Bergell-Tonalites in den italienischen Alpen (Abb. 7.10) auf den Serpentinitkörper des Val Malenco beschrieben. Die regionale Paragenese im Serpentinit ist Antigorit-Forsterit-Diopsid ± Chlorit ± Magnetit. TROMMSDORF und EVANS fanden eine Abfolge kontaktmetamorpher Zonen zu der Intrusion hin, von denen jede durch eine bestimmte Mineralparagenese charakterisiert ist:

Zone A: Antigorit-Olivin-Diopsid (regionale Paragenese)
Zone B: Antigorit-Olivin-Tremolit
Zone C: Talk-Olivin-Tremolit
Zone D: Anthophyllit-Olivin-Tremolit

Die Verteilung der Zonen ist in Abb. 2.4 dargestellt. Die metamorphen Reaktionen, die an der Isograde zwischen den Zonen B und C sowie den Zonen C und D ablaufen, betreffen nur Phasen aus den Komponenten MgO, SiO_2 und H_2O. Andere vorhandene Minerale nehmen an den Reaktionen nicht teil und verhalten sich tatsächlich inert; sie sind mit dem Tiegel vergleichbar, in dem der Chemiker ein Experiment ausführt. Die Zusammensetzungen der reagierenden Phasen Antigorit, Olivin, Talk, Anthophyllit, Enstatit und H_2O, das durch die Entwässerungsreaktionen freigesetzt wurde, werden im Dreiecksdiagramm in Abb. 2.5 a dargestellt, in dem MgO, SiO_2 und H_2O die Eckzusammensetzungen darstellen. Dieses Diagramm wurde mit den **Molanteilen** (molecular proportions) der Komponenten erstellt, so daß Enstatit ($Mg_2Si_2O_6$) auf der Mitte der MgO-SiO_2-Seite des Dreiecks zu liegen kommt. Die Mineralparagenese von Zone B (wenigstens der Anteil, der an den Reaktionen teilnimmt) wird in Abb. 2.5 b als Konodendreieck, das die vorhandenen Phasen verbindet, dargestellt. Obwohl heute nur Antigorit und Olivin in Gesteinen aus Zone B vorhanden sind, kann man annehmen, daß auch noch eine wäßrige fluide Phase während der Metamorphose zugegen war. Da diese Paragenese drei Komponenten und drei Phasen hat, muß sie nach der Phasenregel zwei Freiheitsgrade besitzen und kann so über ein weites PT-Feld existieren.

Dies sei für die Paragenese in Zone C wiederholt (Abb. 2.5 c). Der Unterschied zu Zone B besteht darin, daß Antigorit nicht mehr vorhanden ist und seine Zusammensetzung im Talk-Olivin-H_2O-Dreieck liegt. Antigorit kann also nicht unter Bedingungen der Zone C stabil sein, und ein Gestein mit der chemischen Zusammensetzung eines reinen Antigorits würde zu Talk-Olivin-H_2O kristallisieren. Dies sagt uns, daß die Reaktion beim Übergang zu Zone C folgende ist:

$$\begin{array}{ccccccc} \text{Antigorit} & \rightarrow & \text{Olivin} & + & \text{Talk} & + & H_2O \\ 5\,Mg_3Si_2O_5(OH)_4 & \rightarrow & 6\,Mg_2SiO_4 & + & Mg_3Si_4O_{10}(OH)_2 & + & 9\,H_2O \end{array} \quad [2.5].$$

Diese Reaktion stellt die Obergrenze der Temperaturstabilität von Serpentin dar. Vergleicht man die Paragenese von Zone D (Abb. 2.5 d) mit der von Zone C, sieht das Bild anders aus. Die Zusammensetzung des Talks liegt nicht im Anthophyllit-Olivin-H_2O-Dreieck. Somit

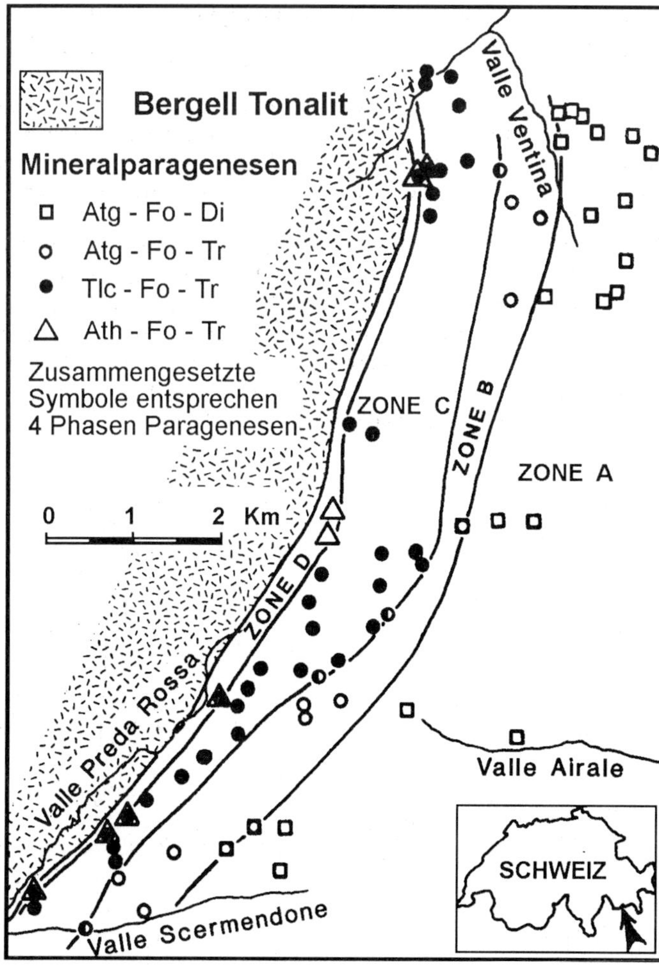

Abb. 2.4 Karte mit der Verteilung von Mineralparagenesen in metamorphen Ultrabasiten aus der Aureole des Bergell-Tonalits, Italien (s. auch Abb. 7.10). Nach TROMMSDORFF & EVANS (1972). Mineralabkürzungen sind im Anhang angegeben.

könnte Talk unter Bedingungen von Zone D in Gesteinen fortbestehen, die Si-reicher als der Val Malenco-Körper sind. Aber sicherlich kann Talk nicht länger mit Olivin in Zone D koexistieren, weil Talk und Olivin auf entgegengesetzten Seiten der neuen Anthophyllit-Wasser-Konode liegen, die Zone D kennzeichnet. Phasen können nur über einen PT-Bereich koexistieren, wenn sie auch durch eine Konode verbunden sind. Die Reaktion zwischen den Zonen C und D bewirkt eine Verdrängung der in Zone C stabilen Paragenese Talk + Olivin durch die Paragenese Anthophyllit + Wasser (in Zone D stabil und in Zone C nicht möglich, da auf gegenüberliegenden Seiten der Olivin-Talk-Konode gelegen). Somit lautet die Reaktion:

$$\text{Olivin} + \text{Talk} \rightarrow \text{Anthophyllit} + H_2O \qquad \text{oder:}$$

$$4\,Mg_2SiO_4 + 9\,Mg_3Si_4O_{10}(OH)_2 \rightarrow 5\,Mg_7Si_8O_{22}(OH)_2 + 4\,H_2O \qquad [2.6].$$

Eine solche Reaktion wird als **Konodenumklappreaktion** (tie-line flip) im Phasendiagramm bezeichnet. Sie bedeutet allerdings nicht die äußerste Stabilitätsgrenze einer der beiden Phasen. Talk wird in Zone D nicht mehr gefunden, weil immer mehr Olivin vorhanden ist als notwendig, um mit der ursprünglich vorhandenen Talkmenge zu reagieren, und so läuft Reaktion [2.6] ab, bis jeglicher Talk verbraucht wurde.

Die Gesteine der Bergell-Aureole zeigen deutlich eine progressive Abfolge kontaktmetamorpher Zonen, von denen jede durch eine divariante Paragenese charakterisiert ist, während univariante Paragenesen nahe den Zonengrenzen auftreten. Die Methode, metamorphe Gesteine auf der Basis eines chemischen Gleichgewichtes zu charakterisieren, ist in diesem Fall gut belegt. Dieses Beispiel eignet sich insbesondere, da Mischkristallbildungen nicht von Bedeutung sind und somit alle Reaktionen diskontinuierlich sind. Das Eintragen von Paragenesen und Reaktionen mit Mischkristallphasen wird in Kap. 3 gezeigt.

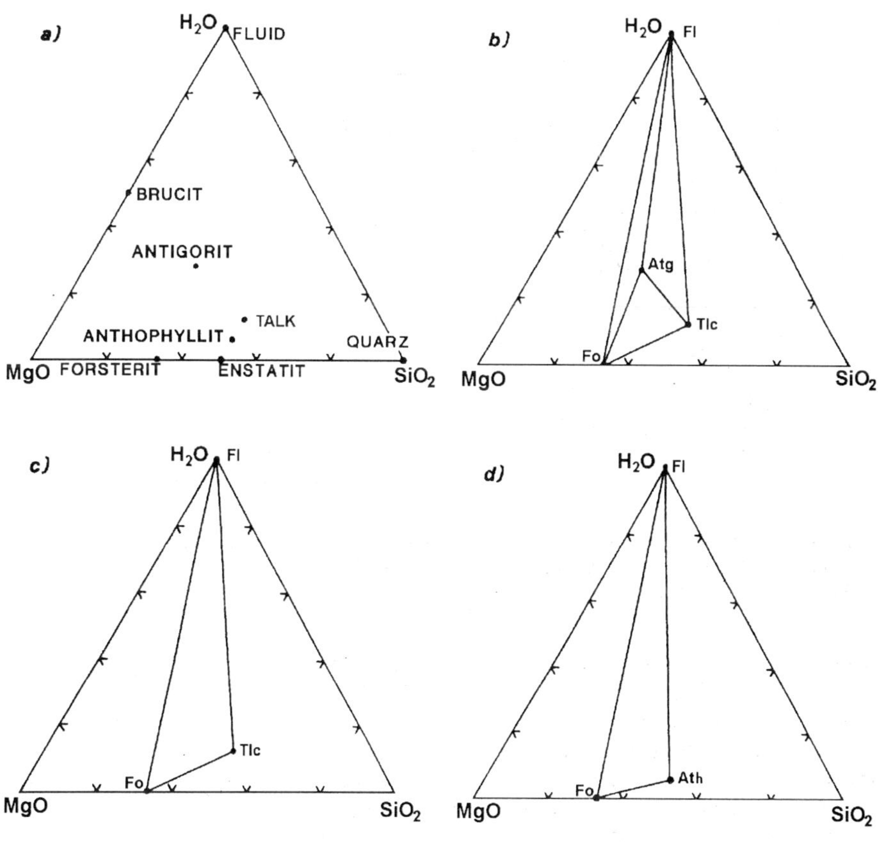

Abb. 2.5 MgO-H_2O-SiO_2 Dreiecksdiagramme mit **a)** den Zusammensetzungen der Hauptphasen metamorpher Ultrabasite; **b)** - **d)** kompatiblen Phasen in aufeinanderfolgenden Zonen der Bergell-Aureole (Abb. 2.4).

Eine weitere Verfeinerung: Die Projektion

Eine Darstellung der Reaktion in Val Malenco durch das System MgO-SiO_2-H_2O stellt eine Vereinfachung dar, weil auch andere Komponenten und Phasen vorhanden sind, und eine Isograde schließt auch die Ca-Phasen Diopsid und Tremolit ein. Dies führt schon zum Hauptproblem metamorpher Phasendiagramme: Wie kann man Systeme mit mehr als drei Komponenten auf einem flachen Stück Papier darstellen. Das Problem kann oft durch eine **Projektion** gelöst werden, die nur einen speziellen Teil der gesamten Mineralparagenese zeigt. Beispielsweise enthalten alle Paragenesen in Abb. 2.5 b-d H_2O als Phase. Wir könnten sie alle als Mineralpaare darstellen, die in jeder Zone mit H_2O koexistieren, indem ihre Zusammensetzungen als Anteile von MgO bis SiO_2 eingetragen werden. Dabei wird eine Linie vom H_2O-Pol des H_2O-MgO-SiO_2-Dreiecks durch die Mineralzusammensetzung bis zum Schnittpunkt mit der SiO_2-MgO-Seite gezogen. Der Schnittpunkt stellt die **projizierte Zusammensetzung** des Minerals dar. Mit dieser Technik können wir alle Mineralparagenesen mit H_2O auf einer eindimensionalen MgO-SiO_2-Strecke darstellen. Hieraus können Reaktionen in exakt gleicher Weise wie aus den Dreiecksdiagrammen der Abb. 2.5 abgeleitet werden, al-

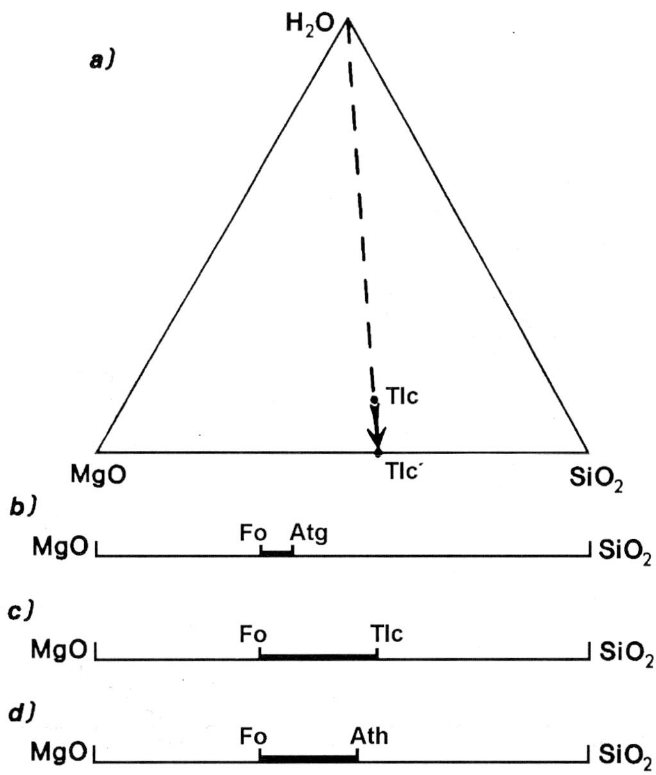

Abb. 2.6 **a)** Veranschaulichung einer Projektion von Phasenzusammensetzungen aus dem System MgO-H_2O-SiO_2 auf die Strecke MgO-SiO_2. **b) - d)** Mineralparagenesen (einschließlich einer wäßrigen fluiden Phase) der Bergell-Aureole (Abb. 2.5 b-d) aus H_2O auf das binäre MgO-SiO_2-Diagramm projiziert.

lerdings immer unter der Annahme, daß H_2O stets vorhanden ist, um Reaktionen gegebenenfalls zu bilanzieren.

Die Reduktion des Drei-Komponenten-Systems MgO-SiO_2-H_2O auf eine Linie zeigt die Möglichkeit auf, auch eine vierte Komponente mit einem Dreiecksdiagramm darzustellen. Um die Reaktion von Zone A zur Zone B darzustellen, ist CaO eine notwendige Komponente und in Abb. 2.7 a werden alle teilnehmenden Phasen auf einer CaO-MgO-SiO_2-Projektion aus H_2O projiziert dargestellt. Wieder bedeutet die Projektion, daß nur Paragenesen mit H_2O als vierter Phase dargestellt werden können. Die Phasen werden nach ihrem relativen Anteil an CaO, MgO und SiO_2 in ihrer Formel unter Vernachlässigung von H_2O eingetragen. Einige Projektionen in den folgenden Kapiteln sind schwieriger als diese zu zeichnen, wenn auch das zugrunde liegende Prinzip gleich ist. Zur Übung leiten Sie bitte die Reaktion zwischen Zonen A und B mit Hilfe der CaO-MgO-SiO_2-Diagramme Abb. 2.7 b, c ab.

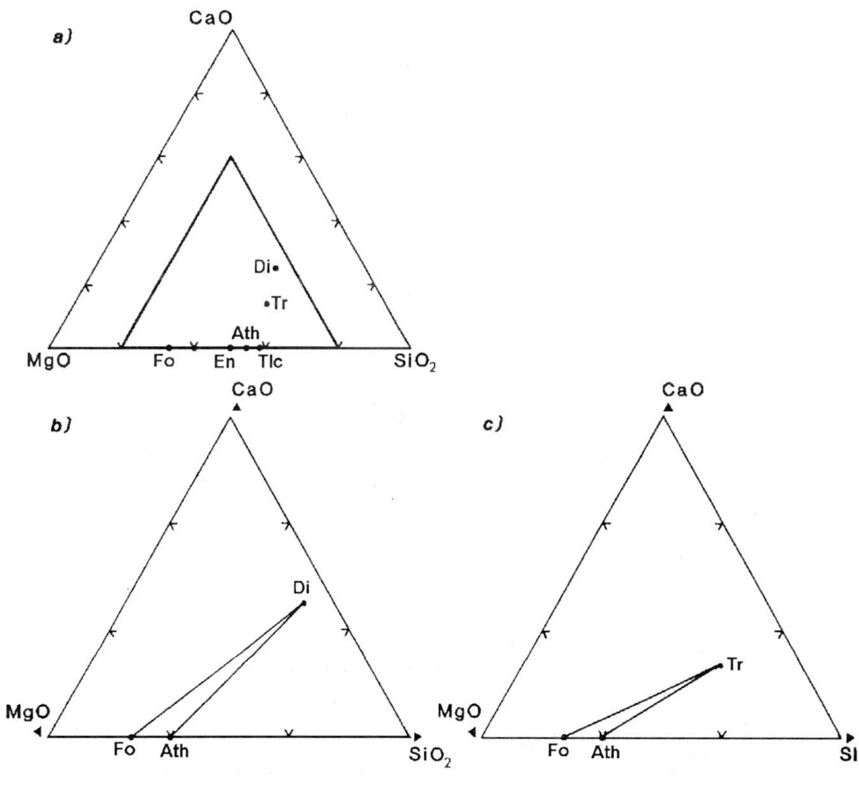

Abb. 2.7 **a)** Phasen im System CaO-MgO-SiO_2-H_2O projiziert aus H_2O auf das CaO-MgO-SiO_2-Dreieck. b, **c)** Phasenbeziehungen in den Zonen A und B der Bergell-Aureole im unteren Teil des CaO-MgO-SiO_2-Diagramms von a).

2.8 Beleg für Gleichgewicht bei der Metamorphose: Zusammenfassung und Kritik

Der beste Beleg dafür, daß Mineralparagenesen einst im thermodynamischen Gleichgewicht existierten, kommt von regionalen Untersuchungen, die

(a) uniforme Mineralparagenesen für alle Gesteine mit bestimmter chemischer Zusammensetzung innerhalb klar abgegrenzter Gebiete und
(b) systematische Variationen der Mineralparagenese für Gesteine bestimmter chemischer Zusammensetzung über eine größere Distanz zeigen.

Ein etwas abweichendes Problem ist durch ein individuelles Gestein oder einen Dünnschliff gegeben. Fast jedes metamorphe Gestein hat eine mehr oder weniger lange Rekristallisationsgeschichte mit wahrscheinlich einer dominanten Phase hinter sich. Meistens, jedoch nicht immer, dürfte dies das metamorphe Ereignis sein, das bei den höchsten Temperaturen stattfand, denen ein Gestein ausgesetzt war. Jedoch kann ein Gestein Minerale enthalten, die in einem früheren Stadium der Metamorphose vorhanden waren und nicht komplett abgebaut wurden (Relikte), oder aber Körner, die später als das Hauptstadium während einer partiellen Rekristallisation, z.B. bei retrograder Metamorphose wuchsen. Wie können diese unterschieden werden?

In einem idealen Gestein steht jedes Mineral mit jedem anderen Mineral innerhalb eines einzigen Dünnschliffs in Kontakt, und die Körner zeigen keine Anzeichen eines Abbaus. Diese ideale Gefügeanordnung wird in einigen metakarbonatischen Gesteinen erreicht oder in Gesteinen, die bei hohen Metamorphosetemperaturen gebildet wurden. Normalerweise sind Gefüge allerdings komplexer. Die folgenden Kriterien sollten nützliche Wegweiser sein, aber nicht unbedingt sklavisch befolgt werden:

1. *Ist das Gestein lagig aufgebaut?* Variation in der Zusammensetzung zwischen Lagen können auch im Bereich eines einzelnen Dünnschliffs beobachtet werden, und es wäre unangebracht anzunehmen, daß Minerale aus verschiedenen Lagen notwendigerweise im Gleichgewicht miteinander vorlagen.
2. *Steht ein bestimmtes Mineral mit dem Korngrenzennetz des Gesteins in Verbindung?* Der größte Teil des Materialtransportes zwischen Körnern in einem Gestein erfolgt durch Diffusion entlang von Korngrenzen statt durch Kristallgitter, außer bei sehr hohen Temperaturen. Daher können Körner, die vom zusammenhängenden Netzwerk von Korngrenzen im Gestein isoliert werden, als Relikte erhalten bleiben, weil andere Komponenten nicht mit ihnen reagieren können. Auf zwei Weisen können solche Relikte vorkommen:

   (a) als Kerne von zonierten Körnern einer einzigen Mineralspezies, so wie die Na-reichen Kerne von Ca-Amphibolen oder die augenfälligen farbigen Zonen im Turmalin vieler Dünnschliffe von Schiefern; oder
   (b) als Einschlüsse in einer anderen Mineralspezies.
   Zum Beispiel können Chloritoid oder Staurolith als reliktische Einschlüsse in Granat oder Plagioklas in metapelitischen Schiefern auch in höhergradigen Zonen außerhalb ihres Stabilitätsbereichs auftreten (Kap. 6). Aber Vorsicht: ein Korn, das im Dünnschliff ein Einschluß zu sein scheint, kann manchmal in der dritten Dimension mit der Gesteinsmatrix in Verbindung stehen!

3. *Gibt es eine deutliche Assoziation zwischen zwei bestimmten Mineralpaaren?* Dies ist ein schwer anwendbares Kriterium, aber viele retrograde Minerale tendieren dazu, ein be-

stimmtes Hochtemperaturmineral zu ersetzen. Dies erleichtert es, sie von der maximalen metamorphen Paragenese zu unterscheiden. Zum Beispiel umgibt und ersetzt Chlorit häufig Granat oder Biotit und serizitische Hellglimmer ersetzen oft Al_2SiO_5-Minerale, Staurolith oder Feldspat. Glücklicherweise sind Pseudomorphosen von feinkörnigen retrograden Alterationsprodukten wie Serizit gewöhnlich recht augenfällig. Wenn andererseits das Metamorphosestadium, bei dem die häufigsten Minerale gebildet wurden, selbst retrograd ist, wird dieser Prozeß selektiver Verdrängung zu einer uneinheitlichen Verteilung der verschiedenen retrograden metamorphen Minerale führen, selbst wenn sie im Gleichgewicht gewachsen sind. Dieses Problem tritt insbesondere bei niedriggradiger Metamorphose von Magmatiten auf, wo jedes magmatische Mineral von einem anderen metamorphen Mineral ersetzt wird. In einigen Fällen sind sogar bei hohen Temperaturen bestimmte Minerale miteinander assoziiert. Insbesondere wächst Sillimanit häufig auf Kosten von Biotit, obwohl er auch mit anderen Mineralen im Gestein im Gleichgewicht stehen kann. YARDLEY (1977 b) beschrieb Staurolith-Sillimanit-Schiefer, in dem Staurolith und Sillimanit niemals im Kontakt miteinander vorkommen, obwohl es genügend Grund gab anzunehmen, daß sie einst im Gleichgewicht waren.

4. *Gibt es theoretische Gründe anzunehmen, daß alle Minerale nicht im Gleichgewicht miteinander standen?* Dies ist eine Argmentationskette, die nur mit großer Vorsicht angewendet werden kann, und die ein gutes Verständnis der Bedingungen verlangt, unter denen eine bestimmte Mineralparagenese stabil sein kann. Jedoch ist nach der Phasenregel manchmal offensichtlich, daß ein Gestein zuviele Phasen enthält. Ein Gestein, in dem Andalusit, Disthen und Sillimanit zusammen auftreten, müßte geradezu ausschließlich bei einem einzigen Wert von P und T metamorphosiert worden sein, bei dem alle drei Phasen koexistieren. Aber es ist sehr viel wahrscheinlicher, daß sich die Metamorphosebedingungen änderten, so daß sich zu verschiedenen Zeiten jedes Polymorph in seinem eigenen Stabilitätsfeld bildete, aber nicht vollständig abgebaut wurde, sobald es instabil wurde.

   Auch wenn eine Paragenese nicht zu offensichtlich Gleichgewichtskriterien nach der Phasenregel verletzt, kann man manchmal argumentieren, daß ein Mineral in einem Gestein nicht bei den gleichen Bedingungen wie die anderen stabil war, obwohl dieses Argument leicht mißbraucht werden kann. Beispielsweise kann Chlorit in Gesteinen geeigneter Zusammensetzung bis zu sehr hohen Temperaturen (Sillimanitzone) stabil sein, und ist nicht notwendigerweise eine retrograde Phase in hochgradigen Gesteinen. Andererseits ist die Paragenese Chlorit + Kalifeldspat nur unter sehr niedriggradigen Bedingungen (Chloritzone) stabil, und Chlorit ist etwa in einem granathaltigen Schiefer zusammen mit Kalifeldspat geradezu sicher retrograd.

   Wenn chemische Mineralanalysen vorliegen, ist es möglich, die Elementverteilung zwischen Mischkristallphasen als ein Gleichgewichtskriterium zu verwenden. Verteilungskoeffizienten (K_D) zur Verteilung von Fe und Mg zwischen Paaren von Fe-Mg-Mineralen sind sehr gut für die meisten metamorphen Bedingungen bekannt. Wenn sehr unterschiedliche Ergebnisse für ein bestimmtes Mineralpaar in einer einzelnen Probe erzielt werden, bedeutet es wahrscheinlich, daß diese beiden Minerale tatsächlich nicht im Gleichgewicht miteinander koexistierten.

5. *Reaktionsgefüge.* In diesem Kapitel wurde schon darauf hingewiesen, daß viele metamorphe Reaktionen über einen großen Bereich von Bedingungen ablaufen, und dabei können Produktphasen und Reaktanten im Gleichgewicht koexistieren, wenn auch ein Mineral auf Kosten eines anderen wächst. Aus diesem Grund zeigt *die Tatsache, daß ein bestimmtes Mineral zerfällt und abgebaut zu werden scheint, nicht notwendigerweise, daß es nicht mit den anderen Phasen im Gestein im Gleichgewicht lag.*

2.9 Metamorphe Fazies

Sobald belegt werden kann, daß bestimmte metamorphe Mineralparagenesen tatsächlich ursprünglich im Gleichgewicht waren, können diese Paragenesen auch herangezogen werden, um Schlüsse hinsichtlich der Drücke und Temperaturen bei der Metamorphose zu ziehen. Bis vor kurzem Zeit war es nur möglich, relative Bildungsdrücke und -temperaturen verschiedener Metamorphite zu vergleichen, aber heute können in günstigen Fällen absolute Bestimmungen gemacht werden.

Das grundsätzliche Problem beim Vergleich metamorpher Bedingungen zwischen verschiedenen Gebieten liegt in der Korrelation der Metamorphosegrade verschiedener Gesteinstypen. Obwohl es beispielsweise möglich ist, eine separate Staurolith-, Disthen- und Sillimanitzone im Dalradian Schottlands zu unterscheiden (Kap. 1), haben die Metabasite in allen drei Zonen dieselbe Zusammensetzung (vor allem Hornblende und Plagioklas). In Gebieten, in denen keine Metapelite, dafür aber Metabasite auftreten, wäre es also unmöglich zu erkennen, ob alle Zonen oder nur eine von ihnen repräsentiert wäre.

Zonierungen sind in verschiedenen Zonen auf der Basis vieler Gesteinstypen einschließlich Metapeliten, Metabasiten, Kalksilikatgesteinen, Marmoren und sogar Kieselgesteinen erkannt worden. Die genaue Korrelation der PT-Bedingungen zwischen Zonen aufgrund verschiedener Gesteinstypen ist jedoch schwierig. Um dieses Problem zu lösen, stellte ESKOLA (1915 und folgende Publikationen) ein Schema zur **metamorphen Fazies** auf, das gröbere PT-Unterteilungen repräsentiert als bestimmte Zonen in individuellen Gesteinstypen.

Eine metamorphe Fazies kann als ein Feld von PT-Bedingungen definiert werden, in dem eine bestimmte oder mehrere häufige Mineralparagenesen stabil sind. Die einzelnen Faziesbereiche sind auch so definiert, daß Gesteine mit einer großen Variationsbreite von Zusammensetzungen einer Fazies zugeordnet werden können, jedoch nicht notwendigerweise mit einer bestimmten Zone, die für einen bestimmten Gesteinstyp aufgestellt wurde.

ESKOLA erkannte Faziesbereiche prinzipiell auf der Basis charakteristischer Mineralparagenesen von Metabasiten. Er leitete auch die relativen Drücke und Temperaturen ab, für die die verschiedenen Faziesbereiche stehen. Seine Ableitungen basierten auf folgenden Fakten:

(a) Gesteine, die bei höheren Drücken gebildet wurden, tendieren dazu, dichtere Minerale zu enthalten als Gesteine gleicher Zusammensetzung, die bei niedrigeren Drücken metamorphosiert wurden.

(b) Entgasungsreaktionen laufen fast ausschließlich mit Temperaturerhöhung ab, so daß Gesteine bei kontinuierlich höheren Temperaturen auch kontinuierlich niedrigere Gehalte an flüchtigen Bestandteilen (H_2O und CO_2) haben.

Ein metamorphes Faziesschema nach ESKOLA, das etwas an jüngere experimentelle Arbeiten angepaßt ist, ist in Abb. 2.8 wiedergegeben. Details über die Paragenesen, die für die einzelnen Faziesbereiche typisch sind, werden in Kap. 4 diskutiert und in Tabelle 4.1 zusammengefaßt. Der Einfachheit halber lassen sich vier Faziesgruppen zusammenfassen:

1. *Faziesbereiche bei mittlerem Druck und mittlerer bis hoher Temperatur*: Die Grünschiefer-, Amphibolit- und Granulitfazies umfassen wahrscheinlich die Hauptmasse metamorpher Gesteine. Die Metapelitzonen im schottischen Hochland, die in Kap. 1 beschrieben wurden, gehören zur Grünschiefer- und Amphibolitfazies. Gesteine der Granulitfazies bilden sich bei noch höheren Temperaturen.
2. *Faziesbereiche niedriger Temperaturen*: Diese Faziesbereiche wurden später als andere erkannt, besonders durch die Arbeit von COOMBS et al. in Neuseeland. In diesem Buch werden niedriggradige Gesteine in die Zeolith- und die Prehnit-Pumpellyit-Fazies unter-

teilt, wenn auch komplexere Unterteilungen durch jüngere Bearbeiter vorgeschlagen wurden (TURNER 1981; LIOU, MARUYAMA & CHOU 1987). Nach der gegenwärtigen Meinung des Autors haben diese weiteren Unterteilungen nur den Status von Zonen, da sie nur in einer kleinen Anzahl von Gesteinstypen unterschieden werden können.

3. *Faziesbereiche der Kontaktmetamorphose*: Bei den niedrigen Drücken und hohen Temperaturen metamorpher Aureolen entstehen häufig besondere Paragenesen, wenn es auch eine starke Überlappung und Übergänge zwischen Paragenesen der Albit-Epidot-Hornfels-Fazies, der Hornblende-Hornfels-Fazies und der Pyroxen-Hornfels-Fazies und denen der Grünschiefer-, Amphibolit- und Granulitfazies gibt. In Metapeliten entsteht bei diesen niedrigen Drücken kein Almandin-reicher Granat und die stabile Alumosilikatmodifikation ist Andalusit.
4. *Faziesbereiche bei hohen Drücken*: Die Blauschiefer- und Eklogitfazies stellen bestimmte Bedingungen dar, die durch das Auftreten von relativ dichten Phasen unter ungewöhnlich

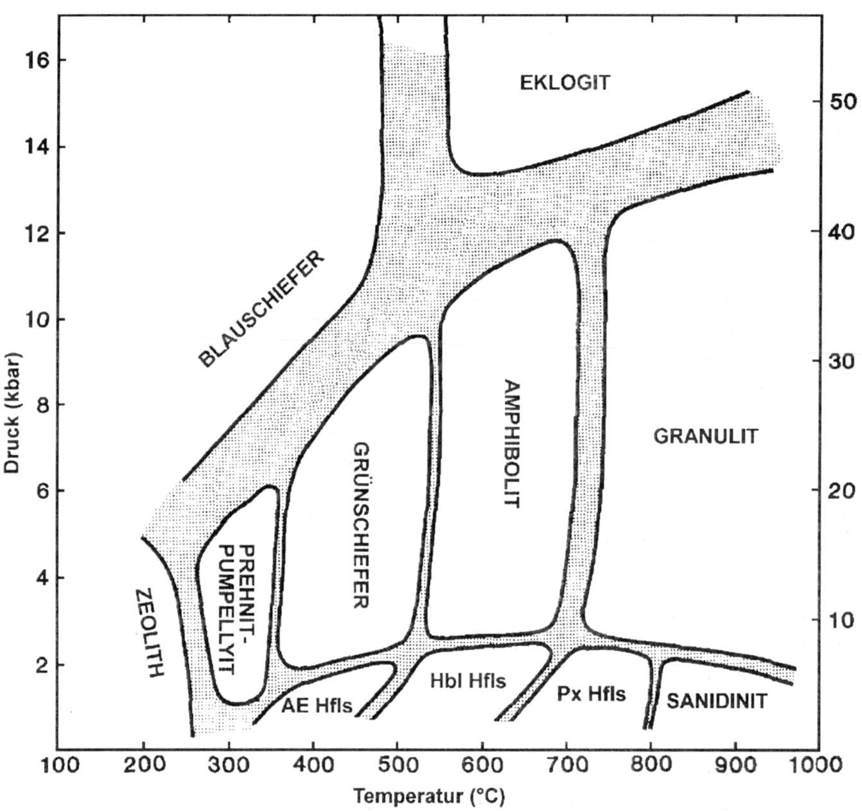

Abb. 2.8 Druck-Temperatur-Diagramm mit den Feldern der verschiedenen metamorphen Fazies. Details der charakteristischen Paragenesen sind in Kap. 4 (Tabelle 4.1) gegeben. Die Abkürzungen bedeuten: Hfls = Hornfels, AE = Albit-Epidot, Hbl = Hornblende, Px = Pyroxen, Preh-Pump = Prehnit-Pumpellyit.

hohem Druck charakterisiert sind. Blauschieferfazielle Metabasite haben ihre charakteristische blaue Farbe (meistens ein lila-grau im Handstück) durch das Auftreten des blauen Amphibols Glaukophan gegenüber den häufigeren grünen Ca-Amphibolen. In ähnlicher Weise ist die Eklogitfazies durch das Auftreten Na-reicher Klinopyroxene (Omphazit) anstelle von Ca-reichen Klinopyroxenen in Metabasiten gekennzeichnet.

2.10 Bestimmung von Druck-Temperatur-Bedingungen der Metamorphose

Als das Konzept der metamorphen Fazies erstmals entwickelt wurde, wußten die Geowissenschaftler noch wenig über die absoluten Druck- und Temperaturwerte, denen Gesteine ausgesetzt waren. Mit der Entwicklung experimenteller Techniken zur Untersuchung von Mineralgleichgewichten bei hohen Drücken und Temperaturen in den fünfziger und sechziger Jahren wurden die Bildungsbedingungen vieler in der Natur auftretender Mineralparagenesen eingegrenzt. Heute haben wir schon recht vernünftige Vorstellungen über die Größenordnungen von Drücken und Temperaturen, die bei der Bildung vieler gängiger Gesteinstypen geherrscht haben. Anzeiger metamorpher Drücke und Temperaturen werden **Geobarometer** und **Geothermometer** genannt.

2.10.1 Geothermometrie und Geobarometrie

Es gibt mehrere unterschiedliche Ansätze, PT-Bedingungen zu bestimmen, die bei der Bildung einer Mineralparagenese vorherrschten, *sofern sicher gestellt ist, daß sich die Paragenese im Gleichgewicht bildete.* Am meisten sind solche im Gebrauch, die auf Mineralreaktionen beruhen, die univariante, kontinuierliche oder Kationenaustauchreaktionen darstellen können. Die brauchbarsten Reaktionen zur Bestimmung des Metamorphosedrucks sind offensichtlich solche, die über ein weites Temperaturspektrum bei nahezu gleichem Druck ablaufen. Dagegen wird eine Reaktion mit entgegengesetztem Charakter ein guter Temperaturindikator sein. Es kann recht gut vorausgesagt werden, welche Reaktionen am besten diesen Anforderungen genügen.

Zu Beginn dieses Kapitels wurde daraufhin gewiesen, daß die Variation der freien Gibbs-Energie eines Minerals (oder einer Mineralparagenese) mit dem Druck vom Molarvolumen des Minerals abhängt, dagegen die Variation der freien Gibbs-Energie mit der Temperatur von der Entropie. Wir können die Volumenänderung einer Reaktion definieren als:

$$\Delta V_R = V_{Produkte} - V_{Reaktanten}$$

In ähnlicher Weise lautet die Entropieänderung:

$$\Delta S_R = S_{Produkte} - S_{Reaktanten}$$

Eine Reaktion ist dann ein guter Druckindikator, wenn sie ein großes V_R, aber kleines S_R besitzt. Dies bedeutet, daß Druckvariationen zu großen Änderungen der relativen freien Energien der Reaktanten und Produkte führen und damit sicher eine Reaktion auslösen (Abb. 2.2 a). Dagegen sind Reaktionen mit großem S_R, aber kleinem V_R vorwiegend temperaturabhängig. Einige Reaktionen sind sogar nahezu ausschließlich temperaturabhängig, so insbesondere Kationenaustauschreaktionen, weil die Volumenänderung bei solchen Reaktionen sehr klein ist. Entgasungsreaktionen sind bei den meisten PT-Bedingungen auch vorwiegend temperaturabhängig, weil die Entropie stark zunimmt, wenn flüchtige Phasen aus geordneten

Mineralstrukturen freigesetzt werden. Die meisten druckabhängigen Reaktionen sind jedoch auch etwas temperaturabhängig. Somit sind gute Geobarometer viel seltener als gute Geothermometer.

Der folgende Abschnitt soll nur einen groben Überblick über die Typen von Geothermometern und Geobarometern geben, die in den letzten Jahren benutzt wurden. Weitere Details sind in den folgenden Kapiteln enthalten, während der Artikel von ESSENE (1982) eine bestens lesbare und umfassende Einführung in die meisten derzeit gebräuchlichen Geothermometer und Geobarometer bietet, wenn er auch in Details schon etwas überholt ist.

2.10.2 Das petrogenetische Netz

Der einfachste und oft verlässigste Weg, die PT-Bildungsbedingungen einer bestimmten Mineralparagenese zu ermitteln, ist, sie mit einem PT-Diagramm zu vergleichen, das univariante Kurven für Reaktionen zeigt, die das Erscheinen und den Abbau der vorhandenen Phasen kontrollieren. Dieser Diagrammtyp wurde von BOWEN entworfen, der es **petrogenetisches Netz** (petrogenetic grid) taufte. Bis heute sind zahlreiche Experimente durchgeführt worden, um die Lage vieler univarianter Kurven im petrogenetischen Netz zu bestimmen. Diese grenzen die meisten gängigen metamorphen Paragenesen voneinander ab. Beispiele werden in den folgenden Kapiteln gegeben. Die PT-Bedingungen anderer univarianter Kurven, die nicht experimentell untersucht wurden, können stattdessen in vielen Fällen mit thermodynamischen Daten berechnet werden.

Die Masse metamorpher Minerale bildet Mischkristalle variabler Zusammensetzung, und verschiedene Endglieder haben verschiedene Stabilitätsgrenzen. Das bedeutet, daß Experimente mit einer speziellen Mineralzusammensetzung nicht exakt die Bildungsbedingungen der gleichen Paragenese in einem Gestein bestimmen, in dem die Minerale verschiedene Mischkristallzusammensetzungen haben. Beispielsweise sind Hellglimmer in mittelgradigen Metapeliten, etwa aus der Staurolithzone, Paragonit-Muskovit-Mischungen. Bei hohen Temperaturen wird Hellglimmer zu Alkalifeldspat abgebaut, der auch ein Mischkristall aus Na- und K-Endgliedern darstellt. Die Abbaureaktionen für die beiden Hellglimmerendglieder sind:

$$NaAl_3Si_3O_{10}(OH)_2 + SiO_2 \rightarrow NaAlSi_3O_8 + Al_2SiO_5 + H_2O \quad [2.7]$$

$$KAl_3Si_3O_{10}(OH)_2 + SiO_2 \rightarrow KAlSi_3O_8 + Al_2SiO_5 + H_2O \quad [2.8]$$

Die univarianten Kurven für diese Reaktionen (mit $P_{H_2O} = P$) wurden experimentell von CHATTERJEE (1972) und CHATTERJEE & JOHANNES (1974) bestimmt und sind in Abb. 2.9 b dargestellt. Natürliche Hellglimmer bauen bei intermediären Bedingungen je nach ihrer Zusammensetzung ab. Der Unterschied zwischen den PT-Bedingungen beider Kurven ist in diesem Fall nicht besonders groß, und sowohl die Produkte als auch die Reaktanten stellen Na-K-Mischkristalle dar. Daher ist es vernünftig, die experimentell bestimmte Muskovit-Abbaureaktion in einem petrogenetischen Netz zu benutzen, um die ungefähren Bedingungen anzugeben, unter denen Muskovit-Quarz-Paragenesen zu K-Feldspat-Alumosilikat-Paragenesen reagieren, unabhängig von der Anwesenheit von Na in den natürlichen Mineralen, weil der Na-Gehalt der Muskovite in geeigneten Gesteinen üblicherweise klein ist.

Bei der Untersuchung der Bergell-Aureole, auf die oben in diesem Kapitel eingegangen wurde, konnten TROMMSDORF & EVANS (1972) deutlich nachweisen, daß die pT-Bedingungen der Reaktionen unter Phasen des Systems CaO-MgO-SiO_2-H_2O in der Aureole nicht signifikant von der kleinen Menge an Fe beeinflußt wurden, die für Mg in den natürlichen

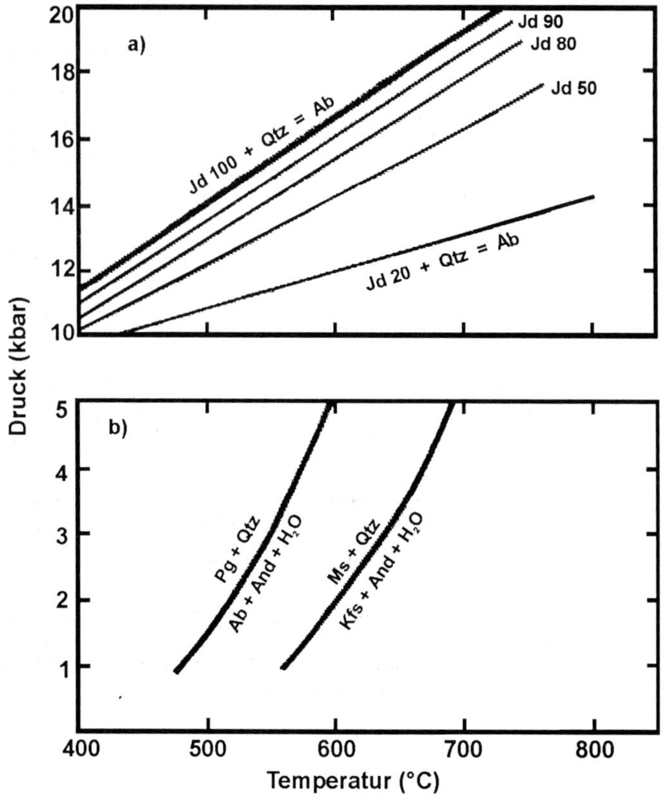

Abb. 2.9 Beispiele für den Einfluß von Mischkristallbildungen auf Mineralstabilitäten. **a)** Mischkristallbildung bei Gleichgewicht zwischen jadeitreichem Pyroxen, Albit und Quarz. Gleichgewichtskurven sind für verschiedene Pyroxenzusammensetzungen zwischen Jadeit und Diopsid dargestellt, bezeichnet nach dem Anteil an Mol% Jadeitkomponente im Pyroxen (nach HOLLAND 1980). **b)** Univariante Kurven für den Hochtemperaturabbau der Endglieder von Hellglimmern, Paragonit und Muskovit in Gegenwart von Quarz. Daten nach CHATTERJEE (1972) und CHATTERJEE & JOHANNES (1974).

Mineralen substituierte. Ein petrogenetisches Netz, das die ungefähren Temperaturen anzeigt, die bei den verschiedenen Isograden um die Bergell-Aureole erreicht wurden, wird in Abb. 2.10 gezeigt.

Bei neueren Untersuchungen besteht eine Neigung, den Wert eines petrogenetischen Netzes zu unterschätzen. Tatsächlich sind aber zahlreiche bedeutende metamorphe Mineralparagenesen nur über einen so engen PT-Bereich stabil, daß ihre Anwesenheit die metamorphen Bedingungen ebenso gut definiert wie augenscheinlich fortschrittliche Rechenoperationen.

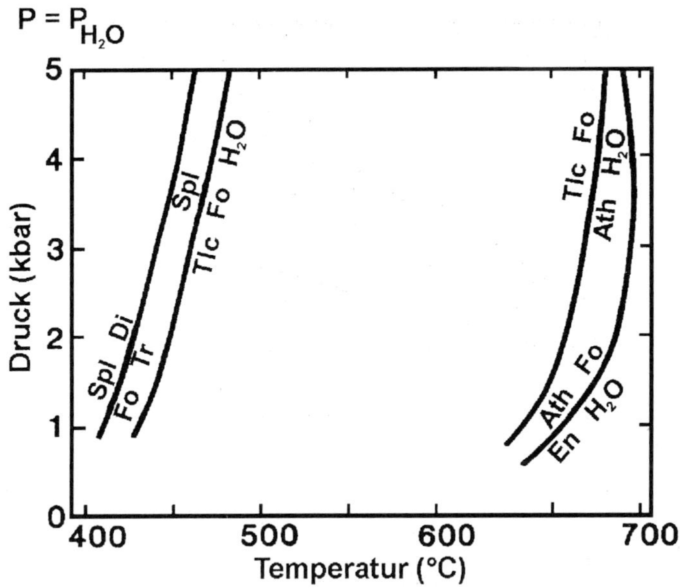

Abb. 2.10 Petrogenetisches Netz mit den Gleichgewichtskurven für Reaktionen, die in der Bergell-Aureole relevant sind. Die Kurven wurden mit dem Datensatz von HOLLAND & POWELL (1985) berechnet. Allerdings ist die Serpentinphase, für die Daten vorhanden sind, Chrysotil, während eigentlich Antigorit in den Bergell-Gesteinen vorherrscht.

2.10.3 Kontinuierliche Reaktionen

Viele bedeutende natürliche metamorphe Reaktionen können durch univariante Kurven im petrogenetischen Netz eingegrenzt werden, auch wenn Mischkristallbildung bei Produktphasen wie Reaktanten auftritt. Jedoch gibt es auch andere verbreitete Reaktionen, bei denen Produktphasen und Reaktanten unterschiedliche Typen von Mischkristallbildung aufweisen. Beispielsweise ist die Reaktion

$$NaAlSi_3O_8 \rightarrow NaAlSi_2O_6 + SiO_2 \qquad [2.9]$$

Albit → *Jadeit* + *Quarz*

in Gesteinen der Blauschieferfazies univariant im reinen Endgliedsystem. Da jedoch Jadeit ein Pyroxen ist, kann er deutlich vom Albit abweichende unterschiedliche Substitutionen erfahren, z.B. zum Diopsid hin, $CaMgSi_2O_6$ [d.h. (Ca, Mg) ↔ (Na, Al)] oder zum Ägirin $NaFe^{3+}Si_2O_6$ [Fe^{3+} ↔ Al]. Keine dieser Substitutionstypen tritt in Albit auf, und so können zum Beispiel Fe^{3+} und Al^{3+} nicht als eine einzige Komponenten angesehen werden, weil Albit tatsächlich zwischen ihnen unterscheidet. In natürlichen Gesteinen mit Mg, Fe^{2+} und Fe^{3+} ist die Paragenese Albit (rein) + Quarz + Na-reicher Pyroxenmischkristall nicht ungewöhnlich, weil die Reaktion kontinuierlich ist und Reaktanten sowie Produkte mit verschiedenen Freiheitsgraden über große PT-Bereiche koexistieren können.

Der Abbau von Albit durch Reaktion [2.9] wurde experimentell von verschiedenen Bearbeitern untersucht (zuletzt von HOLLAND 1980). Eine univariante Kurve für die Endgliederreaktion ist in Abb. 2.9 a dargestellt. Die Paragenese Jadeit + Quarz ist auf ungewöhnlich hohe Drücke im reinen System beschränkt. Jedoch können jadeitreiche Pyroxene zusammen mit Albit und Quarz auch in Gesteinen auftreten, die sich bei viel niedrigeren Drücken bildeten. Kurven für eine Reihe von Pyroxenzusammensetzungen in Koexistenz mit Albit und Quarz sind auch in Abb. 2.9 a dargestellt. Es ist offensichtlich, daß solche Pyroxene über einen viel weiteren Druckbereich stabil sind als reiner Jadeit. Als einfache Faustregel gilt bei einem Vergleich natürlicher Paragenesen mit Experimenten im reinen Endgliedsystem, daß *die Lage der Gleichgewichtskurve für koexistierende Produktphasen und Reaktanten so verschoben wird, daß das Stabilitätsfeld der unreinsten Phasen erweitert wird.*

Ein vergleichbares Gleichgewicht, das auch gemeinhin als Anzeiger für Metamorphosedrücke benutzt wird, beruht auf dem Abbau von Anorthit mit zunehmendem Druck:

$$3\,CaAl_2Si_2O_8 \rightarrow Ca_3Al_2Si_3O_{12} + 2\,Al_2SiO_5 + SiO_2 \quad [2.10].$$

Anorthit → Grossular + Disthen + Quarz

Hier liegen normalerweise sowohl Anorthit als auch Grossular als Komponenten in Mischkristallphasen gelöst vor (NEWTON & HASLETON 1981).

Deutlich kontinuierliche Reaktionen dieser Art sind schwer in bezug auf PT-Bedingungen aus dem petrogenetischen Netz heraus zu interpretieren. Wenn jedoch die Zusammensetzungen natürlicher Phasen bekannt sind, ist es oft möglich, mit Hilfe von thermodynamischen Berechnungen die PT-Bildungsbedingungen einer natürlichen Paragenese abzuschätzen (im angefügten Kasten ein Abriß der Grundprinzipien). Die Details solcher Rechnungen gehen über den Rahmen dieses Buches hinaus, werden aber in Lehrbüchern zur Thermodynamik in der Petrologie, die am Ende des Kapitels aufgelistet sind, ausführlich behandelt. Die wesentlichste Verwendung kontinuierlicher Reaktionen ist die als Geobarometer anstatt als Geothermometer. NEWTON (1983) hat eine Übersicht über die bedeutendsten gegeben.

Wie schafft man den Sprung von Experimenten im reinen System zu Gleichgewichten zwischen komplexen natürlichen Mineralen? Das Konzept der Aktivität

Generell haben natürliche Mischkristalle Zusammensetzungen, die von denen reiner Endglieder in Experimenten abweichen. Um PT-Bedingungen für Gesteine aus kontinuierlichen Gleichgewichten mit Mischkristallen zu berechnen, ist es notwendig, diese um Zusammensetzungsunterschiede zu korrigieren. Dies wird dadurch erreicht, daß man die **Aktivitäten** (activity) der Endglieder bestimmt, wie sie in natürlichen Mineralen in Lösung auftreten. Aktivität bedeutet die *thermodynamisch effektive Konzentration* einer Komponente in Lösung. Zum Beispiel ist in reinem Wasser die Aktivität des Wassers $a_{H_2O} = 1$, dagegen ist in einer H_2O/CO_2-Mischung $a_{H_2O} < 1$. Analog ist in einem reinen Jadeit $a_{Jd} = 1$, während diese Aktivität in einem intermediären Klinopyroxen geringer ist, aber von der exakten Mineralzusammensetzung abhängt. Sind die Aktivitäten der Endglieder, die als Mischkristallkomponenten auftreten, bekannt, kann exakt berechnet werden, wie weit eine Gleichgewichtskurve von ihrer Lage im reinen System verschoben wird. Leider ist die Beziehung zwischen der Aktivität und der Zusammensetzung oft kompliziert und bislang für die meisten wichtigen Mischkristallphasen nur wenig verstanden. Streng genommen ist die Aktivität ein dimensionsloses Verhältnis, dessen Größe in der Weise variiert, wie das Verhältnis definiert ist. Denn Aktivität ist das Verhältnis zwischen der Fugazität einer Komponente in Lösung und seiner Fugazität im sogenannten **Standardzustand** (standard state). Die Fugazität einer Komponente kann man sich vorstellen als ihr Dampfdruck in einer Gasphase in Koexistenz mit dem Mineral in seinem natürlichen oder Standardzustand. Der Standardzustand ist gewöhnlich definiert, wenn die Komponente als reine Phase bei metamorphen PT-Bedingungen auftritt, so daß die reine Phase immer eine Aktivität von 1 ergibt.

2.10.4 Kationenaustauschreaktionen

Weil Kationenaustauschreaktionen nicht Wachstum oder Abbau von Mineralgittern bedingen, sondern eben Austausch von Kationen zwischen Phasen, wird die Volumenänderung beim Ionenaustausch in einer Phase normalerweise exakt durch die Volumenänderung beim komplementären Ionenaustausch in der anderen Phase kompensiert. Somit wird V_R nahezu null und Kationenaustauschreaktionen sind damit fast ausschließlich temperaturabhängig. Frühe Untersuchungen von Kationenaustauschreaktionen wurden von KRETZ (1959) und ALBEE (1969) in den USA und von PERCHUK in der Sowjetunion vorgenommen. Zur Routine wurden sie erst, seit die Entwicklung der Mikrosondentechnik schnelle und genaue Analysen von koexistierenden Mischkristallphasen in Gesteinen ermöglicht hat. Bei fortschreitendem Kationenaustausch ändert sich der K_D-Wert. Aus thermodynamischen Gründen muß ln K_D gegen 1/T aufgetragen eine Gerade ergeben. Somit ergibt sich aus einer großen Variation von K_D ein brauchbares Thermometer.

Eines der bekanntesten Thermometer auf der Basis einer Kationenaustauschreaktion beruht auf dem Fe/Mg-Austausch zwischen Biotit und Granat (Reaktion 2.3). Dies ist experimentell von FERRY & SPEAR (1978) untersucht worden, die Biotit- und Granatkristalle verschiedener Zusammensetzung unterschiedlichen Temperaturen aussetzten und die resultierenden Zusammensetzungen nach jedem Experiment bestimmten. Ihre Ergebnisse sind in Abb. 2.11 a als Diagramm ln K_D gegen 1/T dargestellt. Solch ein Diagramm bietet eine Quantifizierung der Temperaturabhängigkeit der Reaktion. Wenn ein K_D-Wert aus Mineralanalysen eines bestimmten Gesteins berechnet wurde, kann Abb. 2.11 a benutzt werden, um die Temperatur für die Gleichgewichtseinstellung der Mineralparagenese abzuschätzen.

Tatsächlich wird der K_D-Wert für natürliche Gesteine durch zusätzliche Komponenten beeinflußt, die in FERRY & SPEARs Experimenten gar nicht vorkommen, etwa Ca und Mn in Granat oder Ti in Biotit. Jüngst wurden zahlreiche verfeinerte Kalibrierungen des Thermometers mit entsprechenden Korrekturen zur Lösung des Problems vorgeschlagen. Allerdings besitzt keine eine wirklich universelle Anwendbarkeit.

Kationendiffusion ist in vielen Mineralen bei hohen Temperaturen von Bedeutung, nimmt aber bei Temperaturabfall schnell ab. So können Minerale ihre Zusammensetzung bei der Abkühlung eines Gesteins ändern, so daß die Temperatur für ein Kationenaustauschgleichgewicht tatsächlich eine „Schließtemperatur" darstellt, also lediglich eine Temperatur, bei der Kationendiffusion bei geologischen Abkühlraten unbedeutend wird.

2.10.5 Sauerstoffisotopen-Thermometrie

In gleicher Weise, wie Mischkristallphasen Kationen austauschen können, können viele gesteinsbildende Minerale und Fluide Sauerstoffatome verschiedener Massen austauschen. In der Natur treten drei Sauerstoffisotope auf: ^{16}O, ^{17}O, ^{18}O und alle sind stabil, d.h. sie unterliegen nicht radioaktivem Zerfall. Verschiedene Minerale können Sauerstoffatome verschiedener Massen ganz unterschiedlich in ihre Struktur einbauen, etwa in ganz ähnlicher Weise wie Fe/Mg-Minerale ganz unterschiedlich Fe gegenüber Mg bevorzugen. Ein Fraktionierungsfaktor α kann analog zum K_D-Wert definiert werden, um den Fortschritt von Kationenaustauschreaktionen anzuzeigen:

$$\alpha_{A-B} = \frac{(^{18}O/^{16}O)_A}{(^{18}O/^{16}O)_B}$$

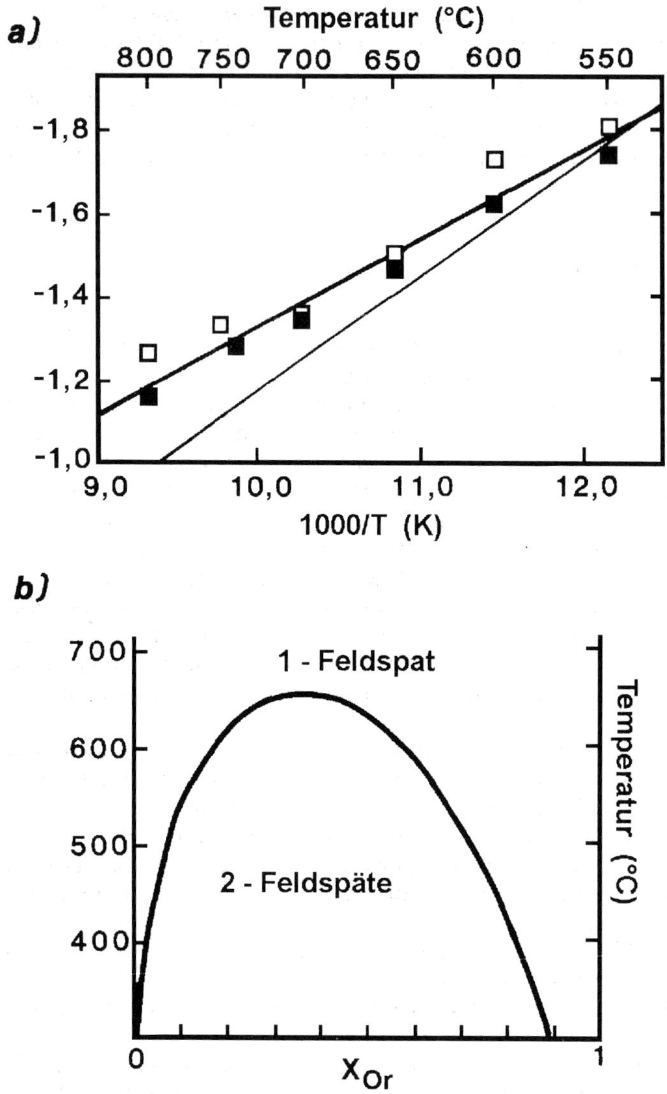

Abb. 2.11 Beispiele für metamorphe Geothermometer. **a)** Diagramm ln K_D gegen 1/T für den Fe-Mg-Austausch zwischen Biotit und Granat. Quadrate sind experimentell von FERRY & SPEAR (1978) bei 2,07 kbar bestimmte Punkte. Geschlossene Quadrate stellen Experimente mit Fe-reichen Biotiten dar, offene Quadrate Experimente mit Mg-Fe-Biotiten. Die fett ausgezogene Linie ist eine Ausgleichsgerade durch die experimentell bestimmten Punkte, während die dünne Linie die empirische Kalibrierung von THOMPSON (1976) darstellt. **b)** Alkalifeldspatsolvus, X_{OR} ist der Molenbruch von Orthoklas im Alkalifeldspat. Nach SMITH & PARSONS (1974).

Die Suffixe A und B bedeuten unterschiedliche Minerale. Die Fraktionierungsfaktoren variieren mit der Temperatur ähnlich wie der K_D-Wert.

CLAYTON (1981) gibt einen Überblick über die Anwendung des Sauerstoffisotopenaustausches bei der Bestimmung metamorpher Temperaturen. Exzellente Resultate ergeben sich bei niedrigen Temperaturen, bei denen auch die Fraktionierung am größten ist. Aber in den meisten Mineralen wird bei höheren Temperaturen Sauerstoffdiffusion so bedeutend, daß Temperaturen, die aus amphibolitfaziellen oder höhergradigen Gesteinen gewonnen werden, lediglich Schließtemperaturen darstellen, die anzeigen, bei welcher Temperatur Sauerstoffdiffusion insignifikant wurde. Nichtsdestoweniger zeigen verschiedene Untersuchungen systematische Variation von α mit dem Metamorphosegrad bei amphibolitfaziellen Gesteinen (z.B. O'NEILL & GHENT 1975).

2.10.6 Solvus-Thermometrie

Einige Mineralpaare zeigen begrenzte gegenseitige Mischbarkeit bei niedrigen Temperaturen, sind aber bei hohen Temperaturen komplett mischbar. Das Phasendiagramm eines solchen Systems zeigt eine **Solvuskurve** (solvus curve). Oberhalb dieser Kurve existiert nur eine Phase variabler Zusammensetzung, darunter aber treten zwei koexistierende, nicht mischbare Phasen auf (Abb. 2.11 b). Die Solvuskurve gibt die Größenordnung gegenseitiger Mischbarkeit bei bestimmten Temperaturen an. Maximal ist diese, wenn beide Phasen koexistieren. Somit sollte die Messung der Zusammensetzung koexistierender Minerale die Temperatur definieren, bei denen sie zusammen kristallisierten. Solvus-Geothermometer werden umso bessere Temperaturanzeiger, je höher die Temperatur ansteigt. Diese Art von geologischem Thermometer wurde zuerst von T.F.W. BARTH für koexistierenden Kalifeldspat und Albit (Abb. 2.11 b) vorgeschlagen, obwohl es selten erfolgreich auf diese gewöhnliche Paragenese in metamorphen Gesteinen angewendet wurde. Komplikationen treten durch die zusätzliche Mischbarkeit zwischen Albit und Anorthit auf sowie durch die erhebliche Kationendiffusion in Alkalifeldspäten bis zu relativ tiefen Temperaturen, d.h. die Mineralzusammensetzung ändert sich bei der Abkühlung.

Das am meisten benutzte Thermometer dieser Art beruht auf der gegenseitigen Mischbarkeit zwischen Ca-reichen Klinopyroxenen und Orthopyroxenen. Dieses wurde zuerst von DAVIS & BOYD (1966) entwickelt und ist prinzipiell auf sehr hochgradig metamorphe Gesteine anwendbar. Es wurde von WOOD & BANNO (1973) weiter verfeinert, die eine thermodynamische Behandlung natürlicher Pyroxenmischkristalle vorschlugen, sowie durch WELLS (1977). Jüngste Entwicklungen im Gebrauch dieses Thermometers werden von LINDSLEY (1983) zusammengefaßt.

Mischkristallbildung zwischen Calcit und Dolomit bietet auch ein nützliches Geothermometer und wird weiter in Kap. 5 beschrieben.

Einige Mineralpaare mit ungleichen Strukturen zeigen unvollständige gegenseitige Mischbarkeit und werden auch als Anzeiger metamorpher Bedingungen gebraucht, z.B. erhöht die Lösung von Granat in Orthopyroxen die Al-Gehalte einiger natürlicher Orthopyroxene signifikant. Diese Mischkristallbildung wird durch hohe Drücke gefördert, und der Al-Gehalt von Orthopyroxen in Koexistenz mit Granat wurde experimentell für den Gebrauch als Geobarometer von HARLEY (1984 a, b) untersucht.

2.11 Zusammenfassung

Dieses Kapitel führte in die grundlegenden Prinzipien zahlreicher unserer Interpretationen metamorpher Gesteine ein. Diese beruhen vielfach auf der Annahme, daß sich die gesamte Mineralparagenese oder ein Teil davon ursprünglich bei bestimmten Bedingungen bildete, denen das Gestein ausgesetzt war. Veränderte PT-Bedingungen führen zur Reaktion und zur

Bildung neuer Paragenesen. Während allerdings einige Reaktionen sofort bei einer bestimmten Temperatur ablaufen und ein Verschwinden bestimmter Minerale sowie ein Neuwachstum anderer bedingen, können andere Reaktionen in einem weiten PT-Bereich stattfinden, in dem Reaktanten und Produktphasen koexistieren, aber kontinuierlich ihre Zusammensetzung und Häufigkeit ändern.

Wenn Mineralparagenesen, die während der Metamorphose im Gleichgewicht koexistierten, identifiziert werden, können sie zur Abschätzung von Drücken und Temperaturen, bei denen die Metamorphose stattfand, herangezogen werden. Relative Drücke und Temperaturen können sofort bestimmt werden, wenn man Gesteine einer metamorphen Fazies zuweist. Ein petrogenetisches Netz kann häufig herangezogen werden, um ungefähre numerische Werte von Druck und Temperatur abzuschätzen. Präzisere Abschätzung der Bedingungen erfordert eine chemische oder Isotopenanalyse der vorhandenen Minerale.

2.12 Weiterführende Literatur

CEMIC, L. (1988): Thermodynamik in der Mineralogie. - 311 S., Berlin (Springer).

CHATTERJEE, N.D. (1991): Applied mineralogical thermodynamics. - 321 S., Berlin (Springer).

ERNST, W.G. (1976): Petrologic Phase Equilibria. - San Francisco (Freeman & Co).

FERRY, J.M. (Hrsg.; 1982): Characterisation of metamorphism through mineral equilibria. - Reviews in Mineralogy **10**.

FYFE, W.S., TURNER, F.J. & VERHOOGEN, J. (1958): Metamorphic reactions and metamorphic facies. - Geological Society of America Memoir **73**.

GREENWOOD, H.J. (Hrsg; 1977): Applications of thermodynamics to petrology and ore deposits. - Mineralogical Association of Canada Short Course Handbook **2**.

POWELL, R. (1978): Equilibrium thermodynamics in petrology. - London (Harper & Row).

SPEAR, F. (1993): Metamorphic phase equilibria and pressure-temperature-time-paths. - Mineralogical Society of America Monograph, 799 S.

WOOD, B.J. & FRASER, D.J. (1976): Elementary thermodynamics for geologists. - Oxford (Oxford University Press).

3 Die Metamorphose pelitischer Gesteine

Pelitische Gesteine entstehen aus tonreichen Sedimenten und sind für die Metamorphose von besonderer Bedeutung, da in ihnen eine große Anzahl signifikanter Minerale entsteht. Der Ausdruck Metapelite wird häufig als allgemeiner Feldname für alle geschieferten Gesteine mit einem hohen Anteil an Glimmern oder anderen Phyllosilikaten verwendet. Jedoch können die speziellen Minerale, die die metamorphen Zonen in Metapeliten bei hohen Temperaturen charakterisieren, nur bei stärker eingeschränkten Zusammensetzungen auftreten, so in Al-reichen und Ca-armen (Tabelle 1.1). Von diesen „echten" Metapeliten handelt dieses Kapitel.

3.1 Darstellung metapelitischer Paragenesen in Phasendiagrammen

Reaktionen in metapelitischen Gesteinen enthalten grundsätzlich die Komponenten K_2O, FeO, MgO, Al_2O_3, SiO_2 und H_2O. Die meisten theoretischen und experimentellen Arbeiten versuchten, natürliche Gesteine mit diesem vereinfachten System zu modellieren, das nach den Anfangsbuchstaben als KFMASH-System bekannt wurde. Andere Komponenten, insbesondere Fe_2O_3, TiO_2, MnO, CaO, Na_2O und C können auch in signifikantem Maß vorhanden sein, aber mit einigen wichtigen Ausnahmen spielen sie gewöhnlich bei den Bildungsreaktionen der wichtigsten metamorphen Indexminerale keine wesentliche Rolle.

Um selbst dieses idealisierte Metapelit-System mit sechs Komponenten in einem Phasendiagramm darzustellen, ist eine erhebliche Vereinfachung erforderlich. Dies erfolgt mittels einer Projektion in ähnlicher Weise wie die Darstellung der Phasen im CaO-MgO-SiO_2-H_2O-System im Dreiecksphasendiagramm in Kap. 2. Fast alle Metapelite enthalten Quarz, und man kann davon ausgehen, daß bei fortschreitender Aufheizung eine wäßrige Phase zugegen ist, da die meisten Reaktionen Wasser freisetzen. Daher ist es naheliegend, sich auf solche Gesteine zu beschränken und Metapelitparagenesen aus Quarz und H_2O projiziert darzustellen. Das bedeutet, daß die übrigen Minerale der Paragenese in ein dreidimensionales Tetraeder geplottet werden, an dessen Ecken die verbleibenden Komponenten K_2O, Al_2O_3, FeO und MgO stehen. Nach Abb. 3.1 a ist offensichtlich, daß man ein solches Diagramm nicht leicht handhaben kann, da bestimmte Zusammensetzungen nicht ohne weiteres eingetragen werden können, wenn das System auch wenigstens soweit reduziert worden ist, daß man es auf einem Blatt Papier dargestellen kann!

ESKOLA, der die Darstellung metamorpher Mineralparagenesen in Phasendiagrammen entwickelte, versuchte das Problem dadurch zu lösen, daß er eine gut handhabbare Dreiecksdarstellung für Metapelite durch eine Kombination von FeO und MgO zu einer einzigen Komponente schuf: das **AKF-Diagramm** mit Al_2O_3, K_2O und (FeO+MgO) als Eckkomponenten. Wie wir allerdings schon sahen, haben leider verschiedene koexistierende Fe-Mg-Minerale in Gesteinen sehr unterschiedliche X_{Mg}-Werte, und FeO und MgO müssen daher als unterschiedliche Komponenten behandelt werden. Deshalb haben viele Metapelitparagenesen vier Phasen, die in ein AKF-Diagramm eingetragen werden können. Dies schließt eigentlich aus, daß das Diagramm dazu benutzt werden kann, zu entscheiden, ob unterschiedliche Paragenesen aus unterschiedlichen metamorphen Bedingungen oder unterschiedlichen Gesteinszusammensetzungen resultieren, oder um Reaktionen abzuleiten, die zwischen einzelnen Zonen stattgefunden haben können.

In diesem Kapitel werden AFM-Diagramme benutzt, um einige der wesentlichsten Änderungen darzustellen, die bei der Metamorphose von Metapeliten auftreten. Eine sehr ausführliche Analyse kontinuierlicher und diskontinuierlicher Reaktionen in Metapeliten, die diese und andere Projektionen benutzt, findet sich bei A.B. THOMPSON (1976).

3.2 Metapelite bei niedrigen Temperaturen

Tonreiche Sedimente können sich stark während der Diagenese verändern. Es gibt keine deutliche Unterscheidung zwischen diagenetischen und metamorphen Prozessen. Rekristallisation bei niedrigen Temperaturen war in den letzten Jahren wegen seiner Bedeutung bei der Erschließung von Kohlenwasserstoffreservoiren und einiger Geothermalfelder Gegenstand intensiver Forschung. Jedoch ist eine relativ spezialisierte Technik erforderlich, da die extrem geringe Korngröße des Materials keine leichte Phasenidentifikation ermöglicht. Der Übergang von der Diagenese zur sehr niedriggradigen Metamorphose in klastischen Sedimenten wurde von FREY (1987) und DUNOYER DE SEGONZAC (1970) zusammengefaßt. CURTIS (1985) gibt eine spezielle Übersicht über diagenetische bis frühmetamorphe Veränderungen in Tonen.

Während der fortgeschrittenen Stadien der Diagenese werden viele Tone instabil und pelitische Sedimente werden zu Mischungen aus Chlorit und Illit, manchmal auch mit einigen Mineralen der Kaolinitgruppe umgewandelt. Diese Umwandlungen sind wahrscheinlich nicht isochem. Ionenaustausch mit der Porenflüssigkeit, die bei der Kompaktion der Tone ausgetrieben wird, kann durchaus bedeutend sein. Einige Autoren benutzen den Ausdruck **Anchizone** für die Zone der Chlorit-Illit-Gesteine, die zur Metamorphose überleitet und den Ausdruck **Epizone** für den darauffolgenden niedrigsten Metamorphosegrad, bei dem Illit durch Hellglimmer ersetzt wird. Die sehr feinkörnigen Hellglimmer epizonaler Schiefer werden Serizit genannt, und ihr dominierender Bestandteil ist Phengit, vom Muskovit abgeleitet durch die gekoppelte Substitution Si^{4+} und Fe^{2+} (oder Mg^{2+}) für 2 Al^{3+}. Im Muskovit tritt Al sowohl in oktaedrischer Koordination (Al^{VI}) als auch in tetraedrischer Koordination (Al^{IV}) auf, während Si auf Tetraederplätzen, Fe und Mg auf Oktaederplätzen sitzt. Die Phengitsubstitution lautet somit:

$$Si^{IV} + (Mg,Fe)^{VI} \leftrightarrow Al^{IV} + Al^{VI}$$

In einigen gut untersuchten Gebieten – als Beispiel sei die Arbeit von FREY und Mitarbeitern in den Alpen genannt – wurde gefunden, daß Serizit neben Phengit auch den Na-Glimmer Paragonit und Pyrophyllit, ein OH-reiches Alumosilikat, enthalten kann.

Konventionelle Isograden lassen sich kaum in sehr niedriggradigen Metapeliten kartieren. Allerdings wurden zwei Techniken entwickelt, die die Variation im Metamorphosegrad zu ermitteln erlauben. Beide beruhen auf der fortschreitenden Rekristallisation bei Erwärmung. Bei der einen Methode wird Röntgenbeugung benutzt, um die Kristallinität des Illites zu messen, die zunimmt, wenn Illit rekristallisiert, grobkörniger wird und zu Phengit übergeht. Dies äußert sich in schärferen Peaks seines Basisreflexes im Diffraktogramm mit zunehmender Temperatur. Bei der anderen Methode wird die Reflektion organischer Substanz auf polierten Flächen gemessen. Auch diese nimmt mit der Rekristallisation zum Graphit hin zu. Beispiele regionaler Untersuchungen mit diesen Methoden sind die Arbeiten von FREY et al. (1980) in den Zentralalpen, von KISCH (1980) in Westschweden und von WEAVER (1984) in den südlichen Appalachen, USA.

3.3 Die Metamorphose von Metapeliten der Barrow-Zonen-Abfolge

Das klassische Zonenschema im schottischen Hochland und in vielen Teilen der Welt (s. Kap. 1) bietet ein hervorragendes Beispiel dafür, wie sich die mineralogische Zusammensetzung von Metapeliten mit steigender Temperatur und Druck verändert. Dies soll hier im Detail behandelt werden. Die Paragenesen sind auch in Tabelle 3.1. zusammengefaßt. Unterschiedliche Paragenesen liegen vor, wenn Erwärmung bei höheren oder niedrigeren Drücken als in Barrows Gebiet erfolgt, ebenso wie bei noch höheren Temperaturen. Solche Veränderungen werden anschließend beschrieben.

3.3.1 Chlorit-Zone

In der Chlorit-Zone Schottlands liegen pelitische Gesteine als feinkörnige Tonschiefer vor, häufig mit Graphit. Die geringe Korngröße macht es schwer, diese Gesteine unter dem Mikroskop zu untersuchen, aber typischerweise enthalten sie Chlorit und phengitischen Muskovit mit unterschiedlichen Mengen an Quarz, Albit und Akzessorien wie Pyrit. Einige pelitische oder benachbarte semipelitische Gesteine können Kalifeldspat, Stilpnomelan oder geringe Mengen an Calcit enthalten. In einigen anderen Gebieten sind die Gesteine der Chlorit-Zone grobkörniger, und die Minerale lassen sich leichter identifizieren.

3.3.2 Biotit-Zone

Die Definition der Biotit-Zone ist nicht so naheliegend, wie sie ursprünglich vorgeschlagen wurde. Schon MATHER (1970) zeigte, daß die Gesteine, in denen Biotit sich zuerst bildet, nicht strenggenommen pelitisch sind, sondern Grauwacken mit detritischem Kalifeldspat. Hier entsteht Biotit durch folgende Reaktion:

$$\text{Kalifeldspat} + \text{Chlorit} \rightarrow \text{Biotit} + \text{Muskovit} + \text{Quarz} + H_2O \qquad [3.1]$$

Tabelle 3.1 Charakteristische Paragenesen metapelitischer Gesteine der Barrow-Zonen im schottischen Hochland (zusammengestellt vor allem nach ATHERTON 1977, CHINNER 1965, 1967 sowie HARTE & HUDSON 1979).

Zone	Typische Paragenese
Chlorit	Chlorit + Phengit + Quarz + Albit ± Calcit ± Stilpnomelan ± Paragonit
Biotit	Biotit + Chlorit + Phengit + Quarz + Albit ± Calcit
Granat	Granat + Biotit + Chlorit + Muskovit + Quarz + Albit + Epidot (Chloritoid tritt selten in dieser Region auf, ist aber anderswo bei ähnlichem Grad häufig)
Staurolith	Staurolith + Granat + Biotit + Muskovit + Quarz + Plagioklas (Chlorit bei niedrigen Graden möglich)
Disthen	Disthen + Staurolith + Granat + Biotit + Muskovit + Quarz + Plagioklas
Sillimanit	Sillimanit ± Staurolith + Granat + Biotit + Muskovit + Quarz + Plagioklas ± Disthenrelikte
Akzessorien	Ilmenit, Magnetit, Hämatit, Rutil (hauptsächlich in der Disthen-Zone), Pyrit, Turmalin, Apatit, Zirkon, Graphit

Obwohl dies eine kontinuierliche Reaktion mit sechs Phasen und sechs KFMASH-Komponenten ist, scheint sie doch über ein sehr geringes Temperaturintervall abzulaufen. Jedoch ist die Paragenese Kalifeldspat + Chlorit + Biotit selten außer in teilweise retrograd überprägten Gesteinen. Echte Metapelite enthalten keinen Kalifeldspat und in ihnen bildet sich Biotit bei etwas höheren Temperaturen durch eine andere kontinuierliche Reaktion:

Phengit + Chlorit → Biotit + Phengit-ärmerer Muskovit + Quarz + H_2O [3.2]

Man beachte, daß Phengit und Muskovit auf unterschiedlichen Seiten der Reaktion auftreten, aber dies wurde nur zur einfacheren Schreibweise der Reaktion vorgenommen. In Wirklichkeit ist nur ein Kalihellglimmer vorhanden, und dieser verändert seine Zusammensetzung vom Phengit zum reinen Muskovit bei fortschreitender Reaktion. Letztlich hat die reagierende Paragenese noch drei Freiheitsgrade. Mit anderen Worten, verschiedene Chlorit-Biotit-Muskovit-Schiefer sind bei denselben PT-Bedingungen (zwei Freiheitsgrade) im Gleichgewicht und haben dennoch verschiedene Mineralzusammensetzungen, wenn auch die Zusammensetzung einzelner individueller Minerale nicht unabhängig variieren kann. Die Temperatur, bei der Reaktion [3.2] startet, hängt vom Ausmaß der Phengitsubstitution im ursprünglichen Glimmer sowie von den X_{Mg}-Werten von Chlorit und Glimmer ab. Hohe Phengit-Gehalte und niedrige X_{Mg} begünstigen ein Biotitwachstum bei niedrigen Temperaturen. Die Paragenese Chlorit + Muskovit + Biotit ist über ein großes Temperaturintervall stabil, ein Zeichen für die ausgeprägt kontinuierliche Natur dieser Reaktion.

3.3.3 Granat-Zone

Das nächste Mineral, das in der Barrow-Abfolge auftritt, ist Granat. In dieser Zone sind pelitische Gesteine üblicherweise Schiefer, deren Minerale grob genug sind, um im Dünnschliff sofort identifiziert zu werden, wenn auch tatsächliche Korngrößen und Gefüge von Ort zu Ort wechseln. Die Granat-Isograde kann eigentlich leicht im Gelände kartiert werden, da Granat bei ähnlichen Temperaturen in vielen Gesteinszusammensetzungen sowie in den Metapeliten erscheint. Häufig bilden sich augenfällige Porphyroblasten. Dies ermöglicht auch, Almandin-reiche Granate, die typisch für die Granatzone sind, von Spessartin-reichen zu unterscheiden, die bei niedrigeren Temperaturen in Mn-reichen Sedimenten entstehen, gewöhnlich aber sehr feinkörnig sind.

Ein für die Granatzone typischer Metapelit hat die Paragenese: Granat + Biotit + Chlorit + Muskovit + Quarz + Plagioklas (Albit). Ilmenit oder Magnetit können vorhanden sein und manchmal auch Epidot. Mögliche Akzessorien, die groß genug sind, um im Dünnschliff identifiziert zu werden, sind Apatit, Turmalin und Zirkon. Sulfide treten oft untergeordnet auf, so Pyrrhotin, Pyrit, manchmal auch Spuren von Chalkopyrit; Graphit kann auch vorkommen.

Der charakteristische Granat der Granatzone ist reich an Almandin und wächst bei einer kontinuierlichen Reaktion wie:

Chlorit + Muskovit → Granat + Biotit + Quarz + H_2O [3.3]

In Kap. 2 wurde aufgezeigt, daß bei Koexistenz von Chlorit, Granat und Biotit Fe und Mg unter ihnen in der Reihenfolge $X_{Mg}^{Chl} > X_{Mg}^{Bt} > X_{Mg}^{Grt}$ verteilt werden. Da Chlorit Mg stärker bevorzugt als die Phasen auf der rechten Seite der Reaktion, bewirkt diese kontinuierliche Reaktion, daß der verbleibende Chlorit bei fortschreitender Reaktion an Fe verarmt.

Diese kontinuierlichen Veränderungen können anschaulich durch eine Reihe von AFM-Diagrammen wie in Abb. 3.2 dargestellt werden. Die Paragenese der Biotitzone Muskovit +

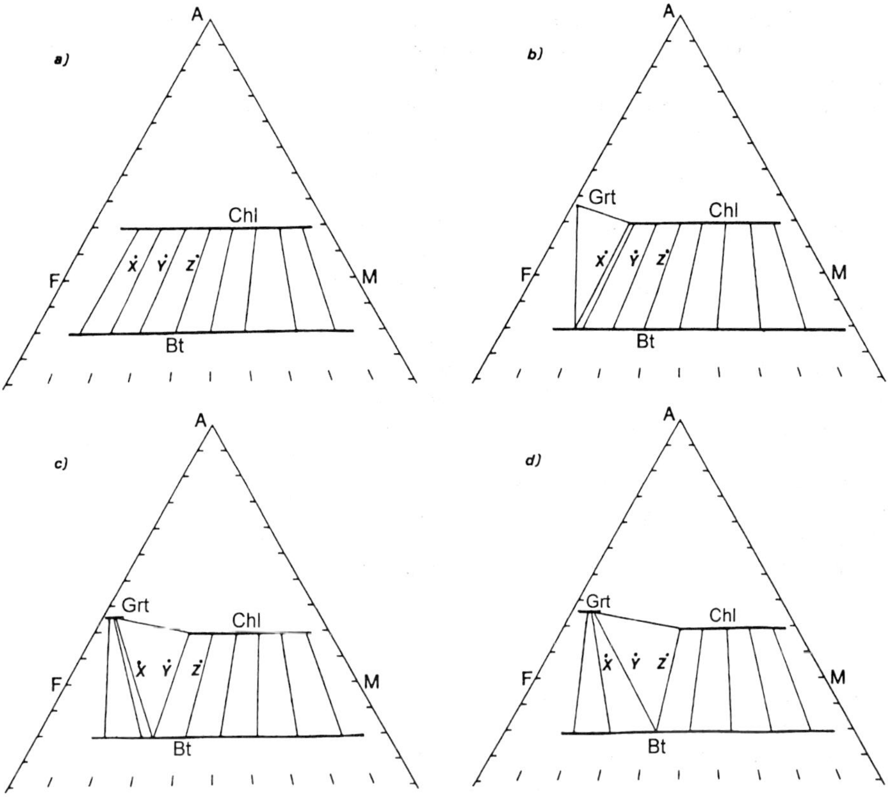

Abb. 3.2 AFM-Projektionen für die Biotit- und Granat-Zonen im schottischen Hochland. X, Y und Z sind mögliche Gesteinszusammensetzungen. Alle Paragenesen enthalten auch Muskovit, Quarz und H_2O. **a)** Biotit-Zone; dargestellt ist das trivariante Chlorit-Biotit-Feld mit repräsentativen Konoden, die koexistierende Zusammensetzungen verbinden. **b)** Erstes Auftreten von Granat, nur auf Fe-reiche Zusammensetzungen beschränkt (Gestein X). **c)** Mit weiterer Aufheizung erscheint Granat in weiteren Gesteinen bei Fortschritt von Reaktion [3.3], fehlt aber noch in Gestein Z. **d)** Granat ist jetzt in den meisten metapelitischen Zusammensetzungen vorhanden, und Chlorit fehlt in dem Fe-reicheren Gestein X.

Quarz + Biotit + Chlorit mit seinen drei Freiheitsgraden wird in Abb. 3.2 a durch Linien repräsentiert, die eine Reihe von Chloritzusammensetzungen darstellen, die mit Biotit koexistieren, und eine Reihe von Zusammensetzungen von Biotiten, die mit Chlorit koexistieren. Das Diagramm ist für konstante P und T konstruiert. Obwohl ein weites Spektrum von Chloritzusammensetzungen (im Sinne von X_{Mg}) möglich ist, kann nur eine bestimmte Biotitzusammensetzung mit einer definierten Chloritzusammensetzung bei gewählten PT-Bedingungen koexistieren. Der Grund liegt bei den drei Freiheitsgraden der Paragenese. Dies wird in Abb. 3.2 a durch Konoden dargestellt, die Chlorit- und Biotitzusammensetzungen verbinden. Obwohl eine unendliche Anzahl von Konoden denkbar ist, müssen ihre Steigungen folgende Beziehung erfüllen:

$$K_{D\,Fe-Mg}^{Bt-Chl} = (Mg/Fe)_{Bt} / (Mg/Fe)_{Chl} = \text{konstant}$$

Denn der Verteilungskoeffizient K_D variiert – im Idealfall unabhängig von der Mineralzusammensetzung – mit der Temperatur. Hieraus folgt, daß keine zwei Konoden, so eng sie auch gezeichnet sein mögen, sich tatsächlich gegenseitig kreuzen, wenn sie bei gleicher Temperatur im Gleichgewicht sind.

Die typische Granatzonenparagenese Muskovit-Quarz-Chlorit-Biotit-Granat wird in Abb. 3.2 b - d als Konodendreieck dargestellt, dessen Ecken definierte Zusammensetzungen der Phasen angeben, die bei den PT-Bedingungen koexistieren, für die das Diagramm aufgestellt wurde. Dies resultiert aus der Tatsache, daß die Paragenese nur zwei Freiheitsgrade hat. Wenn P und T unabhängige Variable darstellen, können die Mineralzusammensetzungen nicht bei irgendeiner festgelegten PT-Bedingung variieren. Weil Granat eine ausgeprägte Präferenz für Fe hat, bildet er sich zuerst in den Fe-reichsten Gesteinen (Abb. 3.2 b). Bei Aufheizung schreitet die kontinuierliche Reaktion [3.3] fort und engt den Bereich möglicher Chloritzusammensetzungen weiter ein (vgl. Abb. 3.2 b und c). Obendrein entwickelt sich Granat auch in immer Mg-reicheren Gesteinen. Die Punkte X,Y und Z in Abb. 3.2 stellen die Zusammensetzungen verschiedener pelitischer Gesteine dar. Bei den PT-Bedingungen von Abb. 3.2 b wird sich nur in Gestein X Granat bilden, während bei den höheren Temperaturen in Abb. 3.2 d alle drei Gesteine Granat enthalten, in Gestein X Chlorit vollständig verbraucht wurde, und das Gestein die Paragenese Muskovit-Quarz-Granat-Biotit aufweist. Abb. 3.2 c stellt eine mittlere Temperatur dar. Sie zeigt einerseits schematisch, wie sich die Zusammensetzungen von Chlorit, Biotit und Granat mit der Temperatur in der Granatzone entwickeln, d.h. Fe-reiche Chlorite werden zunehmend instabil. Andererseits zeigt sie den Einfluß der pauschalen Gesteinszusammensetzung auf die exakte Temperatur, bei der das Indexmineral erscheint.

In einigen „echten“ Metapeliten tritt Chloritoid in der Granatzone auf und kann sich sogar in günstigen Fällen bei niedrigeren Temperaturen bilden. Chloritoid ist jedoch auf sehr eng begrenzte Gesteinszusammensetzungen beschränkt, in denen er sich bei einer Metamorphose vom Barrow-Typ bilden kann. Er tritt nur sehr selten mit Biotit auf (dies kann jedoch bei niedrigen Drücken möglich sein), ist aber häufig in den Paragenesen Granat-Chloritoid-Chlorit-Muskovit-Plagioklas-Quarz oder Chloritoid-Chlorit-Muskovit-Paragonit-Plagioklas-Quarz zu finden.

Abb. 3.3 a stellt ein AFM-Diagramm dar, das das komplette Spektrum von Paragenesen der Granat-Zone einschließlich derer mit Chloritoid zeigt. Man beachte, daß sich aufgrund der Koexistenz von Granat und Chlorit Biotit nicht in den Al-reichsten Gesteinen bildet und nicht mit Chloritoid zusammen auftritt. Dies steht mit den Geländebefunden im Einklang. Chloritoid ist auf sehr Al-reiche Gesteine beschränkt, deren Zusammensetzungen oberhalb der Granat-Chlorit-Konode liegen. Leider fehlen solche Gesteine völlig in Barrows Typgebiet.

Die Granat-Zone wird auch oft durch eine Änderung in der Plagioklaszusammensetzung angezeigt, nicht nur in Metapeliten, sondern auch in anderen Metasedimenten und in metamorphen Magmatiten. Bei niedrigen Graden ist Albit der einzige Plagioklas, und Ca ist in den Gesteinen an akzessorischen Epidot oder andere Phasen gebunden. Innerhalb der Granat-Zone treten Oligoklas oder Andesin auf, und aus einigen Gebieten wurden Gesteine beschrieben, in denen relativ reiner Albit mit Oligoklas (An_{20}-An_{25}) als separate Phase koexistiert (z.B. CRAWFORD 1966). Dies bedeutet, daß die Plagioklasmischreihe nicht kontinuierlich bei diesen Temperaturen existiert, sondern eine Unterbrechung der Zusammensetzung vorliegt, die **Peristeritlücke** (peristerite gap). Im oberen Teil der Granat-Zone wird ein komplettes Spektrum an Plagioklaszusammensetzungen zwischen Albit und Oligoklas vorgefunden, und dieser Wechsel wurde als Isograde in einigen Arbeiten kartiert.

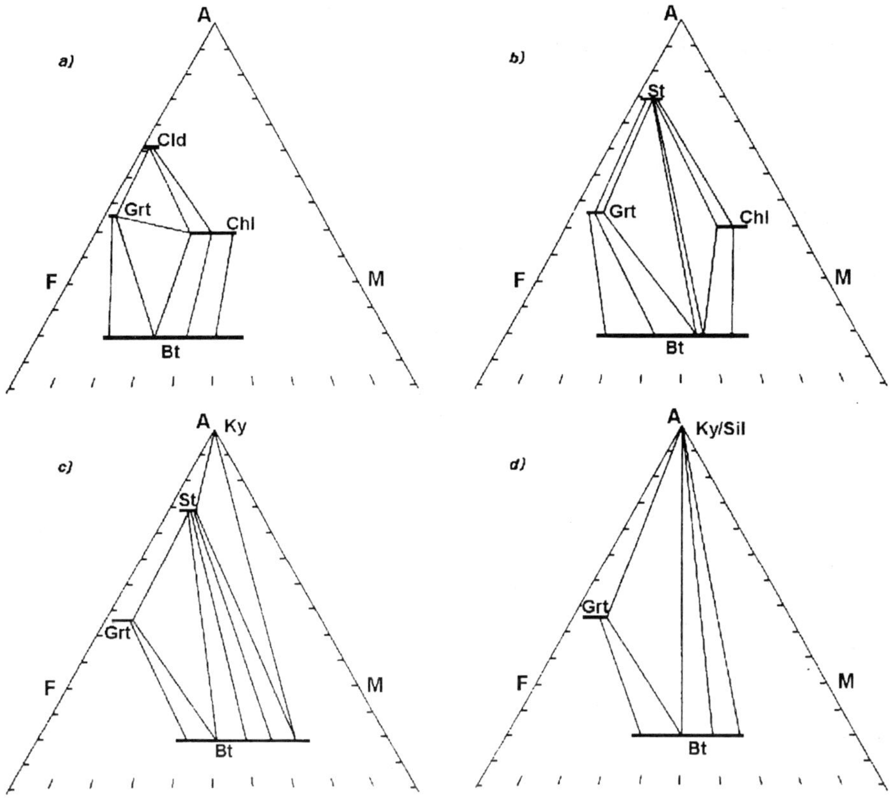

Abb. 3.3 AFM-Projektionen von Paragenesen mit koexistierenden Muskovit, Quarz und H_2O bei der Metamorphose vom Barrow-Typ: **a)** Granat-Zone; divariante (zwei Phasen) und trivariante (drei Phasen) Felder einschließlich Chloritoid-führender Paragenesen; **b)** Staurolith-Zone; **c)** Disthen-Zone; **d)** Sillimanit-Zone.

3.3.4 Staurolith-Zone

Nur in dieser Zone wird die Unterscheidung zwischen „echten Metapeliten" und anderen Glimmerschiefern deutlich, weil Staurolith in vielen Al-reichen, Ca-armen Gesteinen wächst, aber nur selten in anderen Lithologien. Viele Granat-Glimmerschiefer sind für die Bildung von Staurolith ungeeignet und sollten am besten als Semipelite bezeichnet werden. Ein kritischer Faktor ist dabei die Stabilisierung von Plagioklas bei diesem Grad. Dabei wird verfügbares Ca (z.B. in Epidot) an zusätzliches Al zur Bildung der Komponente Anorthit gebunden und dadurch die Menge des verfügbaren Al zur Bildung anderer Alumosilikate reduziert.

Der Effekt entspricht einer Verschiebung der Gesteinsanalyse im AFM-Diagramm nach unten in das Granat-Biotit-Feld bei konstantem M-Wert (Abb. 3.3 b). Der Bereich von X_{Mg}, in dem sich Staurolith bilden kann, ist auch zusätzlich sehr eingeschränkt, aber Mg-reiche „echte Metapelite" enthalten bei diesem Grad stattdessen andere spezifische Al-reiche Minerale wie Disthen.

Typischerweise enthalten Metapelite der Staurolithzone die Paragenese Staurolith-Granat-Biotit-Muskovit-Quarz-Plagioklas. Die akzessorischen und opaken Phasen sind denen der Granatzone ähnlich. Chlorit kommt auch manchmal vor.

In Gebieten mit geeigneten Al-reichen Metapeliten wird Staurolith durch den Abbau von Chloritoid etwa nach folgender Reaktion gebildet:

$$\text{Chloritoid} + \text{Quarz} \rightarrow \text{Staurolith} + \text{Granat} + H_2O \qquad [3.4]$$

Gefügebelege für eine Reaktion dieses Typs werden in einigen Staurolithschiefern gefunden, die Relikte von Chloritoid in Granat eingeschlossen enthalten. Dieses Gefüge kann entstehen, wenn der neugebildete Granat um ein Chloritoidkorn bei dessen Abbau wächst und es panzert, so daß es nicht länger mit dem Quarz der Gesteinsmatrix reagieren kann und daher stabil zu höheren Temperaturen erhalten bleibt.

Staurolith wird auch in metapelitischen Gesteinen mit Zusammensetzungen gefunden, in denen sich niemals Chloritoid gebildet hat (d.h. sie liegen unterhalb der Granat-Chlorit-Konode). Hier kann Staurolith durch die diskontinuierliche Reaktion gebildet werden:

$$\text{Granat} + \text{Muskovit} + \text{Chlorit} \rightarrow \text{Staurolith} + \text{Biotit} + \text{Quarz} + H_2O \qquad [3.5]$$

Chlorit ist in Gesteinen der Staurolithzone relativ selten, außer als ein Produkt retrograder Alteration. Jedoch berichten einige Arbeiten von primärem Chlorit, der mit Staurolith, Biotit, Muskovit und Quarz koexistiert. Diese Paragenese ist in der AFM-Projektion in Abb. 3.3 b zusammen mit der Paragenese Granat-Biotit-Staurolith-Muskovit-Quarz dargestellt. Der Unterschied zwischen Abb. 3.3 a und 3.3 b ist der Ersatz der Konode Granat-Chlorit durch eine Konode Staurolith-Biotit. Staurolith wird entsprechend in einem größeren Gesteinsspektrum als Chloritoid gefunden, weil er in weniger Al-reichen Lagen mit Zusammensetzungen unterhalb der Granat-Chlorit-Konode auftritt, z.B. Zusammensetzungen wie X,Y und Z in Abb. 3.2.

Reaktion [3.5] läuft bei einer bestimmten Temperatur bei gegebenem Druck ab, weil sie eine diskontinuierliche Reaktion darstellt und fortschreitet, bis einer der drei Reaktanten verbraucht ist. Wenn diese Reaktion beendet ist, kann weiterer Staurolith durch eine kontinuierliche Reaktion mit den verbleibenden Phasen gebildet werden:

$$\text{Chlorit} + \text{Muskovit} \rightarrow \text{Staurolith} + \text{Biotit} + \text{Quarz} + H_2O \qquad [3.6]$$

3.3.5 Disthen-Zone

Die Disthen-Zone der Barrow-Abfolge ist durch zahlreiche Paragenesen einschließlich der Paragenese der Staurolit-Zone Granat-Staurolith-Biotit(-Muskovit-Quarz) neben solchen mit Disthen gekennzeichnet: Disthen-Staurolith-Biotit oder Disthen-Biotit(-Muskovit-Quarz). Diese Paragenesen sind in Abb. 3.3 c dargestellt, die sich von Abb. 3.3 b darin unterscheidet, daß die Konode Staurolith-Chlorit durch die Konode Disthen-Biotit ersetzt wurde. Diese Umwandlung entspricht der diskontinuierlichen Reaktion:

$$\text{Muskovit} + \text{Staurolith} + \text{Chlorit} \rightarrow \text{Biotit} + \text{Disthen} + \text{Quarz} + H_2O \qquad [3.7]$$

Reaktion [3.7] kann nur in Metapeliten mit relativ Mg-reichen Mineralen ablaufen, da sie Gesteine mit der Paragenese Granat-Staurolith-Biotit-Muskovit-Quarz nicht betrifft (vgl. Abb. 3.3 b und c). Sobald die Konode Disthen-Biotit durch Reaktion [3.7] stabilisiert ist, kann weiterer Disthen durch die kontinuierliche Reaktion:

Staurolith + Muskovit + Quarz → Al_2SiO_5 + Biotit + H_2O [3.8]

wachsen. Dies bewirkt im AFM-Diagramm eine Vergrößerung des Disthen-Biotit-Feldes und eine Einschränkung der Gesteinszusammensetzungen, die noch Staurolith enthalten (Abb. 3.3 d). Sie bildet kontinuierlich Disthen in Gesteinen, die unter Bedingungen der Staurolith-Zone keinen Chlorit enthalten.

3.3.6 Sillimanit-Zone

Diese Zone unterscheidet sich von der Disthen-Zone nur durch das Auftreten von Sillimanit, Disthen kann auch noch anwesend sein. Der Sillimanit tritt üblicherweise in Form sehr kleiner Nadeln auf, die gebündelt sein können oder Biotit- oder Quarzkörner durchsetzen und als Fibrolith bekannt sind. Grober prismatischer Sillimanit ist größtenteils auf die Granulitfazies beschränkt, außer dort, wo er Andalusit pseudomorph ersetzt. Die Reaktion, die den Übergang von der Disthen-Zone bildet, ist der polymorphe Übergang:

Disthen → Sillimanit [3.9].

Jedoch deutet die Tatsache, daß gewöhnlich etwas Disthen übrigbleibt, daraufhin, daß diese Reaktion sehr träge ist. Stattdessen ist es wahrscheinlich, daß viel Sillimanit durch den Abbau anderer Minerale gebildet wurde. Zum Beispiel läuft Reaktion [3.8] in einem weiten Temperaturbereich in den Stabilitätsfeldern von Disthen und Sillimanit ab. Bei höheren Temperaturen ersetzt Sillimanit Disthen als Produkt und wird direkt gebildet. In der Sillimanit-Zone verschwindet Staurolith aus Muskovit-Quarz-führenden Metapeliten infolge der diskontinuierlichen Reaktion:

Staurolith + Muskovit + Quarz → Granat + Biotit + Sillimanit + H_2O [3.10]

Dies bewirkt, daß Staurolith im AFM-Diagramm (Abb. 3.3 d) nicht mehr erscheint. Allerdings gibt es Metapelite ohne Muskovit bei diesem Grad, weil Muskovit in den meisten Reaktionen als Reaktant auftritt und schon bei niedrigeren Graden vollständig verbraucht worden sein kann. In diesen Muskovit-freien Metapeliten, kann Staurolith noch vorhanden sein, obwohl man solche Paragenesen nicht in der AFM-Projektion darstellen kann. YARDLEY, LEAKE & FARROW (1980) haben die Paragenesen und Reaktionen in Metapeliten dieses Typs beschrieben (Abb. 3.4).

3.4 Einige Einschränkungen der Anwendbarkeit des AFM-Diagramms

Eigentlich sollte es leicht sein, Paragenesen in Metapeliten zu identifizieren und aus dem Vergleich mit AFM-Diagrammen in Abb. 3.3 metamorphe Zonen abzuleiten, in denen sich jede Probe bildete. Häufig treten jedoch in natürlichen Paragenesen zu viele Phasen auf, d.h. vier anstelle von drei Phasen in der Projektion. Es ist unwahrscheinlich, bei zufälliger Probennahme immer Gesteine aufgesammelt zu haben, die exakt bei den PT-Bedingungen einer diskontinuierlichen Reaktion metamorphosiert wurden. Generell können früher gebildete Minerale über ihr Stabilitätsfeld hinaus noch vorhanden sein. Weiterhin können zusätzliche Komponenten im natürlichen System eine größere Anzahl von Phasen stabilisieren als idealerweise koexistieren können. Das Auftreten von Disthen und Sillimanit in der gleichen Probe ist sehr wahrscheinlich auf das Auftreten des erstgebildeten Polymorphs über sein

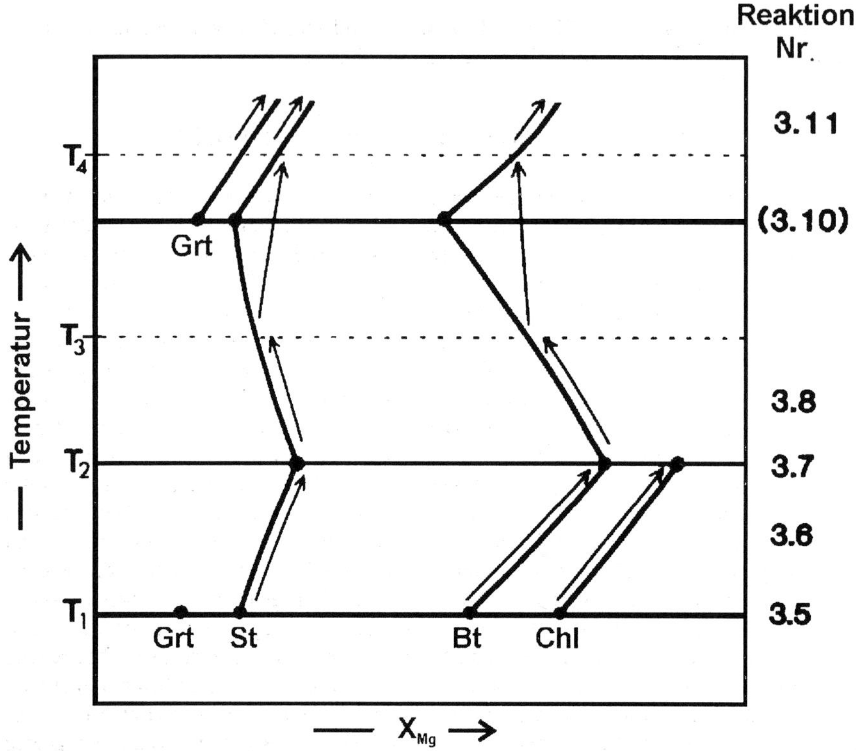

Abb. 3.4 T-X_{Mg}-Diagramm zur Darstellung der Reihenfolge kontinuierlicher und diskontinuierlicher Reaktionen bei Aufheizung eines metapelitischen Schiefers über die Staurolith-Isograde. Fette Linien repräsentieren Mineralzusammensetzungen, die sich infolge kontinuierlicher Reaktionen (an der rechten Seite durchnummeriert) verändern. Horizontale durchgezogene Linien geben die Temperatur der diskontinuierlichen Reaktionen in der Reihenfolge an. Die Pfeile geben die Richtung der Änderung in der Mineralzusammensetzung für einen bestimmten Metapelit an. Die Ausgangsparagenese ist Staurolith + Biotit + Chlorit + Muskovit + Quarz + H_2O. Kontinuierlicher Abbau von Chlorit macht alle Fe-Mg-Minerale Mg-reicher, bis Chlorit bei T_2 durch die diskontinuierliche Reaktion [3.7] verschwindet. Weiterer kontinuierlicher Abbau von Staurolith bringt die Mineralzusammensetzungen zu niedrigeren X_{Mg}-Werten, bis die Reaktion bei T_3 aufhört, weil jeglicher Muskovit im Gestein verbraucht wurde. Mit weiterer Aufheizung finden nur geringere Anpassungen durch Kationenaustauschreaktion statt, und Reaktion [3.10] kann nicht ablaufen (kein Muskovit). Bei T_4 erscheint Granat durch Staurolith-Abbau bei Reaktion [3.11], und weil Granat nicht Fe-reicher ist als Staurolith, bringt der Staurolith-Abbau die Mineralzusammensetzungen zu höheren X_{Mg}-Werten.

eigenes Stabilitätsfeld hinaus zurückzuführen, weil beide Phasen nahezu reines Al_2SiO_5 darstellen und ihre Stabilität kaum von der Anwesenheit zusätzlicher chemischer Komponenten im Gestein beeinflußt wird. Andererseits ist eine der häufigen Paragenesen der Disthen- und Sillimanit-Zone Granat-Staurolith-Alumosilikat-Biotit-Muskovit-Quarz, während Granat-Staurolith-Chlorit-Biotit-Muskovit-Quarz in der Staurolith-Zone vorkommen können. In beiden Fällen enthält Granat Mn und Ca, oft beträchtliche Mengen (< 15% Grossularkomponente und ausnahmsweise < 40% Spessartinkomponente), während diese Elemente nicht nennenswert in anderen KFMASH-Phasen substituieren. Hier wird vermutlich Granat als „Zusatzphase“ durch die zusätzlichen Elemente stabilisiert.

3.5 Darstellung von Reaktionssequenzen in Metapeliten

Eine Alternative zur AFM-Projektion bei der Darstellung von fortlaufenden Änderungen in Metapeliten besteht darin, X_{Mg}-Werte individueller Minerale als einfache Funktion der Temperatur aufzutragen unter der Annahme, daß der Druck entweder konstant sei oder eine einfache Funktion der Temperatur (THOMPSON 1976). Solch ein T-X_{Mg}-Diagramm ist Abb. 3.4 mit einem Beispiel aus Connemara/Irland (YARDLEY, LEAKE & FARROW 1980; s. auch Abb. 7.9). Univariante Reaktionen werden als horizontale Linien dargestellt, weil sie bei einer definierten Temperatur für festgelegten Druck auftreten. Die Zusammensetzungen der Fe-Mg-Phasen in der Reaktion sind durch Punkte auf der Linie gegeben und bei Vorliegen einer univarianten Paragenese und bei fixiertem Druck strikt festgelegt. Kontinuierliche Reaktionen laufen über ein Temperaturintervall zwischen den univarianten Reaktionen ab und werden als Serien von Kurven dargestellt, die die X_{Mg}-Variationen jedes beteiligten Minerals als Funktion der Temperatur anzeigen. Der genaue Reaktionspfad eines bestimmten Gesteins hängt von den Zusammensetzungen und den Häufigkeiten der teilnehmenden Phasen ab. Im Beispiel von Abb. 3.4 beginnt Chlorit bei T_1 durch Reaktion [3.5] zu reagieren und reagiert fortlaufend bis T_2 nach Reaktion [3.6]. Bei T_2 wird er durch Reaktion [3.7] ausgelöscht. Zwischen T_1 und T_2 nehmen relativ Fe-reicher Biotit und Staurolith an Häufigkeit gegenüber Chlorit zu, so daß alle Mineralzusammensetzungen bei konstanter Gesteinszusammensetzung Mg-reicher werden. Von T_2 zu T_3 wird Staurolith nach Reaktion [3.8] abgebaut. Dies bedingt eine Umkehr im Trend der Mineralzusammensetzung mit der Temperatur, da es jetzt eine Fe-reiche und Mg-ärmere Phase ist, die abgebaut wird. Bei T_3 endet die Reaktion, nachdem jeglicher Muskovit vollständig verbraucht ist. Somit werden die Zusammensetzungen von Staurolith und Biotit jetzt eingefroren, wenn man von kleinen Änderungen durch Kationenaustausch absieht. Sogar sehr kleine Änderungen in der modalen Häufigkeit von Muskovit unter den Proben können zu signifikanten Änderungen in der Temperatur führen und damit auch von Mineralzusammensetzungen, wenn Reaktion [3.8] endet.

In Abwesenheit von Muskovit kann Reaktion [3.10] in einem Gestein, dessen Reaktionsgeschichte wir verfolgen, ablaufen. Stattdessen wird weiterer Abbau von Staurolith bei einer höheren Temperatur T_4 aufgrund folgender kontinuierlichen Reaktion beginnen:

$$\text{Staurolith} + \text{Quarz} \rightarrow \text{Granat} + \text{Sillimanit} + H_2O \qquad [3.11]$$

Der Gebrauch von T-X_{Mg}-Diagrammen zur Erläuterung von Reaktionsfolgen in metapelitischen Gesteinen wurde erstmals von A.B. THOMPSON (1976) eingeführt. Sie können einen erstaunlich detaillierten Einblick in die Reaktionsgeschichte von Gesteinen geben.

3.6 Abweichungen von der Barrow-Zonen-Abfolge

Metapelitische Schiefer mit ähnlicher metamorpher Zonenabfolge wie im schottischen Hochland sind verbreitet und wurden weltweit von Gesteinen sehr unterschiedlichen Alters beschrieben. Jedoch ist es nicht ungewöhnlich, daß in metapelitischen Gesteinen abweichende und oft ebenso signifikante Mineralparagenesen auftreten, die andere PT-Bedingungen der Metamorphose widerspiegeln. Es gibt prinzipiell drei Möglichkeiten, wie diese abweichenden Paragenesen und Zonen zustande kommen können:

1. Metamorphose findet bei noch höheren Temperaturen statt, so daß zusätzliche Zonen auftreten.
2. Metamorphose läuft bei niedrigeren Drücken ab.
3. Metamorphose läuft bei höheren Drücken ab.

3.6.1 Hochtemperatur-Metamorphose von Metapeliten

3.6.1.1 Migmatite

In einigen metamorphen Gebieten folgen auf die Sillimanit-Zone höhergradige Zonen, in denen die Gesteine häufig als **Migmatite** (migmatites) vorliegen. Im wörtlichen Sinn sind es „Mischgesteine", normalerweise vorwiegend Gneise mit Flecken, Gängen oder Lagen leukokraten Materials weitgehend granitischer Zusammensetzung (Abb. 3.5). Obwohl Migmatite am besten in Metapeliten ausgebildet sind, bilden sie sich auch in anderen Si-reichen Metasedimenten, Metabasiten usw. Sehr verschiedene Migmatittypen können in pelitischen Metasedimenten auftreten, die sich hauptsächlich durch die Ausbildung des **Leukosoms** (leucosome) unterscheiden. So wird die granitische Teilschmelze wegen ihrer hellen Farbe genannt. Am häufigsten bildet das Leukosom Lagen, die mehr oder weniger parallel zur Foliation des übrigen Gesteins angelegt sind. Es ist normalerweise nur wenige cm mächtig. Die einzelnen Lagen sind oft diskontinuierlich und eher als langgestreckte Linsen ausgebildet. Dieser Migmatittyp wird **Stromatit** (stromatitic migmatite) genannt (Abb. 3.5 a). In einigen Fällen sind die Leukosome nicht so deutlich orientiert und bilden ein regelloses Netzwerk von Gängen. Diese werden als **Arterierite** (vein type migmatite) bezeichnet. Ein weiterer häufiger Typ in hochgradigen Metapeliten sind **Nebulite** (nebulite) (Abb. 3.5 b). Diese besitzen nebulöse Flecken von Leukosom, die über wenige cm in einem etwas dunkleren Übergangsgestein mit grobkörnigem, rekristallisierten Feldspat in normale Gneise übergehen. In anderen Fällen können Leukosome deutlich begrenzte Nester bilden. Eine detaillierte Klassifikation von Migmatiten wurde von MEHNERT (1968) aufgestellt.

Einige Migmatite können auch durch Schmelzinjektionen in Gneise entstehen. In vielen hochgradigen metapelitischen Gesteinen scheinen die Leukosome jedoch nur lokal aus ihren Ausgangsgesteinen über Distanzen von Zentimetern bis Metern gewandert zu sein. So können Leukosome nur an eine bestimmte Lithologie gebunden sein (Abb. 3.5 a). Die Ränder um die Leukosome können ungewöhnlich dunkel sein, da sie an hellen Phasen verarmt sind. Dieser phyllosilikatreiche Anteil des Gesteins wird **Melanosom** oder **Restit** (melanosome or restite) genannt, in dem deutlich eine Verarmung an granitischem Material während des Migmatisierungsprozesses stattfindet. Nichtmigmatisierte Gneise sind **Paläosome** (palaeosomes).

Die Entstehung der Migmatite wurde viele Jahre lang kontrovers diskutiert. Unterschiedliche Standpunkte zum „Granitproblem", die in den späten vierziger Jahren aufkamen, sahen Migmatite entweder als Ergebnis metasomatischer Umwandlung von Gneisen durch migrierende Lösungen oder als Produkt von Teilschmelzenbildung (**Anatexis**) von Gneis bei sehr hohen Metamorphosetemperaturen. Anschließende Experimente, insbesondere von WINKLER und Mitarbeitern in Göttingen, zeigten, daß sich in Metasedimenten bei Temperaturen etwas oberhalb der Sillimanitzone eine Granitschmelze zu bilden beginnt (WINKLER 1976). Dieser Prozeß lag unzweifelhaft der Bildung von Migmatiten zugrunde. Andererseits wurde auch gefunden, daß viele migmatitische Leukosome Zusammensetzungen haben, die überhaupt nicht mit den Schmelzen der Experimente übereinstimmen. Beispielsweise sind natürliche Leukosome häufig trondjhemitisch und nicht granitisch, enthalten also keinen

Kalifeldspat. Es liegt daher nahe, daß andere Prozesse wie metamorphe Segregation, die Lösung und Fällung von Mineralen durch eine fluide Phase beinhaltet, auch eine Rolle bei

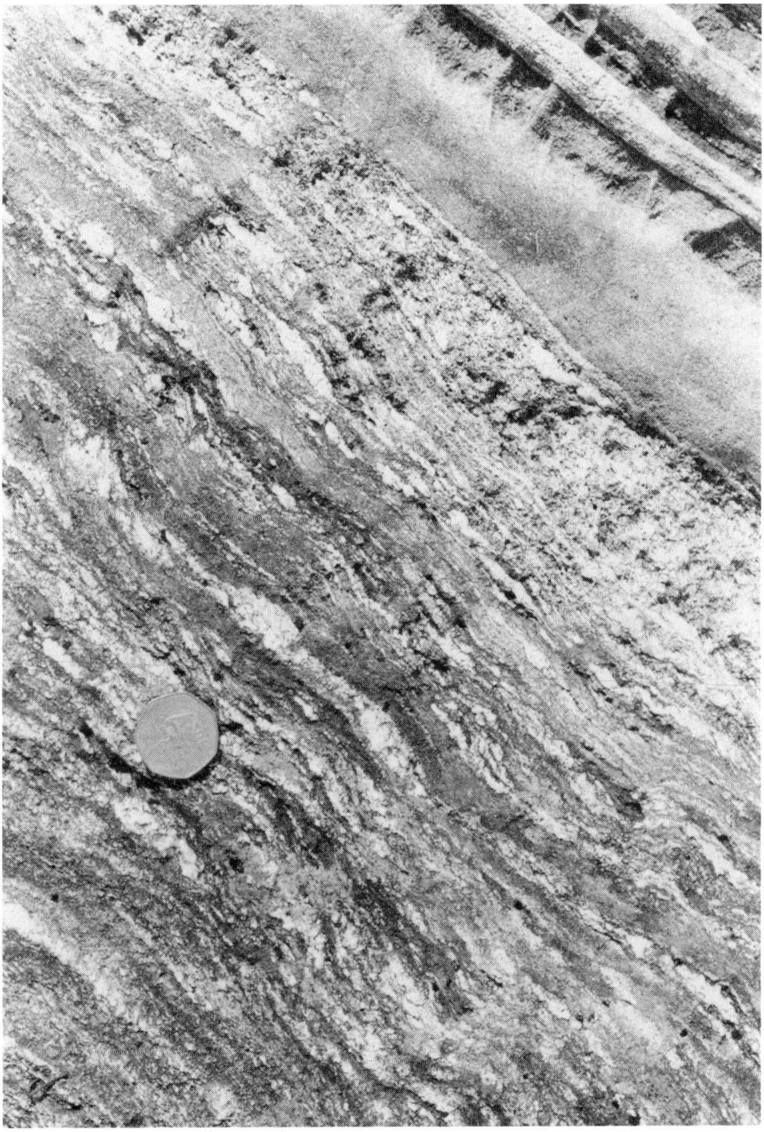

Abb. 3.5 Beispiele der Migmatisierungsphänomene bei Anatexis von Metapeliten. Beide stammen aus Connemara, Irland.
a) Stromatitischer Migmatit bestehend aus dünnen Lagen eines feinkörnigen granitischen Leukosoms in Schiefern aus Biotit, Quarz, Plagioklas, Kalifeldspat, Sillimanit und Cordierit. Man beachte, daß das Psammitband oben rechts nicht migmatisiert ist.
Abb. 3.5 b) auf der nächsten Seite.

Abb 3.5 b

der Bildung einiger Migmatite spielen (z.B. OLSEN 1984). Ein wichtiger Grund, warum es noch viele unbeantwortete Probleme bei Migmatiten gibt, ist, daß sie in den sechziger und siebziger Jahren als wenig attraktive Untersuchungsobjekte galten. Teilweise mag dies vom Stigma der manchmal wenig wissenschaftlich geführten Kontroverse um das „Granitproblem" verursacht sein. Andererseits bedeutet ihre einfache mineralogische Zusammensetzung, daß sie sich nicht sonderlich für die Art von Gleichgewichtsuntersuchungen eignen, die mit dem Aufkommen der Mikrosonde in Mode kamen.

Eine letzte, sehr wichtige Anmerkung zu den Migmatiten ist, daß sie sehr weit in ihrer Zusammensetzung und ihrem Auftreten variieren. Die Hauptmasse der Migmatite der Erde tritt in großen Gebieten oft präkambrischen Alters auf, die einheitlich hochgradig sind und häufig überhaupt keinen allmählichen Übergang zu unmigmatisierten Zonen zeigen. In anderen Gebieten gibt es Übergänge, und diese sind für unser Verständnis der Migmatitentstehung sehr wichtig. Jedoch sind diese Migmatite sehr gering verbreitet und eng an die Intrusion heißer Magmen gebunden. Sie unterscheiden sich häufig mineralogisch von Migmatiten aus den großräumigen präkambrischen Gebieten möglicherweise aufgrund ihrer verschiedenen Bildungsdrücke. Sie bieten nicht notwendigerweise ein gutes Modell für die Bildung aller Migmatite, aber dennoch basiert das folgende Kapitel auf diesem zweiten Migmatittyp in deutlich höhergradigen Zonen als der Sillimanitzone.

3.6.1.2 Phasengleichgewichte in Metapeliten bei hohen Temperaturen

Die Untersuchung von Reaktionen bei hohen Temperaturen in Metapeliten wird noch verkompliziert durch die Entstehung einer Schmelzphase, deren Zusammensetzung nicht festgelegt ist, wie bislang immer angenommen wurde, weil H_2O stark in Silikatschmelzen löslich ist. Wenn nur eine kleine Menge an Porenwasser vorhanden ist, kann alles gelöst werden. Dennoch lassen verschiedene theoretische Untersuchungen die Zonenabfolge vorhersagen, die sich entwickeln kann, z.B. die von GRANT (1973) und A.B. THOMPSON (1982). Diese scheinen auch mit Geländebeobachtungen im Einklang zu stehen (z.B. TRACY & ROBINSON 1983).

3.6.1.3 Obere Sillimanit-Zone

Die am besten bekannte Isograde nach dem ersten Auftreten von Sillimanit ist die sogenannte „zweite Sillimanit-Isograde" (EVANS & GUIDOTTI 1966), die auf dem Wachstum weiteren Sillimanits aus dem Abbau von Muskovit beruht:

$$\text{Muskovit} + \text{Quarz} \rightarrow Al_2SiO_5 + \text{K-Feldspat} + H_2O \qquad [3.12]$$

Somit ist die obere Sillimanitisograde durch die Koexistenz von Sillimanit und Kalifeldspat charakterisiert und nicht allein durch nur ein Mineral.

Reaktion [3.12] betrifft fünf Phasen, die aus nur vier Komponenten bestehen, und ist daher

---

Abb. 3.5 b) (links) Nebulitischer Migmatit. Ein Teil des Aufschlusses ist zweifellos granitisches Leukosom (G), obwohl es große reliktische metamorphe Kristalle von Granat enthält (Xenokrysten). Der andere Teil (S) ist zweifellos Schiefer, aber sonst hat das Gestein einen intermediären oder nebulitischen Charakter (N), erscheint als Schiefer, aber mit rekristallisierten Feldspäten, die denen im Leukosom ähneln. In diesem Aufschluß ist das Leukosom nicht granitisch, sondern trondjhemitisch (d.h. aus Plagioklas und Quarz ohne Kalifeldspat).

im Idealfall univariant. Jedoch ist häufig der Fall, daß die Reaktanten und Produktphasen über eine gewisse Zone koexistieren. Dies kann teilweise durch die Phengit- und Paragonitsubstitution im Muskovit zustande kommen oder durch das Auftreten einer weiteren flüchtigen Fluidspezies neben H_2O. Eine alternative Erklärung wäre eine endliche Zeit, die benötigt wird, damit Reaktionen ablaufen (LASAGA 1986). Dies wird in Kapitel 6 diskutiert.

Die zweite Sillimanitisograde ist ein besonders nützlicher Indikator des Metamorphosegrades, weil sie in sehr vielen Gesteintypen entwickelt ist, nicht nur in reinen Metapeliten, kann selbst in Quarziten manchmal verfolgt werden. Oben wurde gezeigt, daß in der Sillimanitzone einige Metapelite keinen Muskovit mehr haben, und daß daher Staurolith erhalten sein kann. Im Falle solcher Metapelite kann sich keine zweite Sillimanit-Isograde entwickeln, jedoch verschwindet Staurolith in diesen Gesteinen durch Reaktion [3.11], die bei sehr ähnlichen Temperaturen abläuft.

Eines der am besten untersuchten hochgradig metamorphen Gebiete liegt in den nordöstlichen Vereinigten Staaten. Hierzu gehören Arbeiten von HESS (1969), TRACY (1978) und TRACY & ROBINSON (1983) in Teilen Massachusetts (Abb. 3.6). In diesen Gebieten treten migmatitische Strukturen erst nahe der zweiten Sillimanitisograde auf, und daher kann der Muskovitabbau auch eine Schmelzphase einschließen. THOMPSON (1982) zeigte, daß bei den mittleren Drücken der Barrow-Metamorphose Reaktion [3.12] ersetzt werden kann durch:

Muskovit + Quarz + H_2O → Sillimanit + Schmelze [3.13]

oder in den meisten Gesteinen, die auch Biotit enthalten, durch:

Muskovit + Biotit + Quarz + H_2O → Sillimanit + Schmelze [3.14]

Beide Reaktionen enthalten eine wäßrige fluide Phase, die in der entstehenden Schmelze gelöst wird.

Unter den meisten Verhältnissen in der Natur ist es schwer vorstellbar, daß hinreichend Porenfluide vorhanden sind, um nennenswerte Mengen an wassergesättigten Schmelzen zu bilden, weil granitische Schmelzen etwa 10% H_2O lösen können (CLEMENS 1984). Die Schmelzreaktion wird daher aufhören, wenn alles Porenwasser in der Schmelze aufgenommen wurde, bis zu weiterer Aufheizung. (Angemerkt sei, daß diese natürliche Situation nicht mit vielen Experimenten vergleichbar ist, die mit verfügbarem H_2O-Überschuß durchgeführt werden). Weitere Schmelzbildung ist durch den Abbau OH-haltiger Minerale möglich, die Wasser freisetzen, das dann in der Schmelze gelöst wird.

Muskovit + Quarz → Kalifeldspat + Sillimanit + Schmelze [3.15]

Die Reihenfolge von Reaktion [3.13] oder [3.14] gefolgt von [3.15] würde Migmatite etwas unterhalb der zweiten Sillimanit-Isograde entstehen lassen, die durch das Auftreten von Sillimanit + Kalifeldspat gekennzeichnet ist und daher in diesem Falle von Reaktion [3.15] gebildet wird. Eine sehr genaue Untersuchung von Mineralparagenesen nahe an dieser Isograde in Massachusetts (Abb. 3.6) durch TRACY (1978) hat gezeigt, daß genau diese Abfolge zu beobachten ist, d.h. das Auftreten von Sillimanit + Kalifeldspat erfolgt durch Reaktion [3.15] anstelle von Reaktion [3.12].

3.6.1.4 Cordierit-Granat-Kalifeldspat-Isograde

Bei noch höheren Graden bilden sich in Metapeliten Paragenesen mit Cordierit, Granat, Kalifeldspat und Sillimanit, wenn auch nicht alle Phasen notwendigerweise zusammen auftreten. Die Paragenesen entstehen durch kontinuierliche Reaktionen wie:

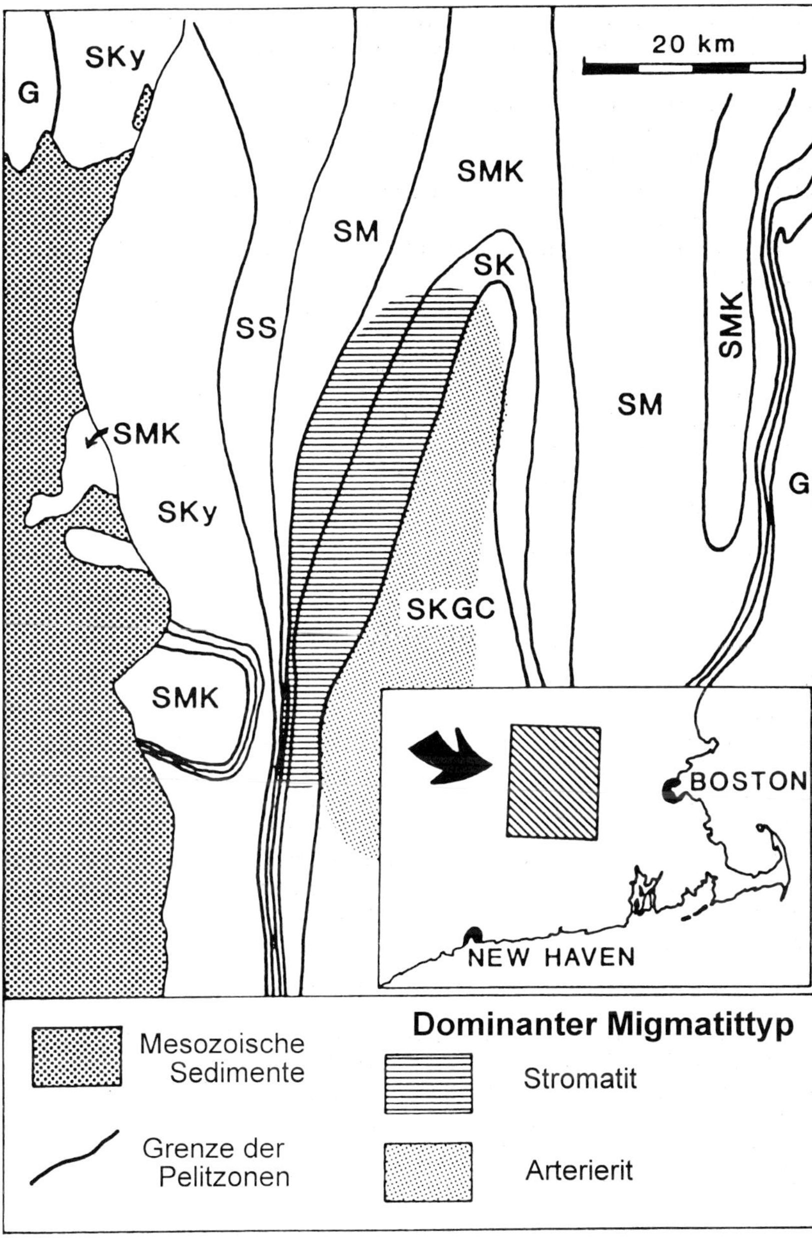

Abb. 3.6 Metamorphe Karte von Massachusetts, USA, die das Vorkommen von Migmatittypen in Beziehung zu metamorphen Isograden zeigt. Vereinfacht aus TRACY & ROBINSON (1983). Die metamorphen Zonen sind folgendermaßen abgekürzt: G = Grünschiefer-Fazies; SKY = Staurolith-Disthen-Zone; SS = Staurolith-Sillimanit-Zone; SM = Sillimanit-Muskovit-Zone; SMK = Sillimanit-Muskovit-Kalifeldspat-Zone; SK = Sillimanit-Kalifeldspat-Zone; SKGC = Sillimanit-Kalifeldspat-Granat-Cordierit-Zone.

Biotit + Sillimanit + Quarz → Kalifeldspat + Cordierit + Schmelze [3.16]

Biotit + Sillimanit + Quarz → Kalifeldspat + Granat + Schmelze [3.17]

Ob sich Cordierit oder Granat bildet, hängt teilweise vom Druck ab (Cordierit wird durch niedrige Drücke begünstigt, Granat durch hohe Drücke) und teilweise vom Mg/Fe-Verhältnis des Gesteins (Granat bildet sich in Fe-reichen Gesteinen, Cordierit in Mg-reichen). Reaktionen [3.16] und [3.17] bewirken Schmelzbildung in Mg-reichen bzw. Fe-reichen Zusammensetzungen infolge der Dehydratation durch Biotitabbau. Schmelzbildung findet in Biotit-Sillimanit-Schiefern weitgehend aber nur dann statt, wenn die Temperatur für folgende diskontinuierliche Reaktion erreicht ist:

Biotit + Sillimanit + Quarz → Cordierit + Granat + Kalifeldspat + Schmelze [3.18].

Die Paragenese Granat-Cordierit-Kalifeldspat ist typisch für hochgradige metapelitische Migmatite und gilt oft als Beginn der Granulitfazies. Jedoch werden häufig noch höhergradige Paragenesen gefunden.

3.6.1.5 Ultra-hochgradige Zonen

Hochgradige Gesteine der Granulitfazies in Zentralnorwegen (Touret 1971 a, b) und vielen anderen Gebieten enthalten Orthopyroxene. Grant (1973, 1981) untersuchte die Bedingungen, unter denen solche Paragenesen im Vergleich zu gewöhnlicheren Migmatitparagenesen stabil sein können. Bei mittleren Drücken sind sehr hohe Temperaturen notwendig, um Orthopyroxen zu bilden, aber die Bildung von Orthopyroxen ist auch druckabhängig, und so ist diese Phase bei höheren Drücken zu niedrigeren Temperaturen hin stabil. Orthopyroxenparagenesen können zu den häufigeren Cordierit-Granat-Paragenesen durch folgendes Gleichgewicht in Beziehung gesetzt werden:

Al_2SiO_5 + Orthopyroxen → Cordierit + Granat

Dabei sind Sillimanit + Orthopyroxen zu höheren Temperaturen hin stabil als Cordierit + Granat. Orthoamphibole werden auch manchmal in hochgradigen Metapeliten gefunden, obwohl sie nicht bei so hohen Temperaturen stabil sind wie Orthopyroxene.

In einigen Teilen der Welt, wie in den archäischen Granuliten von Enderbyland in der Antarktis (Grew 1980; Harley 1983), wurde die stabile Paragenese Sapphirin + Quarz gefunden. Diese Paragenese ist bei noch höheren Temperaturen als Sillimanit + Orthopyroxen stabil und wird in Gesteinen gefunden, in denen OH-haltige Minerale völlig fehlen, außer als retrograde Produkte. Bei Aufheizung kann sie durch folgende Reaktion gebildet werden:

Sillimanit + Orthopyroxen → Sapphirin + Quarz [3.19]

Normalerweise bildet sich die Paragenese Sapphirin + Quarz + Orthopyroxen. Dies ist vermutlich die höchstgradige Paragenese, die sich in regionalem Ausmaß in Metasedimenten bilden kann. Sie erfordert Temperaturen von wenigstens 850 °C (Droop & Bucher-Nurminen 1984) und bildet sich möglicherweise bei weit heißeren Bedingungen bis zu 1000 °C (Harley 1983).

3.6.2 Metamorphose von Peliten bei niedrigen Drücken

Pelitische Gesteine können über ein weites Temperaturspektrum bei niedrigeren Drücken als die Barrow-Zonen (d.h. näher an der Oberfläche) aufgeheizt werden, und zwar sowohl bei der Kontaktmetamorphose als auch bei der Regionalmetamorphose unter hohem Wärmefluß.

Die wesentlichen Unterschiede zur Barrow-Zonierung können wie folgt zusammengefaßt werden:

1. Disthen tritt nicht auf, aber Andalusit kann vorkommen.
2. Cordierit ist häufiger und bildet sich bei niedrigen Temperaturen.
3. Granat ist seltener oder nicht vorhanden, und auch Staurolith kann fehlen.
4. Migmatite bilden sich nicht bis zum zweiten Sillimanit-Isograd.

Eine Anzahl verschiedener Zonierungen wurde bei relativ niedrigen Drücken beschrieben, die mögliche Druck-Temperatur-Verhältnisse reflektieren. Abb. 3.7 zeigt schematisch einige Unterschiede, die durch Aufheizung bei unterschiedlichen Drücken bedingt sind.

In Abb. 3.7 a sind die Stabilitätsfelder der Alumosilikatpolymorphe zusammen mit den Kurven einiger Dehydratationsreaktionen und für den Schmelzbeginn eingetragen. Der Pfad der Barrow-Metamorphose (A-A') bewirkt eine alumosilikatproduzierende Reaktion mit Disthen als stabilem Polymorph und eine anschließende Reaktion zu Sillimanit. Nur etwas niedrigere Drücke sind notwendig für den Pfad B-B', der eine ähnliche Zonenabfolge wie die Barrow-Abfolge bedingt, die Disthenzone ausgenommen. Regionalmetamorphose diesen Typs wurde aus NW-Maine, USA, von GUIDOTTI (1974) beschrieben. Bei ziemlich niedrigen Drücken, entlang Pfad C-C', ist auffällig, daß sich die Paragenese der oberen Sillimanitzone Kalifeldspat + Sillimanit vor dem Schmelzbeginn bildet, so daß sich die zweite Sillimanit-Isograde bei niedrigeren Temperaturen als das erste Auftreten von Migmatiten entwickelt.

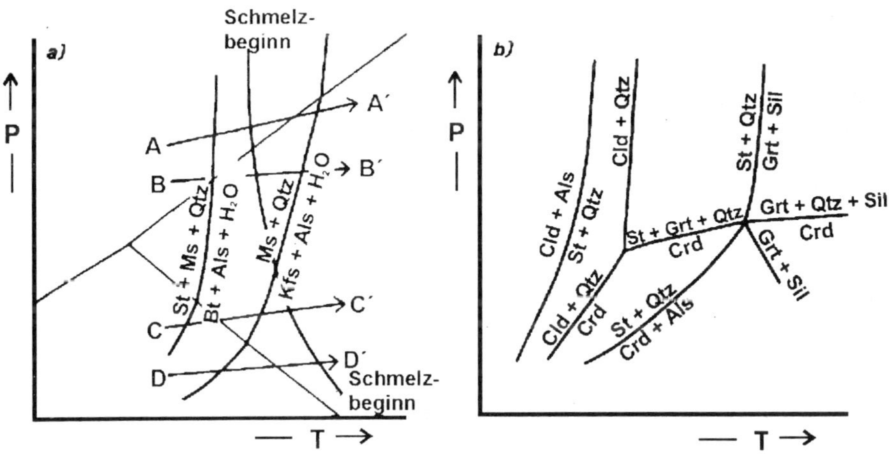

Abb. 3.7 Schematische P-T-Diagramme zur Darstellung des Effektes niedrigeren Druckes in Metapeliten. **a)** Die Beziehung zwischen Alumosilikatstabilitätsfeld, erstem Auftreten von Alumosilikat in normalen Metapeliten, Muskovitabbau und dem Beginn von Schmelzbildung. A-A' entspricht einer Aufheizung in der Barrow-Abfolge, B-B', C-C' und D-D' schneiden unterschiedliche Reihenfolgen von Reaktionen bei sukzessive niedrigeren Drücken. **b)** Darstellung der relativen Beziehungen zwischen Paragenesen mit Chloritoid, Staurolith, Granat, Cordierit und Alumosilikat als Funktion von Druck und Temperatur. Nach RICHARDSON (1968).

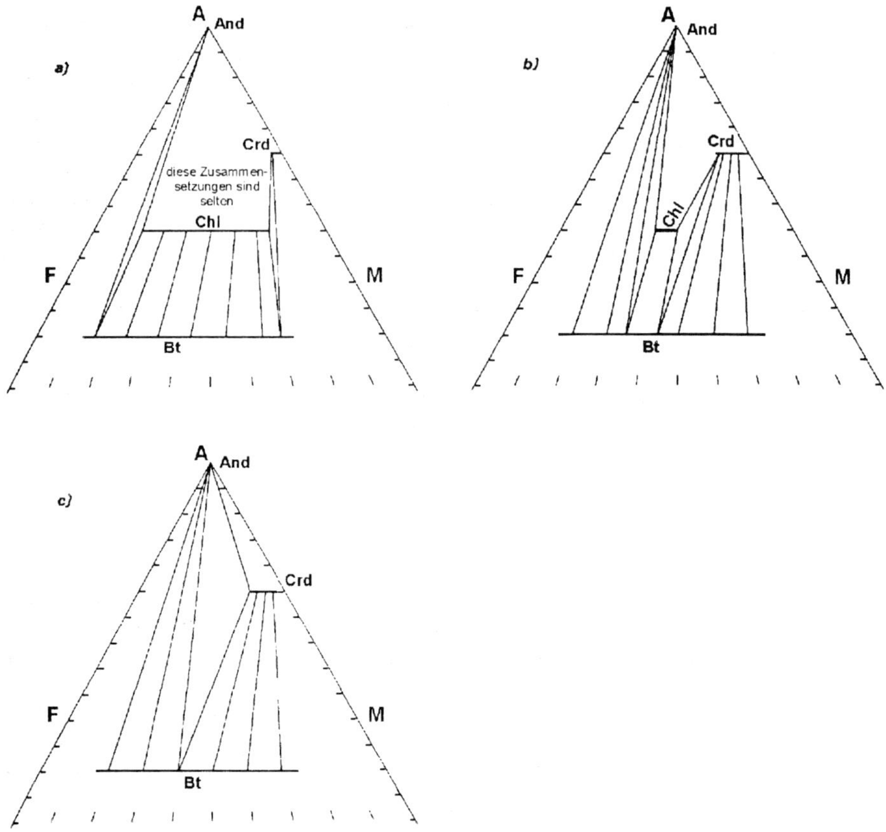

Abb. 3.8 AFM-Projektionen mit aufeinanderfolgenden Zonen bei Niedrigdruck-Metamorphose. Nach der Buchan D Zonenabfolge von HARTE & HUDSON (1979). **a)** Erstes Auftreten von Cordierit in Mg-reichen Gesteinen. **b)** Höhergradige Cordierit-Zone mit eingeschränkterem Chlorit-Feld, aber verbreiteterem Cordierit. **c)** Andalusit-Zone, charakterisiert durch koexistierenden Andalusit und Cordierit. Alle Paragenesen enthalten Muskovit und Quarz.

Obere Sillimanit-Zone

Eine obere Sillimanit-Zone mit der Paragenese Sillimanit + Cordierit + Biotit + Kalifeldspat + Quarz + Muskovit gibt es auch in dieser Abfolge, die offenbar auf Reaktion [3.12] zurückgeht.

3.6.3 Metamorphose von Metapeliten bei hohen Drücken

Bis vor kurzer Zeit gab es nur relativ wenige Untersuchungen zur Hochdruckmetamorphose von Peliten, und auch aus den vorhandenen Kenntnissen wurde gefolgert, daß ähnlich wie bei niedrigen Graden kein klares Zonenschema erkennbar sei. Jüngst wurde jedoch eine Reihe von charakteristischen Hochdruck-Niedrigtemperatur-Paragenesen erkannt, wenn auch ihre Identifizierung mit dem Polarisationsmikroskop häufig schwierig ist.

Die Frage nach der Zusammensetzung pelitischer Gesteine ist insbesondere wichtig bei der Hochdruckmetamorphose, weil viele Hochdruck-metamorphe Gürtel durch unreife Grauwacken charakterisiert sind, und echte Metapelite, wie sie zu Beginn dieses Kapitels behandelt wurden, sehr selten sind. Die meisten Hochdruckgürtel des zirkumpazifischen Raumes fallen in diese Kategorie. Dennoch sind Beispiele von HP-Metamorphose reifer Pelite besonders aus den französischen und italienischen Alpen, Griechenland und Indonesien bekannt. Hier treten Paragenesen auf, die von denen der meisten zirkumpazifischen Regionen unterschiedlich sind. Der Unterschied besteht im sehr niedrigen Ca-Gehalt der reifen Pelite. Wenn ausreichend Ca vorhanden ist, verbindet es sich mit Al zu Al-reichen Mineralen wie Plagioklas, Epidot und Lawsonit, und es kommt nicht zur Bildung von Fe-Mg-Al-Silikaten, wie sie für metamorphe Pelite typisch sind. In diesem Abschnitt wird zunächst die Hochdruckmetamorphose echter Pelite behandelt, aber dann werden auch Paragenesen in unreiferen Metapeliten diskutiert.

Die am besten bekannte Eigenschaft von Peliten in Hochdruck-Gebieten ist die Abwesenheit von Biotit und das alternative Auftreten von Phengit. Granat, Chloritoid, Disthen und Chlorit sind auch häufig (KOONS & THOMPSON 1985). Detaillierte Analyse zeigte, daß in einigen Fällen Chloritoid der Mg-Endglied-Zusammensetzung nahe kommt, während bei niedrigen und mittleren Drücken nur Fe-Chloritoid gefunden wird. Granat kann auch relativ reich an Mg sein. Weiterhin berichteten ABRAHAM & SCHREYER (1976) von Talk, der mit Phengit koexistierte. Es ist nahezu unmöglich, diese Paragenese optisch zu erkennen, aber sie wurde von CHOPIN (1981) in weiter Verbreitung in den Westalpen gefunden und als allein bei hohem Druck stabil erkannt. Ein tatsächliches Indexmineral für Niedrigtemperatur/Hochdruckmetamorphose scheint Mg-Fe-Karpholith zu sein. Sonst ist Karpholith als Mn-Mineral bei niedrigeren Drücken bekannt und zwar mit der Formel $(Mn,Mg,Fe^{2+})(Al,Fe^{3+})_2Si_2O_6(OH)_4$. Mn-arme Karpholite wurden in Peliten nur in Hochdruckgebieten gefunden. Karpholith kann als ein niedrigergradiges Äquivalent des Chloritoids angesehen werden, in das es bei Aufheizung durch folgende kontinuierliche Reaktion umgewandelt werden kann:

$$\text{Karpholith} \rightarrow \text{Chloritoid} + \text{Quarz} + H_2O \qquad [3.24]$$

CHOPIN & SCHREYER (1983) erkannten eine Abfolge von vier metamorphen Zonen in Hochdruckgesteinen und ihre Paragenesen sind in Abb. 3.9 projiziert aus Phengit + Quarz + H_2O dargestellt. Die niedrigstgradige Zone enthält Pyrophyllit mit Chlorit und manchmal Fe-Karpholith, wie in Abb. 3.9 a dargestellt. Bei etwas höheren Graden wird die Paragenese Fe-Chloritoid + Karpholith gefunden (Abb. 3.9 b) und Pyrophyllit kommt noch vor, obgleich er nicht mit Chlorit koexistiert. Dies ist ein wichtiger Unterschied zu Bereichen niedrigerer Drücke. Bei weiterer Aufheizung (Abb. 3.9 c, d) wird Pyrophyllit durch Disthen ersetzt und Chlorit baut kontinuierlich zu charakteristischem Mg-reichen Chloritoid und Granat ab. Dabei bildet sich Talk in einer großen Anzahl unterschiedlicher Metapelite durch Reaktionen wie:

$$\text{Fe-Chlorit} + \text{Quarz} \rightarrow \text{Granat} + \text{Talk} + H_2O \qquad [3.25]$$

$$\text{Fe-Mg-Chlorit} + \text{Quarz} \rightarrow \text{Fe-Mg-Chloritoid} + \text{Talk} + H_2O \qquad [3.26]$$

$$\text{Mg-Chlorit} + \text{Quarz} \rightarrow \text{Disthen} + \text{Talk} + H_2O \qquad [3.27]$$

Einige Hochtemperatur-Gesteine scheinen auch bei höheren Drücken als die eben beschriebenen Migmatite metamorphosiert worden zu sein, obgleich keine Beispiele beschrieben

Chemie, die kaum nennenswerte zusätzliche Komponenten enthalten (wie die Al_2SiO_5-Polymorphe), gibt es kaum Unterschiede zwischen den Stabilitätsfeldern natürlicher und synthetischer Paragenesen. Andererseits wurden die meisten Experimente mit FeMg-Mineralen in Fe- oder Mg-Endglieder-Systemen durchgeführt, so daß aufgrund einer fehlenden Komponente Reaktionen, die in der Natur kontinuierlich sind, im synthetischen System diskontinuierlich sind. In solchen Fällen zeigen die Experimente nur Grenzen der Stabilität natürlicher Paragenesen an, wenn nicht zusätzliche Berechnungen durchgeführt werden. Wenn aber Fe und Mg nicht stark zwischen Reaktanten und Produktphasen fraktioniert werden, wird der Unterschied zwischen den Gleichgewichtsbedingungen natürlicher und synthetischer Systeme relativ klein sein.

Abb. 3.11 stellt ein petrogenetisches Netz dar, das zusammengestellt wurde, um die ungefähren Stabilitätsgrenzen einiger Schlüsselparagenesen zu veranschaulichen, die in diesem Kapitel diskutiert wurden. Es liegt auf der Hand, daß relativ wenige Druckindikatoren unter allen aufgezeigten Reaktionen existieren, aber eine Anzahl guter Temperaturanzeiger.

Die Stabilität der Al_2SiO_5-Minerale ist offenbar von großer Bedeutung für die Abschätzung der Metamorphosetiefen, aber leider nur recht grob. Die Grenzen des Disthenstabilitätsfeldes sind ziemlich genau bekannt, da zwischen den unterschiedlichen Untersuchungen eine gute Übereinstimmung herrscht. Die Lage der Andalusit-Sillimanit-Phasengrenze ist aber weniger sicher und zwischen den experimentellen Untersuchungen von RICHARDSON, GILBERT & BELL (1969) und HOLDAWAY (1971) wie mit früheren Untersuchungen herrscht eine große Diskrepanz (Abb. 3.12).

SALJE (1986) zeigte auf, daß ein ausreichender Unterschied in der freien Energie zwischen prismatischem und fibrolitischem Sillimanit existiert, der die unterschiedliche Lage der Andalusit-Sillimanit-Grenze erklärt. Prismatischer Sillimanit wurde von HOLDAWAY gebraucht, der ein größeres Stabilitätsfeld hat als der feingemahlene Fibrolith, der in den Experimenten von RICHARDSON et al. (1969) benutzt wurde (Abb. 3.12). Auch dies mag nicht das letzte Wort zum Thema sein, da in der Natur Fibrolith in einem größeren PT-Feld aufzutreten scheint als prismatischer Sillimanit und nicht in einem schmaleren Feld wie in Abb. 3.12. Möglicherweise ist das charakteristische Wachstum natürlichen Fibrolithes in bevorzugter Orientierung auf bestimmten Substraten dafür verantwortlich, daß das Stabilitätsfeld des Fibrolithes gegenüber prismatischem Sillimanit erweitert wird, aber auch kinetische Faktoren könnten das Fibrolithwachstum fördern.

Ein weiterer Druckindikator für Pelite der Disthen-Zone ist durch die Art der vorhandenen Ti-Oxid-Phase gegeben. Die Gleichgewichtskurve für:

$$\text{Almandin} + \text{Rutil} \rightarrow \text{Ilmenit} + \text{Disthen} + \text{Quarz} \qquad [3.28]$$

liegt innerhalb des Disthenstabilitätsfeldes (BOHLEN, WALL & BOETTCHER 1983 a) und trennt Disthen-Granat-Schiefer mit Rutil von Niedrigdruckäquivalenten mit Ilmenit. Dies ist ein besonders nützlicher Druckanzeiger, weil die Endglieder bei der Reaktion [3.28] Hauptbestandteile der Minerale in der Natur sind, so daß die Gleichgewichtsbedingungen für die natürlichen Gesteine denen im Experiment nahe kommen.

Aus Abb. 3.11 wird deutlich, daß Staurolith ein guter Anzeiger metamorpher Temperaturen ist, da er nur in einem kleinen Temperaturintervall stabil ist, das kaum mit dem Druck variiert. Eine andere gutbekannte Reaktion ist die Muskovitabbaureaktion (Reaktion [3.12]), die die zweite Sillimanit-Isograde verursacht. Andererseits sind viele andere Gleichgewichte ausgesprochen kontinuierlich, und man kann die Bildungsbedingungen der entsprechenden Gesteine unmöglich ohne genaue Mineralanalysen abschätzen, außer in sehr grobem Rahmen.

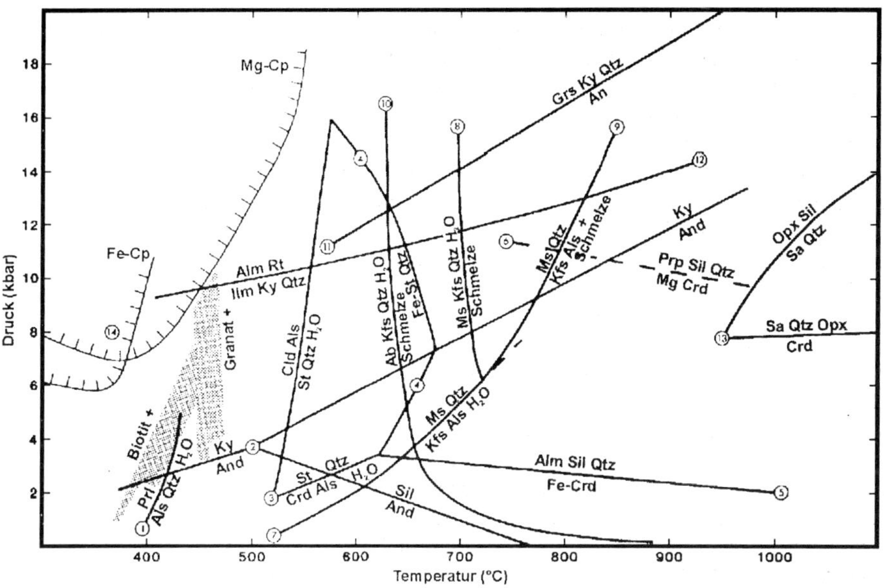

Abb. 3.11 Petrogenetisches Netz für metapelitische Metasedimente mit P = P_{H_2O} (außer Kurve 9). Abkürzungen bedeuten: Ab = Albit; Alm = Almandin; Als = Alumosilikat; An = Anorthit; And = Andalusit; Bt = Biotit; Crd = Cordierit; Cp = Karpholith; Cld = Chloritoid; Grs = Grossular; Grt = Granat; Ilm = Ilmenit; Kf = Kalifeldspat; Ky = Disthen (Kyanit); Ms = Muskovit; Opx = Orthopyroxen; Prp = Pyrop; Prl = Pyrophyllit; Qtz = Quarz; Rt = Rutil; Sa = Sapphirin; Sil = Sillimanit; St = Staurolith. Datenquellen für die Kurven sind folgende: (1) KERRICK (1968); (2) HOLDAWAY (1971) (vgl. auch Abb. 3.12); (3) untere PT-Grenzen von Fe-Staurolith + Quarz an Daten von RICHARDSON (1968) und RAO & JOHANNES (1979) angepaßt; (4) YARDLEY (1981 b) zusammengestellt aus RICHARDSON (1968), GANGULY (1972) und RAO & JOHANNES (1979); (5) und (6) HOLDAWAY & LEE (1977); (7) CHATTERJEE & JOHANNES (1974); (8) & (9) THOMPSON (1982) (berechnet; Kurve 9 gilt für H_2O-abwesende Bedingungen); (10) LUTH, JAHNS & TUTTLE (1964); (11) GOLDSMITH (1980); (12) BOLDEN, WALL & BOETTCHER (1983 a); (13) Grenzen von Sapphirin + Quarz im Mg-Endglieder-System, GREW (1980); (14) angenommene Grenzen für Karpholith aus CHOPIN & SCHREYER (1983). Gerasterte Bänder geben die ungefähren Bedingungen der Biotit- und Granat-Isograden wieder. Gestrichelte Linien sind metastabil. Experimentelle Unsicherheiten sind weitaus größer als die Dicke der gezeichneten Linien.

CARMICHAEL (1978) legte ein einfaches Modell zur ungefähren Abschätzung von PT-Bildungsbedingungen pelitischer Gesteine vor, das auf dem Überschneiden der Al_2SiO_5-Phasengrenzen mit den Reaktionskurven [3.8] und [3.12] beruht. Sein Schema hebt insbesondere den Druckbereich hervor, in dem Aufheizung erfolgte und unterscheidet sechs Tiefenzonen mit jeweils steigenden Drücken:

Zone 1: Andalusit koexistiert mit Kalifeldspat nach Muskovitabbau im Andalusitstabilitätsfeld (P > 2,2 kbar).

Zone 2: Sillimanit wird an der zweiten Sillimanitisograde gebildet, aber Andalusit kann vorher durch Reaktion [3.8] (P = 2,2-3,5 kbar) gebildet werden.

Zone 3: Sillimanit wird durch die Reaktionen [3.8] und [3.12] gebildet. Bei niedrigeren Graden (in Gängen oder Gesteinen ungewöhnlicher Zusammensetzung) wird die anwesende Al_2SiO_5-Phase Andalusit sein (P = 3,5-3,8 kbar).

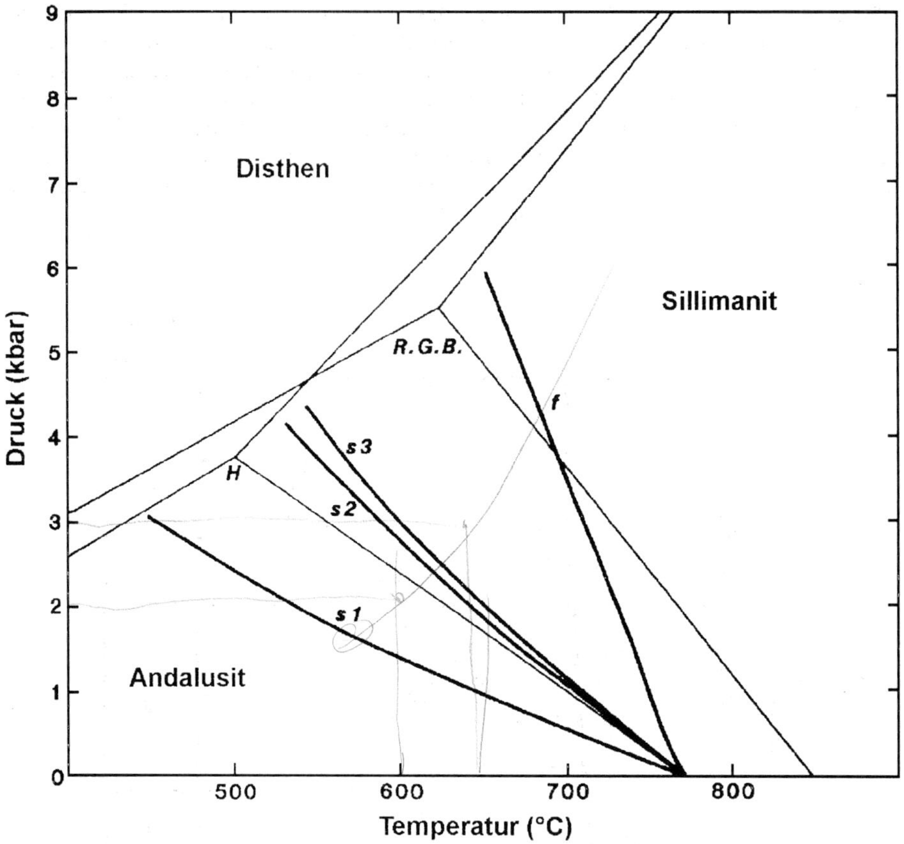

Abb. 3.12 P-T-Diagramm zur Darstellung der möglichen Stabilitätsfelder der Al_2SiO_5-Polymorphe. Dünne Linien sind experimentelle Bestimmungen von RICHARDSON, GILBERT & BELL (1969) (RGB), die Fibrolith benutzten, und von HOLDAWAY (1971) (H), der grobprismatischen Sillimanit benutzte. Fette Linien sind Andalusit-Sillimanit-Grenzen, die von SALJE (1986) für bestimmte natürliche Sillimanite berechnet wurden. Kurve f steht für Fibrolith-Andalusit, s1, s2 und s3 für das Gleichgewicht zwischen Andalusit und bestimmten natürlichen prismatischen Sillimaniten. SALJEs Kurven sind so ausgelegt, daß sie die Gleichgewichtstemperaturen bei 1 atm von HOLDAWAY treffen. Man beachte, daß SALJEs Resultate die Diskrepanz zwischen den experimentellen Arbeiten berücksichtigen, aber nicht erklären, warum das Stabilitätsfeld von Fibrolith offenbar größer als das des prismatischen Sillimanits in der Natur ist.

Zone 4: Ähnlich Zone 3, außer daß jede frühgebildete Al_2SiO_5-Phase Disthen ist (P = 3,8-5,5 kbar).

Zone 5: Disthen wird durch Reaktion [3.8] gebildet, aber Sillimanit ist die stabile Phase bei der Temperatur, bei der Muskovit abbaut (P = 5,5-7,1 kbar).

Zone 6: Disthen ist neben Kalifeldspat stabil, wenn Reaktion [3.12] im Disthenstabilitätsfeld stattfindet (P > 7.1 kbar).

Diese Zonen sind in Abb. 3.13 dargestellt. Die offenbar sehr genauen Drücke für die Zonengrenzen sollten nicht zu ernst genommen werden. Es werden keine Fehler im Al_2SiO_5-

Phasendiagramm oder bei anderen Gleichgewichtskurven angenommen (eine höchst fragliche Annahme) und es wird die Tatsache vernachlässigt, daß die Reaktionen [3.8] und [3.12] in natürlichen Gesteinen kontinuierlich sind. Dennoch bietet CARMICHAELS Schema eine höchst elegante und einfache Möglichkeit, Gebiete zu unterscheiden, die bei verschiedenen Drücken metamorphosiert wurden, und zwar nur durch Beobachtungen im Dünnschliff. Es bleibt anzumerken, daß Pelitreaktionen keine guten Abschätzungen von Grenzen bei höheren Drücken während der Metamorphose liefern; hierzu sollte man besser basische Gesteine heranziehen, wie sie in Kap. 4 beschrieben werden.

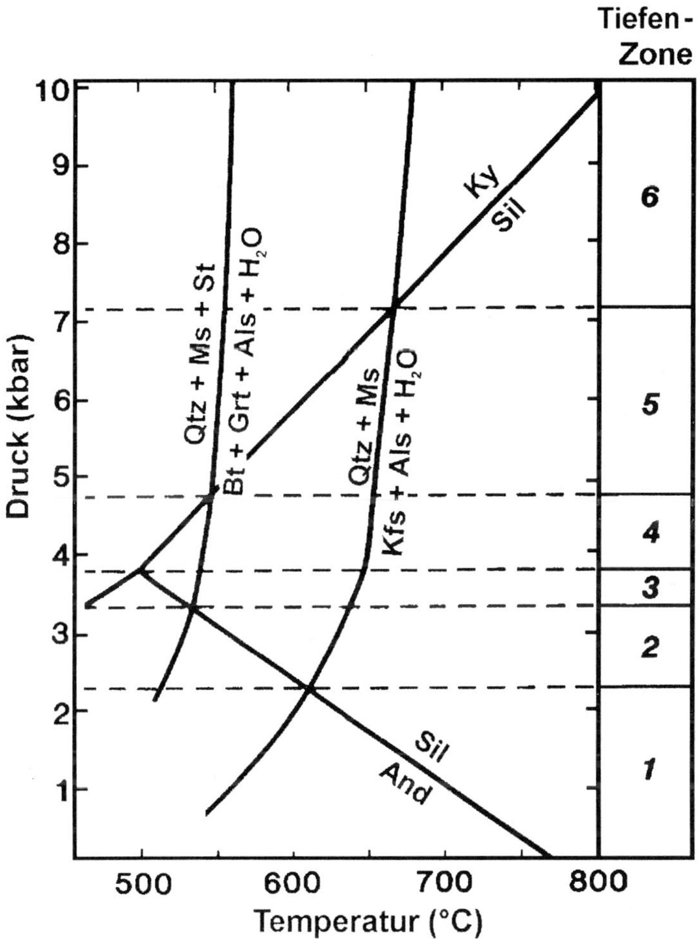

Abb. 3.13 Petrogenetisches Netz für metapelitische Gesteine, unterteilt in Tiefenzonen nach dem Schema von CARMICHAEL (1978). Man beachte, daß, obwohl die dargestellten Kurven nicht mit den besser bestimmten in Abb. 3.11 übereinstimmen, dies vermutlich einen sehr geringen Einfluß auf die Drücke der einzelnen Zonen hat, außer die untere Druckgrenze der Tiefenzone 6 zu erhöhen.

3.7.2 Geothermometer und Geobarometer für Metapelite

Viele Reaktionen, die über einen großen Bereich von Bildungsbedingungen ablaufen, wurden herangezogen, um kontinuierliche Änderungen von Temperatur und Druck bei der Metamorphose nachzuvollziehen, im Gegensatz zu eher begrenzter Information aus dem petrogenetischen Netz. Solche Geothermometer und Geobarometer können (a) empirisch kalibriert sein, indem die Zusammensetzungen koexistierender Phasen in Gesteinen bestimmt werden, deren PT-Bildungsbedingungen unabhängig bekannt sind (z.B. THOMPSON 1976; PERCHUK, PODLESSKII & ARANOVICH 1981) oder (b) sie sind experimentell kalibriert (z.B. FERRY & SPEAR 1978; NEWTON 1983).

Das am meisten angewendete Geothermometer für Metapelite ist die Granat-Biotit-Kationenaustauschreaktion, die in Kap. 2 besprochen wurde. Bei relativ niedrigen Graden kann der Muskovit-Paragonit-Solvus ein nützlicher Temperaturindikator sein (EUGSTER et al. 1972). Auch die Fraktionierung von Mn zwischen Ilmenit und Granat ist vielversprechend (POWNCEBY, WALL & O'NEILL 1987). Zusätzlich wurden in vielen Untersuchungen genaue Berechnungen auf der Basis des Abbaus von Muskovit oder Staurolith vorgenommen (Reaktionen [3.12] und [3.11]), wobei sie als kontinuierliche Reaktionen anstelle fester Kurven im petrogenetischen Netz behandelt wurden.

Der Abbau von Anorthit zu Grossular + Alumosilikat + Quarz (Kap. 2) ist eines der verbreitesten Geobarometer für Metapelite (NEWTON & HASLETON 1981). Da jedoch Anorthit und Grossular gewöhnlich sehr geringe Komponenten in Plagioklas und Granat in pelitischen Gesteinen darstellen, hängen die Resultate in empfindlicher Weise vom den jeweils für diese Phasen benutzten Aktivitätsmodellen ab. Bei hohen Graden ist das Gleichgewicht

$$\text{Quarz + Granat + Sillimanit} \rightarrow \text{Cordierit} \quad [3.29]$$

in ausgeprägter Weise druckempfindlich. NEWTON (1983) faßt verschiedene Ansätze für diese Geobarometer zusammen. Das Hauptproblem liegt jedoch beim Einfluß einer unabhängigen Variation von P_{H_2O}, da Cordierite erhebliche Mengen Wasser enthalten können. MARTIGNOLE & SISI (1981) erhielten eine brauchbare Kalibrierung. Viele neuere Untersuchungen behandelten Reaktion [3.28] als kontinuierliche Reaktion mit Gleichgewicht zwischen Granat, Disthen, Rutil, Ilmenit und Quarz, um eine genaue Druckabschätzung zu erreichen. Jedoch sind Gesteine, in denen Ilmenit und Rutil im Gleichgewicht koexistieren, nicht besonders häufig. Wahrscheinlich werden andere TiO_2-Phasen wie Anatas, ein Alterationsprodukt eines späten Stadiums, manchmal als Rutil fehlinterpretiert.

4 Metamorphose basischer Magmatite

Ehemalige Vulkanite, Plutonite und vulkanogene Sedimente werden häufig in metamorphen Abfolgen gefunden. In vielen orogenen Gürteln herrschen basische Magmatite gegenüber Tuffen und Grauwacken intermediärer Zusammensetzung anderswo vor. Dieses Kapitel wird vor allem Gesteine basischer Zusammensetzung, also Metabasite, behandeln; Mineralparagenesen in intermediären Metavulkaniten sind jedoch oft sehr ähnlich.

In einem weiten Bereich metamorpher Bedingungen treten in Metabasiten vor allem Amphibole auf, sie sind also **Amphibolite**. Amphibolite können sich allerdings auch aus Mergeln bilden, d.h. aus einer Mischung von Ton und Karbonaten, oder aber durch Metasomatose bei Wechselwirkungen zwischen Sedimentlagen gegensätzlicher Zusammensetzung bei der Metamorphose (ORVILLE 1969). Das Problem der Unterscheidung zwischen ehemals magmatischen **Orthoamphiboliten** und ehemals sedimentären **Paraamphiboliten** wurde in der Vergangenheit ausführlich diskutiert. So zeigte LEAKE (1964), daß zwar die chemische Zusammensetzung individueller Proben keine zweifelsfreie Zuordnung ihrer Herkunft anzeigt, jedoch die chemischen Trends einer Analysengruppe aus einer Amphiboliteinheit in chemischen Variationsdiagrammen durchaus eine Unterscheidung zwischen Gesteinen sedimentärer und magmatischer Herkunft erlauben.

Die basischen Gesteine zeigen gegenüber den pelitischen Metasedimenten zwei bedeutende Unterschiede bei ihrer Metamorphose. Erstens besteht die ursprüngliche magmatische Paragenese vor allem aus OH-freien Mineralen, die bei hohen Temperaturen stabil sind, ganz im Gegensatz zu Ton. Daher wird die erste Umwandlung bei der Versenkung und Aufheizung von Magmatiten innerhalb sedimentärer Abfolgen vor allem die Bildung von OH-haltigen Mineralen sein, die bei niedrigen Temperaturen stabil sind. Das Ausmaß solcher retrograder Reaktion hängt von der Wassermenge ab, die durchströmen kann. Während in permeablen Tuffen kaum ursprüngliche Minerale erhalten sind, können benachbarte massive Lavaergüsse und Gänge noch viele Relikte magmatischer Minerale und Gefüge aufweisen. Deformation erleichtert ebenfalls die Zufuhr von Wasser.

Ein zweiter Gegensatz zu den Metapeliten betrifft die Art der Mineralparagenesen und Reaktionen. Metabasite enthalten in der Regel eine relativ kleine Anzahl von Mineralen, viele davon sind umfangreiche Mischkristallbildungen. Auch Isograde können seltener im Gelände kartiert werden. Die meisten Reaktionen sind kontinuierlich und die Mineralzusammensetzungen ändern sich fortlaufend über weite Druck- und Temperaturbereiche. Nur bei sehr niedrigen Metamorphosegraden gibt es signifikante Änderungen des Mineralbestandes über ausreichend enge Temperaturintervalle, so daß Zonen definiert werden können, die mit denen der Pelitzonen vergleichbar sind. Die mangelnde Variation des Mineralbestandes erschwerte zunächst lange Zeit die Untersuchung von Metabasiten. Jedoch ermöglichte die Entwicklung der Mikrosondentechnik mit schnellen Mineralanalysen im Dünnschliff, eine fortschreitende chemische Variationen von Mischkristallzusammensetzungen zu erkennen, die aus einer großen Anzahl von Proben über eine breite Abfolge metamorpher Grade stammten. Die bedeutendste Mineralgruppe mit extensiver Mischkristallbildung sind Amphibole, die in Metabasiten aller Grade mit Ausnahme der allerniedrigsten häufig sind. LAIRD & ALBEE (1981) belegten die Variation der Amphibolchemie verschiedener Metamorphosegrade in vielen unterschiedlichen Gebieten.

4.1 Die Faziesklassifikation

Die Mineralparagenesen der Metabasite sind weniger empfindich gegenüber Änderungen von Druck und Temperatur als die der Metapelite, außer bei sehr niedrigen Metamorphosegraden. Die Zonen, die sie definieren, repräsentieren folglich ein breiteres Spektrum möglicher Bildungsbedingungen. In dieser Hinsicht sind Metabasite weniger brauchbar als Metamorphoseanzeiger als Metapelite, aber andererseits sind „richtige" Pelite in vielen metamorphen Gebieten auch nicht besonders häufig. Spezielle Zonen, die in Metapeliten identifiziert wurden, können auch selten exakt durch andere Gesteinstypen verfolgt werden. Metabasite werden jedoch in den meisten metamorphen Gürteln gefunden, und Zonen, die in anderen Gesteinstypen identifiziert wurden, können mit Metabasitzonen korreliert werden. Aus diesem Grunde schuf ESKOLA sein Konzept der metamorphen Fazies (in Kap. 2 eingeführt) auf der Basis von Metabasitparagenesen.

4.1.1 Änderungen im Mineralbestand, die eine Fazies definieren

Die wesentlichen Änderungen im Mineralbestand können folgendermaßen eingeteilt werden:

1. *Änderungen der Amphibolzusammensetzung*

Grob gesagt werden die Niedrigtemperaturfaziestypen durch Aktinolith charakterisiert. Hornblende erscheint dagegen bei höheren Temperaturen und Glaukophan bei höheren Drücken. Obwohl einige intermediäre Amphibolzusammensetzungen gefunden werden, sind doch die Sprünge zwischen diesen drei Haupttypen oft recht abrupt. Ausführlich wurde darüber diskutiert, bis zu welchem Grade dies auf Mischungslücken in den Amphibolmischkristallreihen zurückführbar ist (Zusammenfassung durch ROBINSON et al. 1982).

Der Grund für die Annahme, daß Aktinolith und Hornblende wenigstens unter Bedingungen der Grünschieferfazies nicht mischbar sind, ist die Häufigkeit, mit der sie im gleichen Gestein als separate Phasen auftreten. Andererseits zeigen die meisten Gefüge in Gesteinen mit beiden Ca-Amphibolen an, daß jeweils der eine auf Kosten des anderen gewachsen ist. Weiterhin wurden niemals Entmischungen von Aktinolith in Hornblende oder umgekehrt gefunden. ROBINSON et al. (1982) schließen daraus, daß wahrscheinlich ein Solvus zwischen Aktinolith und Hornblende unter Bedingungen der Grünschieferfazies existiert, obwohl eine kontinuierliche Abfolge von Zusammensetzungen bei höheren Graden oberhalb etwa 600 °C zu existieren scheint (MISCH & RICE 1975). Die Schwierigkeit zur Lösung des Problems liegt teilweise in der relativ konstanten Zusammensetzung metabasischer Gesteine, teilweise in einer möglichen Korrelation der Weite der Solvuslücke (im Sinne einer $Al^{IV} \leftrightarrow Si_{-1}$-Substitution) mit anderen Variablen wie X_{Mg}. Sie beruht auch teilweise auf der Tatsache, daß viele Vorkommen von koexistierendem Aktinolith und Hornblende deutliche Ungleichgewichtsgefüge zeigen.

Die häufigen Verdrängungsgefüge sind auch ein Problem bei der Untersuchung von Nichtmischbarkeit zwischen Na- und Ca-Amphibolen. Auch hier legen viele Hinweisen nahe, daß eine Mischungslücke existiert. Jedoch scheint der Solvus stark asymmetrisch zu sein, da Glaukophan in Koexistenz mit einem Ca-Amphibol niemals nennenswerte Ca-Substitution zeigt, während Ca-Amphibole durchaus erhebliche Na-Gehalte aufweisen können (Barroisit, intermediär zwischen Hornblende und Glaukophan, ist in Hochdruckgesteinen nicht selten).

Neben den häufigeren Ca- oder Na-haltigen monoklinen Amphibolen werden Ca-arme Amphibole (Cummingtonit und die orthorhombischen Amphibole Anthophyllit und Gedrit) auch in einigen Metabasiten gefunden, insbesondere bei niedrigen Drücken.

2. *Bildung von Pyroxen unter extremen Bedingungen*

Sowohl Klinopyroxen (Diopsid-Augit) als auch Orthopyroxen (typischerweise ein pleochroitischer Hypersthen) können bei sehr hohen Temperaturen entstehen und sind charakteristisch für die **Granulitfazies**. Bei hohen Drücken und niedrigen Temperaturen wird Albit durch einen Jadeit-reichen Klinopyroxen ersetzt, während bei hohen Drücken und Temperaturen in der **Eklogitfazies** ein omphazitischer Pyroxen, intermediär zwischen Jadeit und Diopsid, gefunden wird.

3. *Änderungen der Feldspatzusammensetzung*

Albit tritt bei niedrigen Temperaturen auf, wird aber bei höheren Temperaturen durch einen intermediären Plagioklas ersetzt, wie in Kap. 3 schon für die Metapelite beschrieben wurde. Mit steigender Temperatur nehmen die Anorthitgehalte tendenziell zu. Bei sehr hohen Drücken existiert Plagioklas überhaupt nicht.

4. *Bildung OH-haltiger Ca-Al-Silikate bei niedrigen Graden*

Zeolithe, Prehnit und Pumpellyit sind charakteristisch für sehr niedriggradige Metamorphose, während Lawsonit hohe Drücke und niedrige bis mittlere Temperaturen erfordert. Jedoch sind Epidotminerale über einen weiten P-T-Bereich stabil, wenn sie auch bei hohen Temperaturen fortschreitend durch Plagioklas ersetzt werden.

Orthorhombischer Zoisit und monokliner Klinozoisit treten in Metabasiten auf. Zwischen Klinozoisit ($Ca_2Al_3Si_3O_{12}OH$) und Epidot ($Ca_2AlFe^{3+}{}_2Si_3O_{12}OH$) existiert eine kontinuierliche Mischbarkeit. Zoisit und Klinozoisit sind Polymorphe und könnten wie im Fall der Alumosilikat-Polymorphe bestimmte P-T-Bedingungen anzeigen. Dies ist leider nicht der Fall. Klinozoisit zeigt ausgeprägte Mischbarkeit durch Ersatz von Al durch Fe^{3+}, während Zoisit nur geringe Mengen an Fe aufnimmt. Das gegensätzliche Verhalten dieser zusätzlichen Komponente erlaubt das Auftreten von Klinozoisit-Epidot in Fe-reichen Gesteinen über einen weiten Bereich von Bedingungen, unter dem Zoisit auch stabil ist. Tatsächlich können beide zusammen auftreten. Lange Zeit war unklar, welches das Hochtemperaturpolymorph ist. Die Arbeit von JENKINS, NEWTON & GOLDSMITH (1984) zeigte jedoch, daß unter Fe-freien Bedingungen Zoisit die höhere Entropie hat und daher die Hochtemperaturform darstellt. In Metamorphiten basaltischer Zusammensetzung sind üblicherweise Zoisit und Fe-armer Klinozoisit für relativ hohe Drücke und Temperaturen typisch, während Epidot bei niedrigen Graden verbreitet ist.

5. *Vorhandensein von Granat*

Granat zeigt mittlere bis hohe Drücke an und tritt nicht in Metabasiten unter Niedrigdruckbedingungen, etwa in den meisten thermischen Aureolen, auf.

4.1.2 Charakteristika der metamorphen Fazies

Das Schema der metamorphen Fazies, wie in diesem Buch übernommen, wurde in Abb. 2.8 dargestellt. Es basiert auf dem von TURNER (1981), allerdings werden weniger Unterteilungen bei niedrigen Graden gemacht. Die **Prehnit-Pumpellyit-Fazies** dieses Buches schließt die Prehnit-Pumpellyit-, Pumpellyit-Aktinolith und die Lawsonit-Albit-Fazies anderer Autoren ein. Der Grund dafür ist, daß diese niedriggradigen Änderungen bei den Metabasiten eine Reihe von Zonen definieren, die jeweils nur einen engen PT-Bereich repräsentieren, so wie die hochgradigen Metapelitzonen. Solche Zonen verdienen nicht wirklich den Status einer Fazies, weil sie nicht in anderen Gesteinstypen erkannt werden können. Weil jedoch andere metamorphe Fazies mit Mineralzonen in Metabasiten gleichgesetzt wurden, haben viele Autoren jede Metabasitzone zu einer separaten Fazies gemacht. Die kritischen Paragenesen jeder Fazies sind in Tabelle 4.1. aufgelistet.

4.2 Metamorphose von Metabasiten bei niedrigen Graden: Die Zeolith- und die Pumpellyit-Prehnit-Fazies

4.2.1 Zeolith-Fazies

Noch bis vor kurzem wurde die Hydratation und Alteration von Magmatiten bei niedrigen Temperaturen als ein unglücklicher Umstand angesehen, der die Arbeit der magmatischen Petrologen behinderte, und nicht als ein Zweig der metamorphen Petrologie. In den fünfziger Jahren zeigte D.S. COOMBS als erster, daß durchaus systematische metamorphe Zonierungsmuster in solchen Gesteinen vorhanden sind. Auf der Grundlage seiner Arbeit definierten FYFE, TURNER & VERHOOGEN (1958) eine Zeolith-Fazies. COOMBS ursprüngliche Ergebnisse aus dem südlichen Neuseeland werden mit Vergleichen zu anderen Gebieten in COOMBS et al. (1959) zusammengefaßt.

Das Typusgebiet der Zeolith-Fazies sind die Taringatura Hills von Southland, Neuseeland (Abb. 4.1 und 4.2 a). Die Gesteine sind hier vorwiegend vulkanogene Grauwacken und Tuffe. Sie sind daher besonders empfindlich für Metamorphose, weil sie instabile Glasscherben neben den magmatischen Hochtemperatur-Mineralen enthalten und daneben noch die Porosität und Permeabilität von Sandsteinen besitzen. In den Taringatura Hills ist das vulkanische Material von andesitischer, dazitischer und sogar rhyolitischer Zusammensetzung und daher eigentlich nicht basisch. Jedoch zeigt die spätere Bearbeitung des benachbarten Otama-Komplexes mit basischen Gesteinen, daß die Umwandlungen in basischen und intermediären Gesteinen weitgehend identisch sind, außer daß die spezielle Art der gebildeten Zeolithminerale unterschiedlich ist. Das Profil in den Taringatura Hills umfaßt 10 km triassischer Grauwacken, von denen weitere 3-5 km an überlagernden Sedimenten aberodiert worden sein können. Die Gesteine sind nicht stark deformiert worden. Daher hängt die Abfolge fortschreitender Änderungen des Mineralbestandes einfach von der Versenkungstiefe ab. COOMBS bildete den Ausdruck „Versenkungsmetamorphose" für diese Art von Metamorphose, die regionales Ausmaß besitzt, aber keinen Zusammenhang mit orogener Deformation hat.

Änderungen des Mineralbestandes in der Abfolge der Taringatura Hills ist in Abb. 4.2 a dargestellt. Im oberen Teil der Abfolge wurde vulkanisches Glas in den Zeolith Heulandit umgewandelt und seltener zu Analcim neben etwas sekundärem Quarz und feinkörnigen Phyllosilikaten (vor allem Montmorillonit oder Seladonit). Die kristallinen magmatischen Phasen blieben jedoch mehr oder weniger unverändert erhalten.

Tabelle 4.1 Mineralparagenesen der metamorphen Fazies

Fazies	Metabasite	Metapelite (mit Quarz)
Zeolithe	Laumonit (besonders typisch), Analcim, Heulandit, Wairakit; unvollständig reagierte Relikte weit verbreitet	Tonminerale mit Wechsellagerung
Albit-Epidot-Hornfels	Albit + Epidot + Aktinolith + Chlorit Aktinolith + Oligoklas	Muskovit + Biotit + Chlorit
Hornblende-Hornfels	Hornblende + Plagioklas ± Cummingtonit	Cordierit + Chlorit + Biotit + Muskovit Andalusit + Biotit + Muskovit Cordierit + Andalusit + Muskovit (Zone höherer Temperatur)
Pyroxen-Hornfels	Klinopyroxen + Orthopyroxen + Plagioklas ± Olivin ± Hornblende	Cordierit + Andalusit + Kalifeldspat
Sanidinit	nicht gut ausgebildet	Korund + Magnetit + Anorthit (kein Quarz), Glas
Prehnit-Pumpellyit	Prehnit + Pumpellyit ± Chlorit ± Albit ± Epidot (Zone niedriger Temperatur) Pumpellyit + Aktinolith (Zone höherer Temperatur) Lawsonit + Albit (Zone höheren Drucks)	Illit/Muskovit + Chlorit + Albit + Quarz Stilpnomelan, Pyrophyllit
Grünschiefer	Aktinolith + Epidot ± Albit ± Chlorit ± Stilpnomelan (Zone niedriger Temperatur) Hornblende ± Aktinolith + Albit + Chlorit + Epidot ± Granat (Zone höherer Temperatur)	Chlorit + Muskovit + Albit (Tiefsttemperaturzone) Chlorit + Muskovit + Biotit + Albit Granat + Chlorit + Muskovit + Biotit + Albit (Höchsttemperaturzone) Chloritoid, Paragonit + Muskovit + Albit
Amphibolit	Hornblende + Plagioklas ± Epidot ± Granat	Staurolith, Disthen *oder* Sillimanit + Muskovit (Zone tieferer Temperatur) Sillimanit + Kalifeldspat ± Muskovit + Cordierit *oder* Granat Sillimanit + Granat + Cordierit, *kein* Kalifeldspat (Zone höherer Temperatur)
Granulit	Orthopyroxen + Klinopyroxen + Plagioklas ± Olivin ± Hornblende (Tiefdruck) Granat + Klinopyroxen + Orthopyroxen + Plagioklas ± Hornblende (mittlerer Druck) Granat + Klinopyroxen + Quarz + Plagioklas ± Hornblende (Hochdruck)	Cordierit + Granat + Kalifeldspat + Sillimanit (gemäßigter Druck) Disthen + Kalifeldspat (Hochdruck) Hypersthen, Sapphirin + Quarz (Hochtemperatur)
Blauschiefer	Glaukophan + Lawsonit	Phengit + Chlorit *oder* Talk + Granat, *kein* Biotit Mg-Chloritoid, Karpholith
Eklogit	Omphazit + Granat, *kein* Plagioklas, *kein* Lawsonit	Talk + Disthen ± Granat ± Phengit

Mit zunehmender Tiefe wird eine zweite Zone erreicht, in der die ursprünglich basischen Plagioklase von Pseudomorphosen von Albit und ursprüngliche Zeolithe durch Laumontit ersetzt sind. Chlorit tritt auch in dieser Zone auf, daneben Adular in Pseudomophosen nach Analcim.

In der dritten und höchstgradigen Zone werden Zeolithe selten und Laumontit wird von den OH-haltigen Ca-Al-Silikaten Prehnit und Pumpellyit ersetzt. Daneben tritt auch Epidot auf.

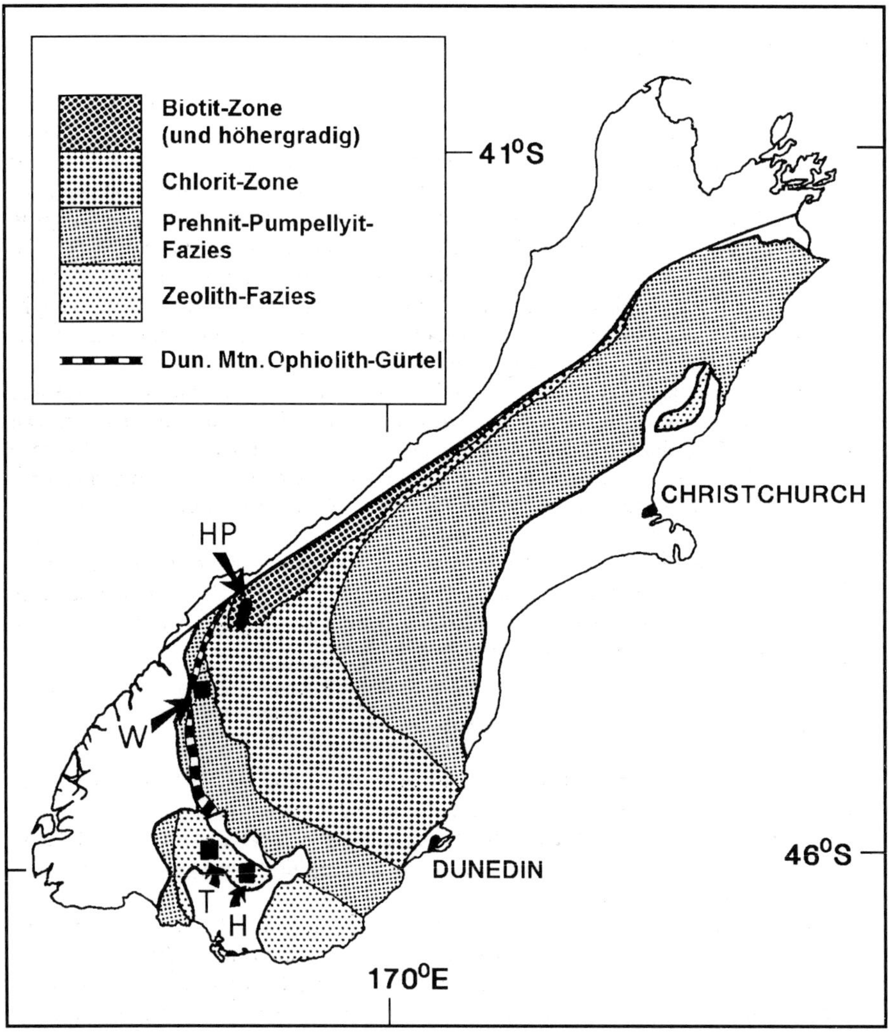

Abb. 4.1 Karte der metamorphen Zonierung im Wakatipu-Gürtel, Südinsel von Neuseeland, zusammengestellt nach LANDIS & COOMBS (1967) und dem New Zealand Geological Survey (1972). Im Text erwähnte Orte sind: H Hokonui Hills; HP Haast Pass; T Taringatura Hills; W Oberer Wakatipu-Bezirk.

Der hauptsächliche Unterschied in den basischen Gesteinen des nahegelegenen Otama-Komplexes ist Thomsonit als dominierendes Zeolithmineral.

In einer späteren Untersuchung der Zeolith-faziellen Metamorphose in den Hokonui Hills (Abb. 4.1) – in streichender Verlängerung von COOMBS Typusgebiet – konnten BOLES & COOMBS (1975) aufzeigen, daß diese Metamorphose von erheblichen metasomatischen Änderungen der chemischen Zusammensetzung der ursprünglichen Tuffe begleitet war. Die Chemie der zirkulierenden Fluide ist tatsächlich ein kritischer Faktor dafür, welche metamorphen Minerale stabil vorliegen.

4.2.2 Pumpellyit-Prehnit Fazies

Die niedriggradigen metamorphen Effekte, wie sie von COOMBS beschrieben wurden, wurden seither in vielen Teilen der Welt gefunden und als Resultate von definierten Metamorphosebedingungen angesehen. Der größte Anteil der Abfolge in den Taringatura Hills kann zur Zeolith-Fazies gezählt werden, jedoch markiert das Auftreten von Prehnit und Pumpellyit den Beginn der **Prehnit-Pumpellyit-Fazies**. In einigen Gebieten gibt es noch einen Übergang von Prehnit- und Pumpellyit-haltigen Gesteinen zu fortschreitend höhergradigen Zonen, die nicht in den Taringatura Hills auftreten. Beispielsweise beschrieb KAWACHI (1975) die Paragenesen im Wakatipu Bezirk im südlichen Neuseeland (Abb. 4.1), in dem die Pumpellyit-Prehnit-Zone von einer Pumpellyit-Aktinolith-Zone abgelöst wird. Beide Zonen werden hier in die Prehnit-Pumpellyit-Fazies eingeschlossen.

Typische Minerale in Metabasiten der Prehnit-Pumpellyit-Fazies sind Prehnit, Pumpellyit, Aktinolith, Chlorit, Epidot, Albit, Quarz, Serizit, Lawsonit, Titanit und Stilpnomelan. Die Gesteine haben häufig durch den Fe-Pumpellyit eine bestimmte blau-grüne Farbe. Reliktische magmatische Phasen kommen auch vor. Offensichtlich kann ein ursprünglich magmatisches Gestein direkt zu Paragenesen der Zeolith-, der Prehnit-Pumpellyit- oder sogar der Grünschiefer- oder Blauschieferfazies reagieren, je nach den Bedingungen, bei denen eine fluide Phase zuerst durchfließen kann. Die Metamorphose ist mit anderen Worten in ursprünglichen Magmatiten bei diesen niedrigen Graden nicht strenggenommen fortschreitend; ein häufiges Beispiel ist das Wachstum von Aktinolith in Rändern um reliktischen Augit und nicht etwa auf Kosten eines präexistenten metamorphen Minerals.

4.2.3 Niedriggradige Metamorphose in Geothermalfeldern

Die Bildung relativ ähnlicher metamorpher Paragenesen, wie sie von COOMBS beschrieben wurden, kann man derzeit in aktiven Geothermalsystemen beobachten, wo diese in basischen oder intermediären Gesteinen auftreten. Die Proben erhält man durch Bohrungen, und da die Temperatur im Bohrloch gemessen werden kann, sind die Bildungsbedingungen der einzelnen Zonen recht gut bekannt.

Eines der am besten untersuchten aktiven Geothermalfelder ist das Reykjanes-Feld in SW-Island. Es ist vor allem deshalb interessant, weil die in ihm zirkulierende fluide Phase vorwiegend Meerwasser ist, und nicht meteorisches Wasser, das in den meisten terrestrischen Geothermalsystemen gefunden wird. Das bedeutet, daß das Reykjanes-Feld ein direktes Analogon zu hydrothermaler Metamorphose am Meeresboden darstellt.

TOMASSON & KRISTMANSDOTTIR (1972) beschrieben die Alterationsabfolge mit der Tiefe im Reykjanes-System, die sie in Bohrungen für kommerzielle Nutzung aufnahmen. Die beobachteten Zonen sind in Abb. 4.2 b zusammen mit den Zonen der Taringatura Hills zum Vergleich dargestellt. Zu den betroffenen Gesteinstypen zählen hyaloklastische Tuffe und

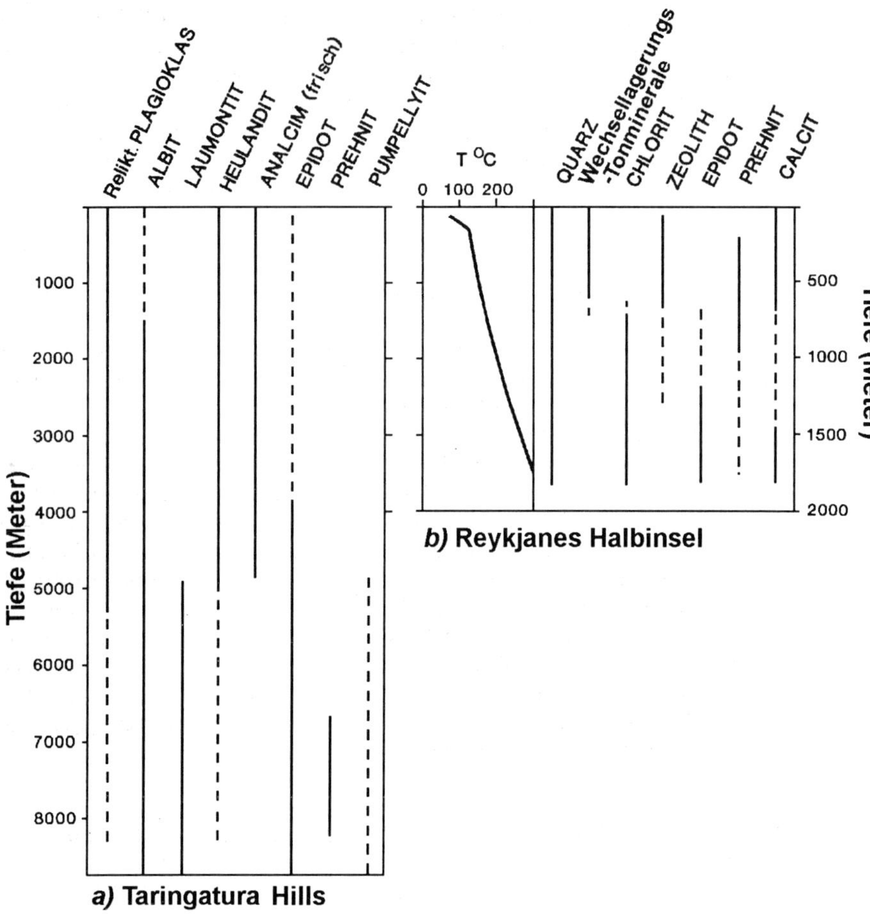

Abb. 4.2 Variation niedriggradiger Mineralparagenesen mit der Tiefe **a)** in den Versenkungsmetamorphose-Zonen der Taringatura Hills (COOMBS 1954) und **b)** in einem repräsentativen Bohrprofil im Reykjanes Geothermalfeld (TOMASSON & KRISTMANSDOTTIR 1972). Das Temperaturprofil des geothermalen Bohrloches ist auch dargestellt. Die Tiefenskalen zwischen beiden Teilabbildungen sind unterschiedlich. Gestrichelte Linien bedeuten sporadisches Auftreten.

Brekzien sowie Lavaergüsse. Alteration setzt vor allem an glasigem oder sehr feinkörnigem Material ein. Unter den magmatischen Mineralen ist Olivin üblicherweise vollständig alteriert, Pyroxene und bis zu einem gewissen Grade Plagioklas sind aber relativ resistent.

Die hauptsächlichen Alterationsprodukte im oberen Teil des Systems sind Tonminerale, vor allem Montmorillonit nahe der Oberfläche, gefolgt von Wechsellagerungstonmineralen und Chlorit mit der Tiefe. Verschiedene Zeolithe werden auch im höheren Teil des Systems angetroffen, so Mordenit, Stilbit, Mesolit, Analcim und Wairakit.

Sekundärer Calcit und Quarz sind stets vorhanden. In tieferen Bereichen des Systems, bei Temperaturen oberhalb 230 °C, werden Prehnit, Epidot und Chlorit gefunden, und Plagioklas zeigt sporadische Umwandlung zu Albit oder seltener Kalifeldspat. Aktinolith wurde anderswo in Island gefunden, wo noch heißere Gesteine bei Temperaturen oberhalb 300 °C angebohrt wurden. Infolge des hohen geothermischen Gradienten ergibt sich eine sehr geringe vertikale Ausdehnung der Zonen im Vergleich zur Versenkungsmetamorphose.

Geothermalfelder sind für die metamorphe Petrologie von erheblicher Bedeutung, weil sie einerseits die Untersuchung aktiver Metamorphose erlauben, und weil sie andererseits ein Analog für eine sehr viel extensivere hydrothermale Metamorphose darstellen, die neugebildete ozeanische Kruste erfaßt. Dies wird ausführlicher im letzten Teil dieses Kapitels beschrieben.

4.2.4 Anmerkung zu fehlenden Niedrigtemperatur-Mineralen in einigen Metabasiten

Eine Diskussion niedriggradiger Metamorphose bliebe unvollständig, wenn nicht beachtet würde, daß sie manchmal nicht stattgefunden zu haben scheint. Die spezifischen metamorphen Zonen, die von COOMBS beschrieben wurden, wurden auch in anderen Teilen der Welt gesucht, wo niedriggradige Schiefer vorkommen. ZEN wies (1961) daraufhin, daß Metamorphose manchmal direkt zu Grünschiefer-faziellen Paragenesen von den ursprünglichen Mineralen fortschreitet und Phasen wie Zeolithe, Prehnit oder Pumpellyit nicht entwickelt sind. Er nahm an, daß dies dann der Fall ist, wenn die fluide Phase im Gestein nennenswerte Mengen an CO_2 enthielt. Denn Minerale wie Laumontit, Prehnit und Pumpellyit sind OH-haltige Ca-Al-Silikate, die mit CO_2 reagieren können, um Calcit neben Epidot, Quarz und Chlorit zu bilden, die auch in der Grünschieferfazies weitverbreitet sind. Mit anderen Worten, in Anwesenheit von CO_2 können sich die speziellen Minerale der niedriggradigen Fazies niemals bilden. Dies scheint im Salton Sea Geothermalfeld (Kalifornien) der Fall zu sein, wo Zeolithe fehlen, aber Epidot und Chlorit häufig sind und die Fluide CO_2 enthalten (MUFFLER & WHITE 1969). THOMPSON (1971 a) zeigte, daß nur sehr kleine Mengen von CO_2 notwendig sind, um die Bildung von Laumontit und Prehnit zu unterbinden.

4.3 Metabasite der Barrow-Zonen-Abfolge: Grünschiefer- und Amphibolit-Fazies

In den Gebieten des schottischen Hochlandes, in denen BARROW und TILLEY das Zonenschema für die Pelite beschrieben (Kap. 3), treten auch Metabasite verbreitet auf. In den niedrigstgradigen Bereichen des südwestlichen Hochlandes können manchmal noch Kissenlaven, Sills usw. erkannt werden, aber meistens sind die Gesteine zu deformiert und rekristallisiert, als daß ihr ursprünglicher Charakter bestimmt werden könnte. Metabasite sind auch sonst in aller Welt in Begleitung von Peliten häufig, die ähnliche Barrow-Metamorphose erlebt haben. Die erste systematische Untersuchung geht auf WISEMAN (1934) zurück, der ihre Paragenesen mit den Pelitzonen zu korrelieren versuchte. WISEMANS Beobachtungen waren folgende:

Chlorit-Zone und Biotit-Zone

Ursprüngliche magmatische Gefüge sind manchmal noch vorhanden, aber die Mineralparagenese ist vollständig metamorph (z.B. ophitischer Feldspat hat albitische Zusammensetzung). Die vorherrschenden Minerale sind Chlorit, Epidot, Albit, blaßgrüner Aktinolith und Quarz, häufig auch Calcit und Biotit. Stilpnomelan wurde später in diesen Gesteinen erkannt.

Granat-Zone

Granat tritt erstmals in Metabasiten bei etwas niedrigeren Graden als in Peliten auf. Gleichzeitig werden Calcit und Chlorit seltener, Aktinolith wird von einer blaugrünen Hornblende ersetzt, und ein basischerer Plagioklas bildet sich.

Staurolith-Zone und Disthen-Zone

Biotit und Chlorit fehlen, oft auch Calcit. Grüne Hornblende und Plagioklas herrschen vor und Epidot ist selten.

Sillimanit-Zone

Die Gesteine enthalten vor allem grüne bis braun-grüne Hornblende und einen intermediären Plagioklas. Kein Epidot bleibt erhalten.

Fortschreitende Änderung des Amphiboltyps von Aktinolith über blau-grüne Hornblende zu bräunlich-grüner Hornblende ist auch aus anderen Teilen der Welt belegt. Eine detaillierte Neuuntersuchung der schottischen Zonen durch GRAHAM (1974) zeigte allerdings, daß dies eine grobe Vereinfachung ist. Stattdessen tritt, wenn auch selten, blau-grüne Hornblende in Gesteinen bis hinunter zur Chlorit-Zone auf und sowohl Hornblende als auch Aktinolith bleiben in den pelitischen Chlorit-, Biotit- und Granatzonen erhalten. Dennoch ist Hornblende sehr selten bei niedrigeren Graden und dort auf Gesteine mit ungewöhnlicher Zusammensetzung beschränkt, während andererseits Aktinolith ähnlich selten in der Granat-Zone auftritt. Wo beide Amphibole zusammen auftreten, schließt Hornblende in der Regel den Aktinolith ein und wuchs daher später. Die einzige unzweifelhafte Phasenumwandlung, die GRAHAM beschrieb, war der Abbau von Stilpnomelan und das Wachstum von Granat in der pelitischen Biotit-Zone, obwohl keine dieser beiden Phasen immer in den Metabasiten vorkommt.

4.3.1 Fazies der Barrow-Metamorphose

Die niedrigstgradigen Gesteine der Chlorit-Zone in Schottland können vermutlich zur Grünschieferfazies gerechnet werden, da Pumpellyit nie beschrieben wurde, und Epidot mit Aktinolith koexistiert. Weiterhin existiert um den Wakatipu-See in Neuseeland (Abb. 4.1) ein Übergang von Pumpellyit-führenden, Subgrünschieferfazies-Gesteinen zu einer Chlorit-Zone mit ähnlichen Paragenesen, wie sie in Schottland gefunden wurden (LANDIS & COOMBS 1967). Die höhergradigen Anteile der schottischen Zonenabfolge gehören zur Amphibolitfazies. Die exakte Grenze zwischen den Fazies-Bereichen hängt üblicherweise von der Plagioklaszusammensetzung ab.

In Kap. 3 wurde angeführt, daß in der Granat-Zone eine Lücke in der Plagioklas-Mischkristallreihe existiert, die sogenannte Peristerit-Lücke. Bei niedrigeren Graden tritt nur Albit auf, bei höheren Graden Oligoklas, und dazwischen sind Albit und Oligoklas zusammen vorhanden. Dieser Übergang wurde in Metabasiten vom Haast-Pass in Neuseeland von COOPER (1972) untersucht und bietet eine sinnvolle Basis für eine Grenzziehung zwischen Grünschiefer- und Amphibolit-Fazies. COOPER fand heraus, daß beim ersten Auftreten von Granat Albit der einzige vorhandene Plagioklas ist, jedoch erscheint etwa mit diesem Grad auch Oligoklas als separate Phase, die neben Albit koexistiert. Mit zunehmendem Grad in der

Granat-Zone wird Albit immer Ca-reicher, Oligoklas aber immer Na-reicher. Obwohl sie separate Phasen bleiben, wird der Unterschied in ihrer Zusammensetzung geringer. Schließlich verschwindet Albit völlig und der einzige verbleibende Plagioklas ist Oligoklas. Diese Umwandlung belegt den Beginn der Oligoklas-Zone, die auf die Granat-Zone folgt und etwa der Staurolith-Zone der Metapelite entspricht. Der Beginn der Amphibolit-Fazies entspricht dem Beginn der Oligoklas- oder der Staurolith-Zone.

4.3.2 Reaktionen in Metabasiten während der Metamorphose vom Barrow-Typ

HART & GRAHAM (1975) faßten die Umwandlungen von einem Metabasit der Grünschieferfazies in einen der Amphibolit-Fazies wie folgt zusammen:

1. *Abnahme der Häufigkeit* von Aktinolith, Stilpnomelan (verschwindet), Chlorit, Epidot, Albit (verschwindet).
2. *Zunahme der Häufigkeit* von Hornblende, Granat, Ca-Plagioklas.

Es ist jedoch sehr schwierig, bestimmte Reaktionen für diese Umwandlungen zu formulieren, weil die Gesteine nur relativ wenige Phasen enthalten (oft nur vier bis fünf) und diese bestehen aus einer großen Anzahl an Komponenten wie Na_2O, K_2O, CaO, MgO, FeO, Al_2O_3, SiO_2, H_2O und oft CO_2 und Fe_2O_3. Es liegt auf der Hand, daß die Reaktionen kontinuierlich sind. Die reagierende Paragenese kann zahlreiche Freiheitsgrade haben. Eine wichtige Reaktion bei niedrigen Graden ist:

$$\text{Chlorit} + \text{Calcit} \rightarrow \text{Epidot} + \text{Aktinolith} + CO_2\text{-}H_2O\text{-Fluid} \quad [4.1].$$

Diese belegt die Tatsache, daß die Paragenese Chlorit+Calcit mit zunehmendem Grad seltener wird.

COOPER (1972) schlug eine Anzahl möglicher Reaktionen für den Übergang zwischen Grünschiefer- und Amphibolit-Fazies vor. Diese werden als Endgliederreaktionen natürlich auftretender Mischkristalle formuliert. Wenn diese Zusammensetzungen synthetisiert würden und zusammen reagierten, wären die Reaktionen univariant. In der Natur sind dagegen viele Reaktionspartner nur eine Komponente eines Mischkristalls. Daher sind die Reaktionen kontinuierlich und führen zu einer Zu- oder Abnahme der Konzentration verschiedener Komponenten in den vorhandenen Mischkristallen. Zur weiteren Vereinfachung können Mg^{2+} und Fe^{2+} als eine einzige Komponente, MF, behandelt werden. Eine dieser von COOPER vorgeschlagenen Reaktionen ist:

$$\underset{\textit{Chlorit}}{3\ MF_{10}Al_4Si_6O_{20}(OH)_{16}} + \underset{\textit{Al-Epidot}}{12\ Ca_2Al_3Si_3O_{12}(OH)} + \underset{\textit{Quarz}}{4\ SiO_2}$$

$$\rightarrow \underset{\textit{Tschermakit}}{10\ Ca_2MF_3Al_4Si_6O_{22}(OH)_2} + \underset{\textit{Anorthit}}{4\ CaAl_2Si_2O_8} + \underset{\textit{Fluid}}{2\ H_2O} \quad [4.2].$$

Diese führt zur Bildung einer Anorthitkomponente, die zusammen mit Albit als tatsächlich beobachtbarer Oligoklas vorliegt, und auch zum Wachstum von Hornblende. Andere Reaktionen, die insgesamt zur Veränderung in der Mineralhäufigkeit und Zusammensetzung beitragen, sind beispielsweise:

$$\underset{\textit{Albit}}{NaAlSi_3O_8} + \underset{\textit{Aktinolith}}{Ca_2MF_5Si_8O_{22}(OH)_2} \rightarrow \underset{\textit{edenitische Hornblende}}{NaCa_2MF_5AlSi_7O_{22}(OH)_2} + \underset{\textit{Quarz}}{4\ SiO_2} \quad [4.3]$$

$$Ca_2MF_5Si_8O_{22}(OH)_2 + 7\ MF_{10}Al_4Si_6O_{20}(OH)_{16} + 28\ SiO_2 + 24\ Ca_2Al_3Si_3O_{12}(OH)$$

Aktinolith *Chlorit* *Quarz* *Al-Epidot*

$$\rightarrow 25\ Ca_2MF_3Al_4Si_6O_{22}(OH)_2 + 44\ H_2O \quad [4.4].$$

Tschermakit *Fluid*

4.4 Die Hornfels-Fazies

In Gebieten, in denen sich bei Kontakt- oder Regionalmetamorphose bei niedrigen Drücken Andalusit- oder Cordierit-führende Paragenesen in Peliten gebildet haben, zeigen viele Metabasite nur wenige Unterschiede zu Paragenesen der Barrow-Zonen. Normalerweise enthalten sie jedoch in solchen Gebieten keinen Granat. Auch das Verhältnis zwischen der Veränderung des Amphiboltyps und der des Plagioklastyps kann sehr unterschiedlich sein. In einigen Niedrigdruck-Metabasiten wurde auch eine Paragenese von Aktinolith mit intermediärem Plagioklas (anstelle von Albit) beschrieben. Während also in einer Barrow-Abfolge Aktinolith sich in Hornblende umwandelt, bevor Albit durch Oligoklas ersetzt ist, scheint diese Reihenfolge bei niedrigen Drücken umgekehrt zu sein (MIYASHIRO 1973).

In Niedrigdruck-Metabasiten kommt hinzu, daß Ca-arme Amphibole, vor allem Cummingtonit, wesentlich verbreiteter sind und sowohl in der Hornblende-Hornfels-Fazies als auch in der Niedrigdruck-Amphibolitfazies vorkommen. Dies liegt daran, daß bei niedrigen Drücken wenig Al für Fe und Mg auf der Oktaederposition der Hornblende substituiert wird. In einer gegebenen Gesteinszusammensetzung, die bei höheren Drücken hauptsächlich aus Hornblende und Plagioklas besteht, muß der Modalbestand an Plagioklas größer bei niedrigen Drücken sein, weil dies die alternative Phase ist, in der Al auftreten kann. Die Folge davon ist, daß zu wenig Ca vorhanden ist, um sich mit Mg und Fe zu Hornblende zu verbinden. Somit bildet sich stattdessen etwas Fe-Mg-Amphibol. Die Reaktion kann als Abbau des reinen Al-reichen Hornblende-Endgliedes Tschermakit formuliert werden:

$$7\ Ca_2Mg_3Al_4Si_6O_{22}(OH)_2 + 10\ SiO_2 \rightarrow 3\ Mg_7Si_8O_{22}(OH)_2 + 14\ CaAl_2Si_2O_8 + 4\ H_2O \quad [4.5].$$

Tschermakit *Quarz* *Cummingtonit* *Anorthit* *Fluide Phase*

Die Paragenese auf der linken Seite ist bei steigendem Druck bevorzugt stabil.

4.5 Metamorphose basischer Magmatite bei hohen Drücken: Blauschiefer-Fazies und Eklogit-Fazies

Metabasite sind insbesondere für das Verständnis von Metamorphose bei relativ hohen Drücken und niedrigen Temperaturen wichtig, weil sie zahlreiche auffällige Veränderungen im Mineralbestand unter solchen Bedingungen zeigen, während Metapelite, wie im vorangegangenen Kapitel aufgezeigt, relativ wenig Veränderungen mit steigendem Druck aufweisen.

4.5.1 Die Blauschiefer

Das wesentlichste Charakteristikum der Hochdruckmetamorphose von basischen Gesteinen ist der Ersatz von Ca-Amphibolen in der Barrow-Abfolge durch den Alkaliamphibol

Glaukophan. Dies bewirkt eine charakteristische violette bis blaue Farbe der Schiefer, daher der Name Blauschiefer. Andere für die Hochdruck-Metamorphose diagnostische Minerale sind Lawsonit, Jadeit-reicher Pyroxen und Aragonit.

ERNST, ONUKI & GILBERT (1970) stellten die Hochdruck-Metamorphose des Sanbagawa-Gebietes in Japan dem des Franciscan-Gebietes in Kalifornien gegenüber. In einigen Bereichen des Sanbagawa-Gürtels gehen Pumpellyit-führende Gesteine der Subgrünschiefer-Fazies kontinuierlich in Blauschiefer mit Alkaliamphibolen über (vgl. Kap. 7). Dagegen bilden in den niedrigstgradigen Bereichen des Franciscan Gebietes, so im Stoneyford Quadrangle, mafische Vulkanite mit gut erhaltenen magmatischen Gefügen und reliktischen magmatischen Mineralen direkt Paragenesen mit typischen Blauschieferphasen aus. In diesen Gesteinen treten Albit, Chlorit, Titanit, Quarz, Stilpnomelan, Serizit und Pumpellyit auf, aber auch Lawsonit, Alkaliamphibole und Aragonit (teilweise durch Calcit ersetzt), die alle insgesamt erhöhte Bildungsdrücke erfordern (Abb. 4.7). Tatsächlich wird die Paragenese Lawsonit+Glaukophan gewöhnlich als diagnostisch für die **Blauschiefer-Fazies** angesehen (im Deutschen auch häufig Glaukophanschiefer/Glaukophanschiefer-Fazies; jedoch kann auch Crossit statt Glaukophan auftreten; s. Kap 4.5.3). In höhergradigen Anteilen des Franciscan Gebietes (z.B. die Gegend um den Goat Mountain, die von GHENT 1965 beschrieben wurde) enthalten die Metabasite keine ursprünglichen Relikte mehr außer sporadischen Augit. Stattdessen stellen sie durchwegs rekristallisierte Schiefer dar, die vor allem aus Glaukophan und Lawsonit mit Chlorit, Titanit, Quarz, Muskovit, oft auch mit Pumpellyit, Magnetit, Pyrit oder Calcit bestehen.

Der Vergleich der Sanbagawa- und Franciscan-Gebiete zeigt an, daß tatsächlich eine Reihe verschiedener Metamorphosetypen bei Bedingungen möglich ist, die höhere Drücke und/oder niedrigere Temperaturen als in der Barrow-Abfolge erfordern. Dies konnte auch aus der Untersuchung anderer Gebiete mit Hochdruckmetamorphose gefolgert werden. Im Falle des Sanbagawa-Gebietes gehen Gesteine der Subgrünschiefer-Fazies, die denen aus Neuseeland sehr ähnlich sind – wo die Metamorphose durch Grünschiefer-Paragenesen bei mittleren Drücken charakterisiert ist -, stattdessen in Alkaliamphibol-führende Gesteine über. Aber im Franciscan-Gebiet ist die gesamte metamorphe Abfolge anders und erfordert daher extremere Bildungsbedingungen.

Neukaledonien

Eine der vollständigsten Abfolgen von Zonen mit Hochdruckmetamorphose wurde aus dem Ouega-Bezirk Neukaledoniens beschrieben (BLACK 1977) und wurde schon in Kap. 3 erwähnt. Die Metamorphose fand zwischen 38 und 21 Ma statt, und die resultierende Zonenabfolge ist in Abb. 4.3 dargestellt. Bei den niedrigsten Graden im Westen sind in den Metabasiten noch ursprüngliche magmatische Gefüge und reliktische Plagioklase und Pyroxene erhalten. Alterationsphasen sind nicht besonders ausgeprägt und zu ihnen zählen Phengit, Chlorit, Albit und Titanit. Die erste charakteristische Isograde wird durch das Auftreten von Pumpellyit zusammen mit Stilpnomelan und Aktinolith angezeigt. Die nächste Zone ist durch das Auftreten von Lawsonit und Glaukophan oder Crossit charakterisiert und gehört daher zur Blauschiefer-Fazies und nicht zur Prehnit-Pumpellyit-Fazies. Magmatische Relikte bleiben noch erhalten und haben einen Einfluß darauf, wie die metamorphen Phasen wachsen. Beispielsweise kann sich Lawsonit direkt aus primärem Plagioklas nach folgender Reaktion bilden:

$$\text{Plagioklas} + H_2O \rightarrow \text{Lawsonit} + \text{Albit} \qquad [4.6].$$

kann zahlreiche Reaktionen schreiben, die die Paragenesen der Grünschiefer- und der Blauschiefer-Fazies in Beziehung setzen, wenn sie auch nicht notwendigerweise stattgefunden haben, sondern chemische Gleichwertigkeit bestimmter Blauschiefer- und Grünschiefer-Paragenesen aufzeigen. Beispielsweise zeigten BROTHERS & YOKOYAMA (1982) auf, daß die diagnostischen Paragenesen beider Fazies durch folgende Gleichung in Beziehung stehen:

Glaukophan + Lawsonit → Albit + Chlorit + Aktinolith [4.11].

Blauschiefer — Grünschiefer

Der Art, in der eine solche Reaktion bilanziert ist, und ob eine zusätzliche Phase wie Quarz oder eine fluide Phase beteiligt ist oder nicht, hängt von den Zusammensetzungen der beteiligten Mischkristallphasen ab.

Eine weitere wichtige Gleichung ist:

Glaukophan + Zoisit + Quarz → Albit + Chlorit + Aktinolith + H_2O [4.12].

Diese ist so formuliert, daß nur Endglieder einbezogen sind, die kein Fe^{3+} enthalten, jedoch bilden Glaukophan und der monokline Polymorph von Zoisit Mischkristalle mit Fe^{3+}-Endgliedern (Riebeckit bzw. Epidot). BROWN (1974) formulierte eine vergleichbare Reaktion zwischen oxidierten Blauschiefern und Grünschiefern:

Crossit + Epidot → Albit + Chlorit + Aktinolith + Fe-Oxid + H_2O [4.13].

Gleichung [4.13] repräsentiert eine kontinuierliche Reaktion mit Fe^{3+} und den Komponenten der Reaktion [4.12]. Fe^{3+} wird jedoch nur in Mischkristallphasen auf der linken Seite der Gleichung substituiert. Da diese Substitution die Konzentration von Glaukophan und Zoisit in ihren jeweiligen Mischkristallen verdünnt, die Konzentrationen von Albit, Glaukophan und Aktinolith jedoch unverändert bleiben, wird somit das Stabilitätsfeld von Alkaliamphibol und Epidot erweitert (vgl. Kap. 2). Daher können sich Crossit und Epidot in oxidierten Metabasiten bei niedrigeren Drücken bilden als bei solchen, bei denen Glaukophan und Zoisit in reduzierten Metabasiten entstehen. Dies bietet eine Erklärung für das Auftreten von wechsellagernden Blauschiefern und Grünschiefern in einigen Teilen der Welt: Beide Gesteinstypen unterlagen denselben Drücken und Temperaturen, aber die Blauschiefer sind Crossitschiefer, die sich in oxidierten Lagen bildeten, während die Grünschiefer reduziert sind und keine nennenswerte Mengen an Fe^{3+} enthalten.

Viele Blauschiefergebiete in aller Welt bestehen hauptsächlich aus Crossit-Epidot-Schiefern, Anzeiger höheren Druckes wie Glaukophan + Lawsonit, Jadeit oder Omphazit oder Aragonit fehlen. Beispielsweise sind große Teile des Sanbagawa-Gürtels in Japan oder die Shuksan-Blauschiefer in Washington, USA, von diesem Typ. Es besteht jedoch kein Zweifel daran, daß Crossit-Epidot-Schiefer höhere Bildungsdrücke benötigen als Gesteine der Barrow-Abfolge. Denn nach BROWN (1974) enthalten die Haast-Schiefer Neuseelands, die eine Barrow-Metamorphose erfuhren, die Paragenese Albit + Chlorit + Aktinolith + Magnetit entsprechend der rechten Seite der Reaktion [4.13].

Die meisten Autoren beschränken die Blauschiefer-Fazies auf solche Gesteine, in denen sich Glaukophan in reduzierten wie in oxidierten Gesteinen bildet. Somit ist die Paragenese Glaukophan + Lawsonit entsprechend der linken Seite der Reaktion [4.11] diagnostisch. Crossit-Epidot-Blauschiefer werden häufig in eine „Blauschiefer-Grünschiefer-Übergangsfazies" gestellt.

Die niedriggradigen Grenzen der Blauschiefer-Fazies sind auch umstritten. LIOU, MARUYAMA & CHO (1987) schließen alle Lawsonit-haltigen Paragenesen in die Blauschiefer-Fazies ein und dehnen sie damit bis auf Drücke von minimal 3 kbar aus, also unter die Stabilitätsgrenzen des Glaukophans (Abb. 4.7). Obwohl diese Definition auf der Basis des Phasengleichgewichtes gerechtfertigt ist, können die entsprechenden Gesteine im Gelände nicht leicht von denen der Prehnit-Pumpellyit-Fazies unterschieden werden. Daher werden sie in Abb. 2.8 als Übergänge behandelt.

4.5.4 Eklogite

Unter den extremen Metamorphosebedingungen sowohl bei hohem Druck als auch bei mittleren bis hohen Temperaturen rekristallisieren Gesteine basaltischer Zusammensetzung zu einem typischen rot-grünen dichten Gestein, dem Eklogit, der vor allem aus Granat und Omphazit besteht. Andere normalerweise in geringen Mengen vorhandene Minerale sind Quarz, Rutil, Disthen, Amphibol (meistens Na-reich) und Pyrit, *aber niemals ist Plagioklas vertreten.*

Eklogite können die extreme Metamorphoseprodukte niedriggradiger Metabasite sein oder sich direkt aus Basalt, Gabbro oder einer basaltischen Schmelze bei Abkühlung unter hohen Drücken bilden. YODER & TILLEY (1962) und GREEN & RINGWOOD (1967) untersuchten experimentell diese Beziehungen zwischen Eklogit und Gabbro.

COLEMAN et al. (1965) klassifizierte natürliche Eklogitvorkommen in drei Typen nach Art ihres Auftretens:

Gruppe A: tritt als Xenolithe in Kimberliten oder Basalten auf (z.B. Oahu, Hawaii).
Gruppe B: bildet Bänder oder Linsen in migmatitischen Gneisen (z.B. Westnorwegen).
Gruppe C: bildet Bänder oder Linsen in Vergesellschaftung mit Blauschiefern (z.B. Neukaledonien, Franciscan/Kalifornien, Alpiden).

Zwischen den drei Gruppen gibt es auch Unterschiede in der Mineralzusammensetzung, besonders im Mg-Gehalt des Granates. In Eklogiten der Gruppe A ist Granat Mg-reich mit ca. 55% Pyropkomponente, Granat aus Eklogiten der Gruppe B enthält 30-55% Pyropkomponente, während die meisten Eklogite der Gruppe C Granate mit nur ungefähr 30% Pyropkomponente enthalten.

Nach späteren Arbeiten zur Temperaturabhängigkeit des Fe-Mg-Austausches zwischen Granat und Klinopyroxen (ELLIS & GREEN 1979) können die drei Eklogitgruppen als Bildungen bei unterschiedlichen Temperaturen und in unterschiedlichen geotektonischen Milieus angesehen werden. Eklogite der Gruppe C bildeten sich bei den niedrigsten Temperaturen, die der Gruppe A bei den höchsten.

Seit YODER & TILLEY herausfanden, daß basaltisches Magma zu Eklogit unter Drücken des Mantels kristallisiert, wurde weithin geglaubt, daß sich Eklogite im Mantel bilden. Dies ist sehr wahrscheinlich der Fall für Eklogite der Gruppe A, die oft zusammen mit Mantelxenolithen in Kimberliten auftreten und hier nicht weiter im Detail behandelt werden. Dagegen haben Eklogite der Gruppe C, wie die meisten (vielleicht alle) Eklogite der Gruppe B, starke Affinitäten mit Krustengesteinen.

Die Entwicklung von Eklogiten der Gruppe C durch fortschreitende Metamorphose von Blauschiefern in Neukaledonien wurde schon andiskutiert. In der Zermatt-Saas-Zone der Schweizer Alpen beschrieb BEARTH (1959) Kissenlaven, in denen der Kissenkern jetzt aus Eklogit, der Rand hingegen aus Blauschiefer besteht. Ein wichtiger Schluß aus dieser Beobachtung ist, daß zweifellos das Ausgangsmaterial des Eklogites eine Lava war, die an der Oberfläche eruptierte und anschließend bei hohen Drücken metamorphosiert wurde, aber eben kein Gestein oder Schmelze im oberen Mantel darstellte.

Pognante & Kienast (1987) berichtete von Temperaturen unterhalb 500 °C für Eklogite, die sich auf diese Weise in den Westalpen gebildet haben, während vergleichbare omphazithaltige Gesteine in der gleichen Region, die jedoch keinen Granat enthalten und somit keine echten Eklogite sind, Temperaturen um 350 °C zeigten und sicher auf ähnliche Weise durch unvollständigen Abbau von Gabbro unter wasserfreien Bedingungen entstanden.

4.6 Hochtemperaturmetamorphose: Die Granulit-Fazies

Bei den höchsten Metamorphosegraden, bei denen Temperaturen solche der Barrow-Abfolge übersteigen, beginnt Hornblende in Metabasiten abzubauen und Pyroxene erscheinen. Gleichzeitig kann Teilschmelzenbildung auftreten, und so kommen migmatitische Metabasite mit Leukosomen aus Plagioklas und Quarz vor.

Pyroxenhaltige Metabasite sind anders als die Hochdruckgesteine mit Na-reichen Pyroxenen typisch für die Granulit-Fazies und den Übergang von Amphibolit- zur Granulit-Fazies. Viele Granulite kommen in typischen Gebieten vor, und tatsächlich sind sie charakteristisch für Schildgebiete, wenn auch viel jüngere Granulite vorkommen. Die Grenzen solcher Gebiete sind häufig Diskordanzen oder Störungen, und somit kann man relativ selten fortschreitende Metamorphose von der Amphibolit- zur Granulit-Fazies untersuchen. In den meisten Fällen, in denen Gesteine der Amphibolit-Fazies neben solchen der Granulit-Fazies vorkommen, sind die Amphibolite retrograder Entstehung infolge später Überprägung und Infiltration von Fluiden. Ein gut bekanntes Beispiel dafür ist das Lewisian-Gebiet NW-Schottlands, in dem sich Granulite während des Scourian-Ereignisses um 2700 Ma bildeten, lokal überprägt wurden und beim Laxford-Ereignis um 1700 Ma zu Amphiboliten rekristallisierten.

Ein Gebiet, in dem ein prograder Übergang zur Granulit-Fazies beobachtet werden kann, ist der Willyama-Komplex im Broken-Hill-Bezirk von Neusüdwales, Australien. Nach Binns (1962, 1965 a, b) ist die Zonenabfolge in den Metabasiten folgende:

A- Blau-grüne Hornblende + Plagioklas ± Granat ± Epidot oder Klinozoisit + Ilmenit
B- Blaugrüne oder grünbraune Hornblende + Plagioklas + Klinopyroxen ± Granat + Ilmenit
C- Grün-braune Hornblende + Plagioklas + Klinopyroxen + Orthopyroxen + Ilmenit

Diese Abfolge des Auftretens von Klino- und Orthopyroxen wurde von Spear (1981) auch in Experimenten bestätigt. Zone A ist typisch für die Amphibolit-Fazies, während Zone C zur Granulit-Fazies gehört, für die das Auftreten von koexistierendem Klino- und Orthopyroxen diagnostisch ist. Zone B hat einen Übergangscharakter.

Die Granulit-Fazies umfaßt ein weites Druckspektrum innerhalb der Hochtemperaturmetamorphose und unterscheidet sich von der Eklogit-Fazies bei hohen Drücken durch das Auftreten von Plagioklas in Metabasiten der Granulit-Fazies. Jedoch gibt es zahlreiche Unterschiede zwischen verschiedenen Granulitvorkommen, die auf Druckunterschiede zurückführbar sind. Green & Ringwood (1967) haben daher eine dreifache Unterteilung der Granulit-Fazies auf der Basis von Paragenesen in Metabasiten vorgeschlagen:

1. *Niedrigdruck-Granulite* enthalten Orthopyroxen + Klinopyroxen + Plagioklas und in den basischeren Varietäten kann Olivin + Plagioklas auftreten. Letztere Paragenese ist diagnostisch für niedrigen Druck. Vergesellschaftete Metapelite enthalten häufigen Cordierit, obwohl Granat und Hypersthen auftreten können.
2. *Mitteldruck-Granulite* sind durch die Paragenese Granat + Klinopyroxen + Orthopyroxen + Plagioklas charakterisiert und Hornblende ist gewöhnlich auch vorhanden. Quarz ist ein

mögliches Akzessorium, koexistiert aber normalerweise nicht mit Granat und Klinopyroxen. Ein bekanntes Beispiel für Mitteldruck-Granulite sind die Scourian-Granulite NW-Schottlands (O'HARA 1961). Pelitische Gesteine bei diesem Grad sind typischerweise Migmatite mit koexistierendem Granat und Cordierit.

Mitteldruck-Granulite können mit denen bei niedrigem Druck durch folgende Reaktionen in Beziehung gesetzt werden:

$$\underset{\textit{Olivin}}{Fe_2SiO_4} + \underset{\textit{Plagioklas}}{CaAl_2Si_2O_8} \rightarrow \underset{\textit{Granat}}{CaFe_2Al_2Si_3O_{12}} \quad [4.14],$$

$$\underset{\textit{Olivin}}{3\,Mg_2SiO_4} + \underset{\textit{Plagioklas}}{4\,CaAl_2Si_2O_8} \rightarrow \underset{\textit{Al-Diopsid}}{2\,CaMgSi_2O_6 \cdot CaAl_2SiO_6} + \underset{\textit{Al-Enstatit}}{2\,MgSiO_3 \cdot MgAl_2SiO_6} + \underset{\textit{Quarz}}{SiO_2} \quad [4.15].$$

Alle Reaktionspartner außer Quarz sind Komponenten in komplexen Mischkristallen.

3. *Hochdruck-Granulite* sind mit Metapeliten vergesellschaftet, die Kalifeldspat + Disthen enthalten und unterscheiden sich durch das Fehlen von Orthopyroxen in Plagioklas-führenden Klinopyroxen-Metabasiten. Ihre Paragenesen entstehen auf folgende Weise aus solchen, die bei mittleren Drücken stabil sind:

$$\underset{\textit{Orthopyroxen}}{4\,(Mg,Fe)SiO_3} + \underset{\textit{Plagioklas}}{CaAl_2Si_2O_8} \rightarrow \underset{\textit{Granat}}{(Mg,Fe)_3Al_2Si_3O_{12}} + \underset{\textit{Klinopyroxen}}{Ca(Mg,Fe)Si_2O_6} + \underset{\textit{Quarz}}{SiO_2} \quad [4.16],$$

$$\underset{\textit{Orthopyroxen}}{2\,(Mg,Fe)SiO_3} + \underset{\textit{Plagioklas}}{CaAl_2Si_2O_8} \rightarrow \underset{\textit{Granat}}{Ca(Mg,Fe)_2Al_2Si_3O_{12}} + \underset{\textit{Quarz}}{SiO_2} \quad [4.17].$$

Man beachte, daß Quarz mit Granat und Klinopyroxen in Hochdruck-Granuliten koexistiert.

Einige Granulitgebiete wie das von Madras, Indien, enthalten Gesteine der **Charnockit-Serie**, die Plagioklas, Hypersthen und Augit zusammen mit Kalifeldspat enthalten und die auch Granat, Hornblende und Quarz besitzen.

4.6.1 Granulite und fortschreitende Metamorphose

Viele Granulite wie die des Willyama-Komplexes scheinen Endprodukte fortschreitender Metamorphose basischer Gesteine zu sehr hohen Temperaturen zu sein. Jedoch gibt es zwei alternative Entstehungsweisen für basische Granulite, die in einigen Fällen bedeutend sein können.

Nicht alle Granulite sind zweifelsfrei metamorphen Ursprungs und möglicherweise sind einige von ihnen direkte Kristallisationsprodukte basischer Magmen unter Hochdruck-Bedingungen, bei denen Granat stabil auf dem Basaltsolidus ist. Beispielsweise kam HOWIE (1955) nach sorgfältigster Aufnahme von Gefügebelegen zur Bildung der Charnockite zum Schluß, daß Hinweise sowohl für metamorphe als auch magmatische Bildung in verschiedenen Proben existierten. Eine zweite Möglichkeit besteht, daß einige Granulite ihren trockenen Charakter nicht extremen Temperaturen verdanken, sondern einer Durchströmung von Amphiboliten mit CO_2 aus dem Mantel. Dies wird noch weiter unten ausgeführt.

4.6.2 Reaktionsgefüge in Granuliten

Ein Merkmal einiger Granulitgebiete ist die Entwicklung von **Korona-Gefügen**. Dies sind Ränder metamorpher Minerale, die sich um ursprüngliche magmatische Mineralkörner in Gesteinen wie Gabbro oder Anorthosit bilden. Sie entstehen bei einer Reaktion zwischen dem eingeschlossenen Korn und anderen Mineralen in der Gesteinsmatrix. Oft gibt es mehr als einen Rand und es entwickeln sich konzentrische Schalen, die jeweils aus einem speziellen Mineral oder einer besonderen Paragenese bestehen. Beispiele von Mineralzonen in Koronen (GRIFFIN & HEIER 1973) sind schematisch in Abb. 4.5 dargestellt.

In vielen Fällen können Mineralzonen in Korona-Gefügen auf Reaktionen zurückgeführt werden, die den Gleichungen [4.14] bis [4.17] entsprechen. Beispielsweise entwickelt sich ein häufiges Korona-Gefüge (Abb. 4.5) um primären Olivin in Kontakt mit Plagioklas und besteht aus einem inneren Pyroxenrand und einem äußeren Granatrand. Dies entsteht sicher aus beiden Reaktionen [4.14] und [4.15]. Dabei entstehen die Reaktionsprodukte auf den Grenzen zwischen den Reaktanten und verhindern dadurch weitere Reaktion.

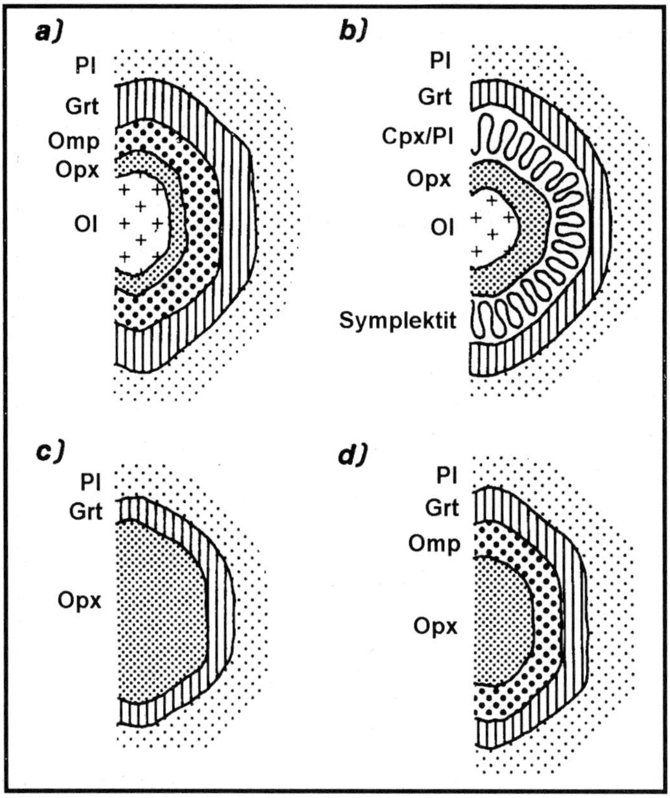

Abb. 4.5 Schematische Darstellung einiger Typen von Korona-Gefügen, wie sie von GRIFFIN & HEIER (1973) beschrieben wurden. **a)** und **b)** entstehen zwischen Olivin und Plagioklas und sind ähnlich, außer daß in **a)** Omphazit stabil ist, während in **b)** Omphazit zu einer feinkörnigen Verwachsung (**Symplektit**) aus Ca-Klinopyroxen und Plagioklas abgebaut wurde. **c)** und **d)** sind Beispiele von Koronen zwischen Orthopyroxen und Plagioklas.

Die Entwicklung vieler Korona-Gefüge repräsentiert einen direkten Übergang von einer unveränderten magmatischen Paragenese zu einer Paragenese, die für hohe Temperaturen und gewöhnlich auch für hohe Drücke typisch ist, ohne ein Zwischenstadium einer niedriggradigen Metamorphose. Dies kann auf zwei Weisen erreicht werden. Erhöhte Temperatur stabilisiert die Paragenese von Niedrigdruck-Granuliten (auch typisch für basische Magmatite) zu höheren Drücken (Abb. 4.6). Somit kann aus einem Magma in mittlerer Krustentiefe ursprünglich Olivin + Plagioklas kristallisieren, aber nach Abkühlung unter den Solidus kann es in das Mitteldruck-Granulitfeld gelangen, so daß sich bei der urprünglichen Abkühlung des Magmatites Granat bildet (Pfad A in Abb. 4.6). Die zweite Möglichkeit zur Bildung von Korona-Gefügen besteht, wenn große basische Magmatitkörper anfänglich nahe der Oberfläche ohne Metamorphose abkühlen und auch anschließende regionale Versenkung und Wiederaufheizung ohne Metamorphose überstehen, bis sehr hohe Temperaturen erreicht sind (Pfad B in Abb. 4.6). Dies kann passieren, wenn die Intrusion in trockenen Nebengesteinen wie sauren Gneisen stattfindet und ohne Deformation versenkt wird, weil dadurch der Eintritt einer fluiden Phase in die Intrusion verhindert würde, die zur Bildung von OH-Phasen führen würde, wie sie für niedrigere Metamorphosegrade typisch sind. GRIFFIN & HEIER (1973) favorisierten das erste Entwicklungsmodell für norwegische Korona-Gefüge, aber bei einer späteren Untersuchung der geologischen Entwicklung der Region erwies sich das zweite Modell als realistischer (MORK 1986).

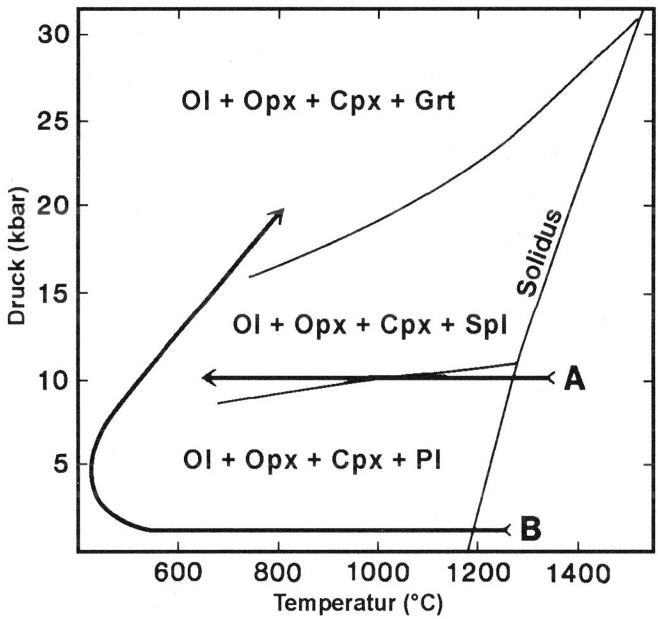

Abb. 4.6 P-T-Diagramm mit den Stabilitätsfeldern von Plagioklaslherzolith, Spinelllherzolith und Granatlherzolith nach GREEN & RINGWOOD (1967). Pfade A und B veranschaulichen mögliche Entstehung von Korona-Gefügen zwischen Plagioklas und Olivin. Pfad A zeigt Abkühlung eines basaltischen Magmas unter tiefkrustalen Bedingungen. Dabei bilden sich Koronen in einem einzigen Abkühlungsstadium (bei leicht höheren Drücken könnte die Koronabildung oberhalb des Solidus beginnen). Pfad B zeigt eine anfängliche Abkühlung eines Gabbros in einem hohen Stockwerk gefolgt von regionaler Versenkung und Aufheizung zu hohen Drücken.

4.7 Die P-T-Bildungsbedingungen metabasischer Gesteinstypen

Dieser abschließende Teil des Kapitels soll sich mit Druck- und Temperaturbedingungen befassen, die zur Bildung der Metabasitparagenesen der verschiedenen Fazies erforderlich sind. Bei einigen Gesteinstypen, insbesondere einigen Eklogiten und Granuliten, hängt ihre Bildung möglicherweise nicht nur von den gegebenen Druck- und Temperaturbedingungen ab, sondern auch von der An- oder Abwesenheit einer fluiden Phase. Ein allgemeines petrogenetisches Netz mit den meisten relevanten experimentell bestimmten Reaktionen sind in

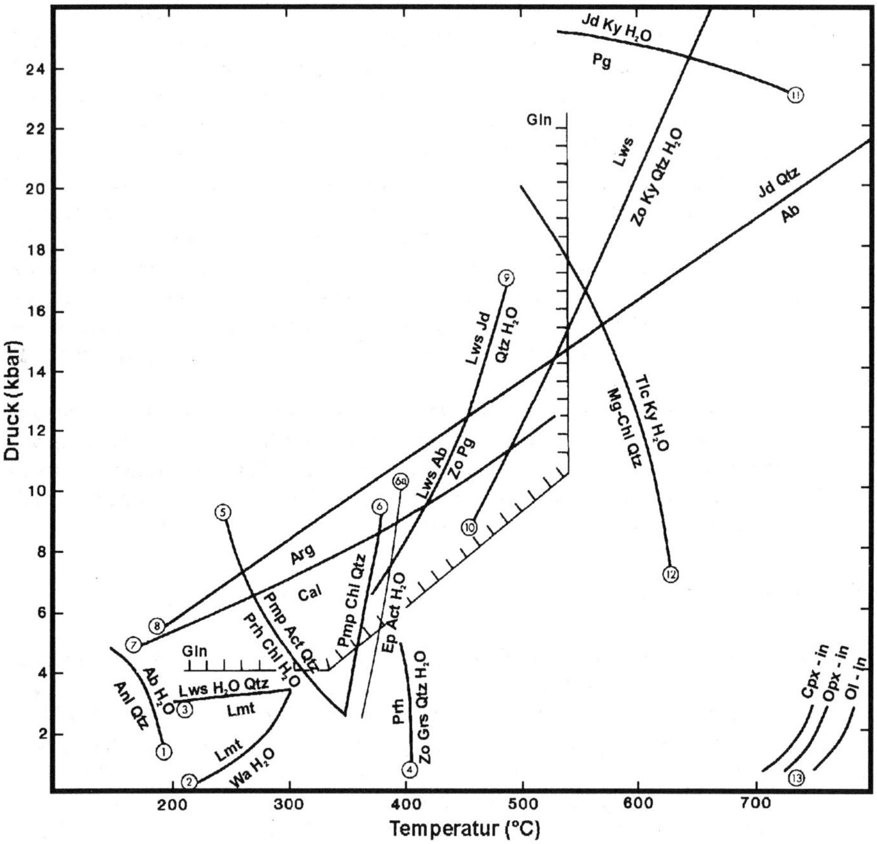

Abb. 4.7 Petrogenetisches Netz für Metabasite bei $P = P_{H_2O}$. Abkürzungen bedeuten: Ab = Albit, Anl = Analcim, Act = Aktinolith, Arg = Aragonit, Chl = Chlorit, Cpx = Klinopyroxen, Cal = Calcit, Ep = Epidot, Gln = Glaukophan, Grs = Grossular, Jd = Jadeit, Ky = Disthen (Kyanit), Lws = Lawsonit, Lmt = Laumontit, Ol = Olivin, Opx = Orthopyroxen, Pg = Paragonit, Prh = Prehnit, Pmp = Pumpellyit, Qtz = Quarz, Tlc = Talk, Wa = Wairakit und Zo = Zoisit. Datenquellen für die Kurven sind: (1) THOMPSON (1971 b); (2) & (3) LIOU (1971 b); (4) LIOU (1971a); (5) & (6) NITSCH (1971) für natürliche Minerale; (6 a) SCHIFFMAN & LIOU (1980) für Mg-Al-Pumpellyit; (7) JOHANNES & PUHAN (1971); (8) HOLLAND (1980); (9) HEINRICH & ALTHAUS (1980); (10) NEWTON & KENNEDY (1963); (11) HOLLAND (1979a); (12) MASSONNE, MIRWALD & SCHREYER (1981); (13) Auftreten von Mineralen in natürlichen basaltischen Zusammensetzungen, SPEAR (1981). Die gezähnte Linie stellt die nach MARESCH (1977) angenommene Grenze des Stabilitätsfeldes von Glaukophan dar.

Abb. 4.7 dargestellt. Abb. 2.8 zeigt die wahrscheinlichen Bildungsbereiche der hauptsächlichen Metabasittypen.

4.7.1 Die niedriggradige Fazies

Information über die Bildungsbedingungen dieser Zonen stammt aus drei Hauptquellen: experimentelle Untersuchungen von Mineralstabilitäten, Geothermometrie mit Sauerstoffisotopen und direkten Messungen in Geothermalfeldern. Die Übereinstimmung zwischen all diesen unabhängigen Methoden ist relativ gut und läßt annehmen, daß die Zeolith-Fazies in einem Temperaturintervall von ungefähr 100 °C bis zu 250-300 °C stattfindet. Der Stabilitätsbereich von Prehnit in natürlichen Gesteinen ist nicht sehr gut bekannt, aber es gibt zahlreiche experimentelle Arbeiten mit Prehnit und Pumpellyit. Sehr Fe-reiche Pumpellyite, wie sie in einigen Gesteinen der Zeolith-Fazies vorkommen, sind unter 200 °C stabil und bauen zwischen 200 °C und 250 °C ab (Schiffman & Liou 1983), aber Mg-reichere Varietäten, die typisch für die Prehnit-Pumpellyit-Fazies sind, sind bis zu Temperaturen zwischen 350 °C und 400 °C stabil. Dies bietet eine Temperatur für den Übergang von der Prehnit-Pumpellyit-Fazies zur Grünschiefer-Fazies, die mit dem Auftreten von Paragenesen der Subgrünschiefer-Fazies in tiefen Bohrlöchern in Geothermalfeldern bei Temperaturen oberhalb 300 °C übereinstimmt. Zusätzliche Bestätigung dafür, daß die Grünschiefer-Fazies eine untere Temperaturgrenze bei etwa 400 °C hat, kommt aus der Anwendung von Sauerstoffisotopenthermometrie auf Metamorphite der Chlorit-Zone, z.B. durch Graham et al. (1983), Matthews & Schliestedt (1984) und Yardley (1982).

Die obere Druckgrenze für die niedriggradige Fazies wird durch das Auftreten von Paragenesen der Blauschiefer-Fazies angezeigt. Laumontit wird durch Lawsonit bei Drücken von etwa 3 kbar ersetzt (Abb. 4.7), und es entstehen Lawsonit-Albit-führende Gesteine im Übergang zwischen der niedriggradigen Fazies und der Blauschiefer-Fazies. Tatsächlich wurde ihnen von einigen Autoren der Status einer separaten Lawsonit-Albit-Fazies gegeben.

4.7.2 Die Blauschiefer-Fazies

Die größte Schwierigkeit beim Verständnis der Bildungsbedingungen der Blauschiefer boten die Unsicherheiten über die Bedingungen, unter denen Glaukophan stabil ist. Obwohl verschiedene experimentelle Untersuchungen vorgenommen wurden, wurde von Maresch (1977) aufgezeigt, daß experimentelle Produkte bis zu diesem Zeitpunkt niemals echtem Glaukophan entsprachen, während natürlicher Glaukophan, der in Experimenten mit anwesendem H_2O benutzt wurde, zu Na-Glimmer abbaute. Diese Probleme wurden häufig als Folge der geringen für Experimente zur Verfügung stehenden Zeit angesehen, so daß kein Gleichgewicht erreicht wurde. Koons (1982) fand jedoch, daß ein synthetischer Amphibol ähnlich dem Glaukophan in der Zusammensetzung in Experimenten ohne Überschuß an Wasser stabil war. Dies ließ ihn dazu anzunehmen, daß sich Glaukophanschiefer in der Natur nur entwickeln, wenn keine freie fluide Phase anwesend sei. Diese Annahme steht sicherlich den etablierten Vorurteilen der meisten Petrologen entgegen (allerdings nicht, wenn Beziehungen zu Eklogit betrachtet werden). Aber Thompson (1983) legte auch einen Fall vor, in dem Fluide generell in Metamorphiten als separate Phase fehlten, und es bleibt eine verblüffende und wichtige Alternative. Das Stabilitätsfeld in Abb. 4.7 stammt aus der Übersicht von Maresch (1977) und zeigt nur mögliche Grenzen an. Insbesondere die untere Druckgrenze mag zu niedrig sein, während die obere Temperaturgrenze sicher nicht hoch genug ist (vgl. Abb. 4.8). Aus den gegebenen Geländebeschreibungen Glaukophan-führender Gesteine wird

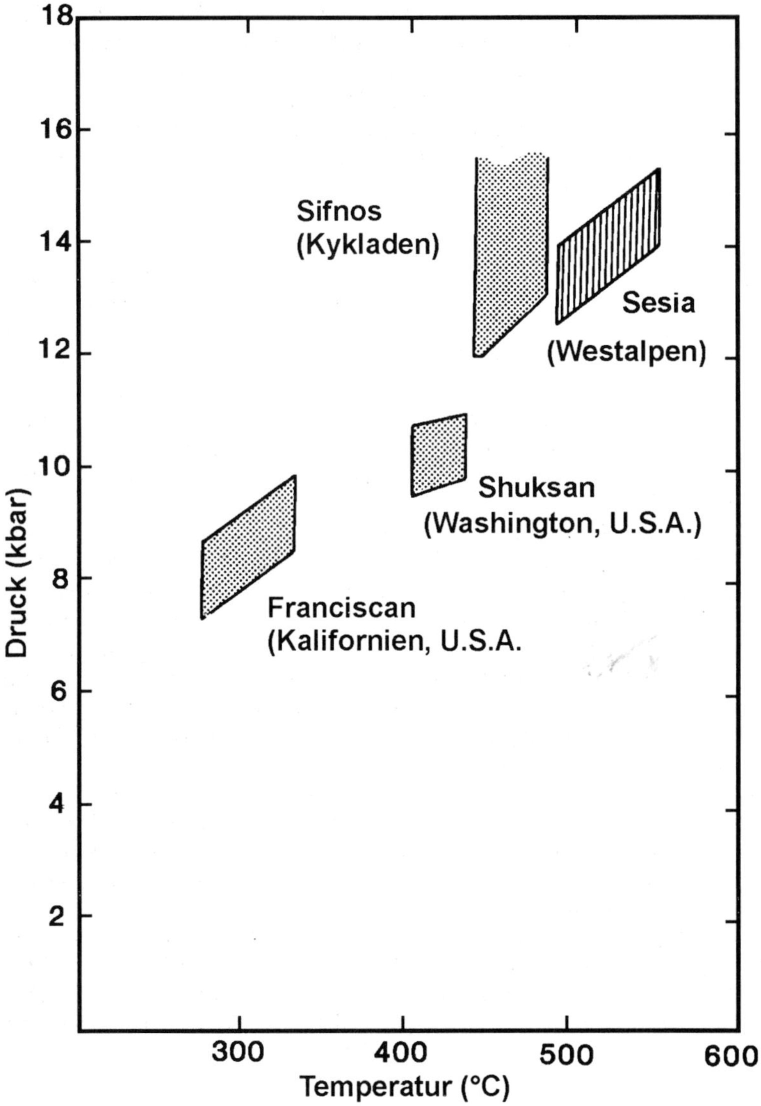

Abb. 4.8 P-T-Bildungsbedingungen einer Abfolge von Blauschiefertypen nach MATTHEWS & SCHLIESTEDT (1984). Die Schraffur bedeutet Blauschiefer, die mit Eklogiten koexistieren.

offensichtlich, daß sie über eine weite Abfolge von Temperaturen stabil sind. Im Stoneyford Quadrangle Kaliforniens erscheinen Blauschieferparagenesen direkt bei niedrigem Grad, während sie in Neukaledonien mit Hornblende-führenden Pargenesen überlappen, die denen der Amphibolit-Fazies vergleichbar sind. TAYLOR & COLEMAN (1968) erhielten in einer der ersten umfangreichen Anwendungen von Sauerstoffisotopen-Geothermometrie auf Metamorphite Temperaturen um 300 °C für niedriggradige Blauschiefer des Franciscan, während BLACK (1974) mit derselben Technik für die Hochdruckabfolge Neukaledoniens Temperaturen zwischen 250 °C für den niedrigstgradigen Anteil bis über 500 °C für die höchstgradigen Omphazit- und Hornblende-führenden Blauschiefer ermittelte. MATTHEWS & SCHLIESTEDT (1984) stellten Temperaturabschätzungen für eine Reihe von Blauschiefern zusammen und bestätigten die Variationsbreite von 300 °C bis 550 °C (Abb. 4.8).

Wegen der Unsicherheit der Glaukophanstabilität beruhen viele Druckabschätzungen der Blauschiefer-Metamorphose auf der Reaktion von Albit zu Jadeit-führendem Pyroxen, weil die Bedingungen des Gleichgewichtes:

Albit → Jadeit + Quarz [4.18]

recht gut bekannt sind. Zusätzlich wurden die Aktivitäts-Zusammensetzungs-Beziehungen von Jadeit-Diopsid-Mischkristallen experimentell von HOLLAND (1983) untersucht.

Dieses Gleichgewicht stellt die obere Stabilitätsgrenze von Albit dar. In einigen Blauschiefern fehlt auch Albit, die stattdessen einen jadeitreichen Pyroxen enthalten. Die Gleichgewichtskurve bietet daher eine untere Druckgrenze für solche Gesteine. In anderen Blauschiefern ist Albit vorhanden und koexistiert mit einem Jadeit-führenden Pyroxen, der auch signifikante Mengen anderer Komponenten enthält. In solchen Fällen ist es möglich, eine P-T-Kurve zu berechnen, bei der die Paragenese im Gleichgewicht war, wenn die tatsächlichen Mineralzusammensetzungen bekannt sind (vgl. Kap. 2, Abb. 2.9 a).

Es scheint, daß sich einige Blauschiefer bei Drücken um etwa 9 kbar und Temperaturen um 400 °C bildeten, aber andere bei erheblich höheren Drücken. OKRUSCH, SEIDEL & DAVIS (1978) berechneten einen Minimaldruck von 14 kbar für Blauschiefer von Siphnos im Kykladenarchipel Griechenlands (Abb. 4.8). Es gibt wenige Reaktionen für die obere Druckgrenze der Blauschiefer, weil jene experimentell bestimmten Reaktionen wie der Abbau von Paragonit zu Jadeit + Disthen bei zu hohen Drücken liegen als sie normalerweise bei niedrigen und mittleren Temperaturen realisiert sind. Jedoch bietet der Paragonitabbau nützliche Information über die Bedingungen der Eklogitbildung und hilft dadurch auch die Bedingungen der Blauschiefer-Fazies einzuengen.

Einige niedriggradige Blauschiefer enthalten Aragonit und dieser bietet einen weiteren nützlichen Anzeiger ihrer minimalen Bildungsdrücke. Aus Abb. 4.7 ist offensichtlich, daß Aragonit der stabile $CaCO_3$-Polymorph ist, wenn sich die meisten Blauschiefer bilden. Der Grund, warum sie nicht in höhergradigen Blauschiefern gefunden werden, ist wahrscheinlich kinetischer Natur (vgl. Kap. 6).

Die Bedingungen der Übergangszone zwischen der Blauschiefer- und der Grünschiefer-Fazies sind nicht sehr gut definiert, aber BROWN (1977) schätzte Drücke um 7-8 kbar bei Temperaturen um 400 °C für die Bildung oxidierter Crossit-Epidot-Schiefer ab, die mit reduzierten Grünschiefern wechsellagern. Diese stimmen mit den meisten Abschätzungen der Bedingungen sowohl für Grünschiefer wie für Blauschiefer überein.

4.7.3 Die Eklogit-Fazies

Die Eklogit-Fazies ist durch das Fehlen von Plagioklas gekennzeichnet. So sind Reaktionen, die die Stabilitätsgrenzen von Albit und Anorthit definieren, offensichtlich bei der Festlegung eines unteren Stabilitätsfeldes für Eklogite von Bedeutung. Albit wird zu hohen Drücken durch Reaktion [4.18] begrenzt, während Anorthit auf folgende Weise abgebaut wird:

3 Anorthit → Grossular + 2 Disthen + Quarz [4.19].

Da Grossular und Jadeit in natürlichen Eklogiten als Komponenten in komplexen Mischkristallen vorkommen, bieten diese Endgliederreaktionen tatsächlich keine sehr präzisen Angaben.

Temperaturen in Eklogiten können bei 500 °C, wie oben angegeben, liegen, wie beispielsweise im Falle der niedriggradigen Eklogite der Gruppe C in Neukaledonien, den Westalpen usw., wo sie mit Blauschiefern vergesellschaftet sind. Die Phasengleichgewichte bieten für Eklogite keine sehr guten Temperaturanzeiger. Jedoch zeigt Geothermometrie auf der Basis von Fe-Mg-Kationenaustausch zwischen Granat und Klinopyroxen (ELLIS & GREEN 1979) Temperaturen von 600-750 °C für norwegische Eklogite der Gruppe B an. NEWTON (1986) benutzte dieses Thermometer, um Eklogite der Gruppen B und C in Hoch-, Mittel- und Niedrigtemperaturtypen einzuteilen. Die genauen Drücke, bei denen sich Eklogite bilden, wurden kontrovers diskutiert, obwohl grundsätzlich feststeht, daß höhere Drücke als bei anderen Metabasiten notwendig sind. Eklogite der Gruppe B aus Norwegen und ähnliche Eklogite aus den europäischen Alpen enthalten Varietäten, die Paragonit und Disthen enthalten. In diesen ist die Menge an Jadeitkomponente im Pyroxen abhängig vom Gleichgewicht mit Paragonit und Disthen:

$$NaAl_3Si_{10}(OH)_2 \rightarrow NaAlSi_2O_6 \quad + \quad Al_2SiO_5 \quad + \quad H_2O \qquad [4.20].$$

Paragonit — *Jadeit in Omphazit* — *Disthen* — *Fluide Phase*

Reaktion [4.20] verläuft nach rechts mit steigenden Drücken (Abb. 4.7). Somit kann der Jadeitgehalt des Omphazits analysiert und dazu benutzt werden, um einen Bildungsdruck für jeden gegebenen Disthen-Paragonit-Eklogit zu berechnen. HARLEY (1984 a, b) schätzte Drücke von 19 kbar für norwegische Orthopyroxen-Eklogite mit dieser Methode ab, jedoch mit einer großen Unsicherheit von ± 9 kbar. Es scheint unwahrscheinlich, daß Eklogite sich bei Drücken unter 12 kbar bilden, weil dies Bedingungen sein würden, die nicht sehr von denen der Barrow-Metamorphose unterschiedlich wären. Dagegen werden Eklogite niemals in der Barrow-Zonen-Abfolge gefunden. Es gibt einige Hinweise dafür, daß sehr viel höhere Drücke in einigen Eklogiten erreicht wurden, weil Coesit, der Hochdruck-Polymorph von SiO_2, als Einschluß in Pyroxen von Eklogit gefunden wurde und dies bedingt Drücke von etwa 30 kbar (SMITH 1984).

4.7.4 Die Grünschiefer- und die Amphibolit-Fazies

Obwohl die untere Temperaturgrenze der Grünschiefer-Fazies recht gut durch den Abbau von Pumpellyit (SCHIFFMAN & LIOU 1980, 1983) definiert ist, sind Änderungen in Metabasiten innerhalb der Grünschiefer- und der Amphibolit-Fazies das Resultat ausgeprägt kontinuierlicher Reaktionen. Kein einfaches experimentelles System ist von direkter Relevanz. Auch Änderungen bei niedrigen Drücken in der Hornfels-Fazies sind nicht deutlich definiert. Daher sind metamorphe Bedingungen in diesen Fazies besser durch pelitische Paragenesen definiert als durch Metabasite. Die kontinuierlichen Reaktionen bedingen Änderungen im Amphibolchemismus. LAIRD & ALBEE (1981) stellten eine Reihe von Diagrammen mit Amphibolzusammensetzungen vor, die eine ungefähre Abschätzung des Druck- und Temperaturregimes zur Bildung von Metabasiten erlauben. Diese sind aus dem Vergleich mit Gebieten abgeleitet, in denen die Metamorphosebedingungen unabhängig aus pelitischen Gesteinen bekannt sind. Ein Beispiel ist in Abb. 4.9 gegeben. Zusätzliche Geothermometer beruhen auf dem Fe-Mg-Austausch zwischen Granat und Hornblende (GRAHAM & POWELL 1984) und dem Austausch NaSi gegen CaAl zwischen Plagioklas und Hornblende (SPEAR 1980).

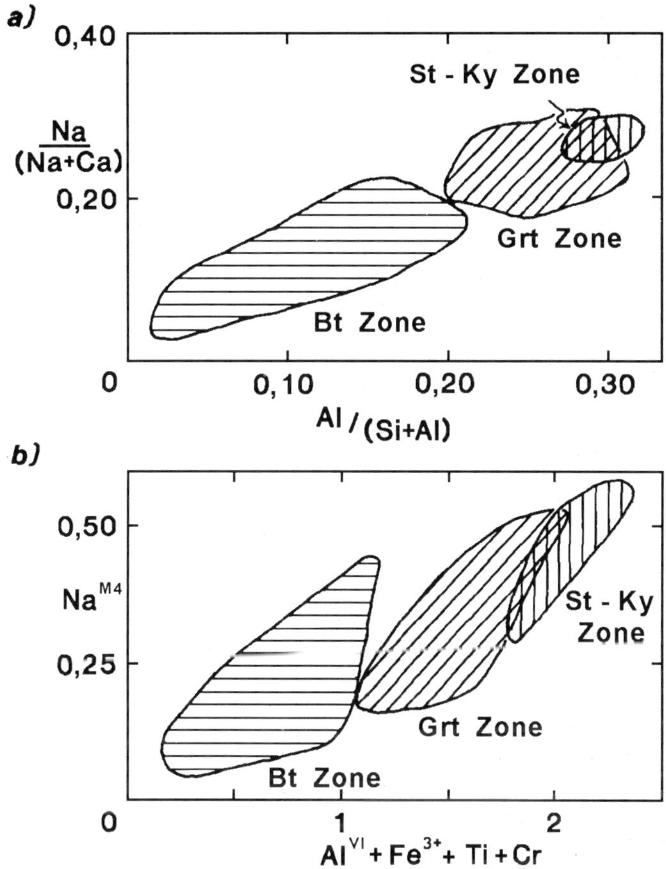

Abb. 4.9 Beispiele für die Variation von Zusammensetzungen von Ca-Amphibolen mit aufsteigendem Grad bei einer Metamorphose vom Barrow-Typ (Daten aus Vermont nach LAIRD & ALBEE 1981). Diagramm **a)** basiert auf analysierten Atomproportionen allein, **b)** zusätzlich auf errechnetem Fe^{3+} und Zuordungen zu Gitterplätzen in der Amphibolstruktur. Na^{M4} bedeutet Ersatz von Ca durch Na auf der M4-Position (zusätzliches Na kann auf der A-Position vorkommen). Auf der anderen Achse wird die Summe der trivalenten Ionen plus Ti auf den Oktaederplätzen aufgetragen. Jedes schraffierte Feld umfaßt Amphibolzusammensetzungen in Metabasiten einer speziellen Pelitzone.

4.7.5 Die Granulit-Fazies

Zweifellos bilden sich basische Granulite bei sehr hohen Temperaturen, weil sie durch die Entwässerung von Amphibol zu Pyroxen charakterisiert sind und assoziierte pelitische Gesteine häufig teilweise geschmolzen sind. Direkte experimentelle Belege für die Temperaturen am Übergang von Amphibolit zu Granulit sind nur bei niedrigen Drücken vorhanden (Abb. 4.7). SPEAR (1981) fand, daß Klinopyroxen sich bei 770-790 °C und 1-2 kbar in Amphibolit bildete und Olivin bei weiterer Aufheizung um 10-30 °C. Dies stimmt mit BINNS

Geländebeobachtungen der Reihenfolge überein, mit der die Phasen im Willyama-Komplex erscheinen.

Die meisten Abschätzungen der Bildungsbedingungen von Granuliten beruhen auf dem Ausmaß der Mischkristallbildung und dem Kationenaustausch zwischen koexistierendem Granat, Orthopyroxen und Klinopyroxen, wobei die gleichen Thermometer und Barometer wie bei den Eklogiten zur Anwendung kamen. Da sich die Kalibrierung dieser Geothermometer und Geobarometer über Jahre hinweg infolge neuer experimenteller Untersuchungen und theoretischer Behandlungen verändert hat, sollten Resultate von Untersuchungen zu verschiedenen Zeiten und aus verschiedenen Labors nur mit erheblicher Vorsicht verglichen werden. Trotz dieser Unsicherheit scheint klar zu sein, daß basische Granulite sich bei Temperaturen zwischen wenigstens 700-1000 °C bilden und Drücken von etwa 15 kbar bis herunter zu sehr niedrigen Werten um 5 kbar. Diese Ergebnisse stimmen gut mit den Werten überein, die für assoziierte pelitische Migmatite im vorausgegangenen Kapitel abgeschätzt wurden (vgl. Zusammenstellungen in Tarney & Windley 1977; Turner 1981; Newton 1983 und Harley 1984 b).

Einige Autoren schlugen noch extremere Temperaturen bis zu 1250 °C für die Bildung von Granuliten vor (O'Hara & Yarwood 1978). Sie wiesen auf eine grundsätzliche Unsicherheit bei der Berechnung von Druck und Temperatur für hochgradige Gesteine beim Gebrauch von Geothermometern und Geobarometern hin. Die Grundlage für die Berechnungen beruht darauf, daß es möglich ist, heute die Zusammensetzungen zu messen, die die Minerale hatten, als sie miteinander zum Höhepunkt der Metamorphose im Gleichgewicht waren. Jedoch können bei hohen Temperaturen Minerale ihre Zusammensetzungen durch Diffusion verändern. So können die Zusammensetzungen, wie sie heute gemessen werden, gegenüber den ursprünglichen Werten verändert sein, wenn die Gesteine langsam abkühlten. Letztlich können sie eine niedrigere Temperatur anzeigen als die, bei der das Gestein ursprünglich rekristallisierte (d.h. eine „Schließtemperatur"). Beispielsweise berechnete Barnicoat (1983) Temperaturen von 820-920 °C für die meisten archäischen Granulite von NW-Schottland, jedoch ergaben einige viel gröber körnige Proben Temperaturen um 1000 °C, weil Diffusion weniger effektiv Mineralzusammensetzungen ändert, wenn die Körner größer sind, da sich Material über größere Distanzen durch das Gitter bewegen muß. Dennoch erscheint es unwahrscheinlich, daß Temperaturen in der Größenordnung von 1000 °C sehr weit verbreitet waren, weil metamorphe Gürtel, die die pelitische Hochtemperatur-Paragenese Sapphirin + Quarz enthalten, sehr selten sind.

Da Granulite einen niedrigeren Wassergehalt haben als Amphibolite, nahmen viele Autoren an, daß sie sich unter relativ trockenen metamorphen Bedingungen bildeten (z.B. Buddington 1952) und sich dadurch und nicht so sehr durch Temperaturunterschiede von Amphiboliten unterscheiden. Jüngst wurde dieses Problem wieder aufgegriffen, und eine Kontroverse hat sich daran entzündet, ob die trockenen Bedingungen für Granulite durch Entfernung von Wasser bei Lösung in extrem heißen Schmelzen zustande kommen oder etwa durch Infiltration von CO_2, das möglicherweise aus dem Mantel stammt und Entwässerung bei Temperaturen förderte, die nicht viel höher waren als die der Amphibolit-Fazies.

Belege für das CO_2-Infiltrations-Modell kamen ursprünglich von Fluideinschlußuntersuchungen, vor allem durch Touret (1971 a, b), der den Amphibolit-Granulit-Übergang in Südnorwegen insbesondere an den Fluideinschlüssen in Mineralen untersuchte. Er fand, daß es sich bei der reliktischen fluiden Phase in Einschlüssen in Amphiboliten um H_2O handelte, in Granuliten dagegen vorwiegend um CO_2. H_2O in Granuliten schien dagegen bei einem späteren retrograden Stadium hinzugekommen zu sein. Touret argumentierte, daß der Amphibolit-Granulit-Übergang nicht so sehr Temperaturzunahme als vielmehr Infiltration einer fluiden CO_2-Phase möglicherweise aus dem Mantel reflektierte. Viele weitere Untersuchungen bestätigten, daß CO_2 die Fluideinschlußzusammensetzungen in Granuliten dominiert.

Andererseits untersuchte PHILLIPS (1980) erneut den Übergang von der Amphibolit- zur Granulit-Fazies im Willyama-Komplex Broken Hills, der oben beschrieben wurde. Er fand auch Hinweise für ein Wasserdefizit in den basischen Granuliten. Jedoch führt er dies auf ausgedehntes Aufschmelzen in benachbarten Gesteinen zurück, die alles verfügbare Wasser aufgenommen haben. Weiterhin zeigten VALLEY & O'NEILL (1978) mit Hilfe von stabilen Isotopen, daß Granulitproben aus benachbarten Lagen in der Adirondack-Abfolge, New York, während der Metamorphose nicht im isotopischen Gleichgewicht miteinander waren, was die Möglichkeit ausschließt, daß sie alle von einer einheitlichen fluiden Phase aus der Tiefe durchströmt wurden.

Es gibt kaum Zweifel daran, daß viele Granulite bei Temperaturen metamorphosiert wurden, die hinreichend hoch für Schmelzbildung waren, wenn nur kleine Spuren von H_2O vorhanden waren. Weiterhin sind viele Gesteine der Granulit-Fazies migmatitisch. Zusätzlich sind viele Granulite an solchen Elementen wie etwa K verarmt, die leicht in die Schmelzphase gehen, und dies belegt auch einen anatektischen Ursprung für Granulite (FYFE 1973). Dennoch beruht der Chemismus bestimmter anderer Granulite eher auf der Metasomatose durch CO_2-reiche Fluide als auf Schmelzbildung (GLASSLEY 1983; WEAVER & TARNEY 1983). Eine klare Lösung des Problems gibt es gegenwärtig noch nicht. Denn obwohl zweifelsfrei viele Granulite Schmelzbildung erfahren haben, ist die Möglichkeit nicht ausgeschlossen, daß in einigen Fällen Zufuhr von CO_2 der dominierende Prozeß war.

4.8 Hydrothermale Metamorphose basaltischer Gesteine

Wenn auch Metamorphose generell isochemisch ist (außer Zu- und Abbnahme von flüchtigen Phasen), weisen Metabasalte tatsächlich eine viel weitere chemische Variationsbreite an Zusammensetzungen auf als frische Basalte. Dies wird heute vor allem als Ergebnis einer Metasomatose angesehen, die mit hydrothermaler Metamorphose verbunden ist.

Spilite sind Basalte, in denen der Plagioklas Albit ist, und die stets einige sekundäre OH-Phasen enthalten, die Glas oder primäre Minerale ersetzen. Viele Jahre lang war die Entstehung dieser Gesteine umstritten. Albit bildet so perfekte Pseudomorphosen nach primärem Plagioklas, daß viele Autoren ihn selbst als magmatische Bildung ansahen und sogar annahmen, daß Spilite sich aus einem Na-haltigen, vielleicht auch wasserhaltigen basaltischen Magma bildeten, das in heutigen Vulkanen gar nicht vorkommt. Die metamorphe Entstehung der Spilite wurde überzeugend von VALLANCE (1965) vertreten, der zeigte, daß einige, wenn auch nicht alle, die Metasomatose erlebt haben. Anschließend fand CANN (1969) spilitische Gesteine am Ozeanboden und zeigte, daß sich Spilite viel rezenter gebildet hatten, als bislang bekannt war. Andere extreme Gesteinszusammensetzungen treten auch in Vergesellschaftung mit Spiliten auf, z.B. **Epidotite**, d.h. Gesteine , die fast vollständig aus Epidot bestehen und als mm- bis cm-mächtige dünne Lagen bis zu m-große Linsen auftreten. Spilite und Epidotite sind typisch für niedriggradige Metamorphose. Jedoch können in hochgradigen (Amphibolit-faziellen) Gebieten, Gesteine mit Ca-armen Amphibolen, wie die Cordierit-Anthophyllit-Gesteine, die ursprünglich von ESKOLA (1914) beschrieben wurden, auch hydrothermal metamorphosierte Gesteine repräsentieren. Sie werden weiter unten diskutiert.

Die Entstehung und Signifikanz hydrothermal alterierter Basalte wurde in den letzten Jahren mit der Vorhersage und Entdeckung aktiver Konvektionszellen immer klarer, in denen Seewasser durch junge Ozeankruste in tiefen Ozeanen zirkuliert und Metamorphose im Ozeanboden bewirkt.

4.8.1 Ozeanbodenmetamorphose

Seit vielen Jahren ist bekannt, daß Probensammlungen vom Ozeanboden in der Nähe der mittelozeanischen Rücken sowohl frische als auch metamorphosierte Basalte und seltener auch Metagabbro enthalten. CANN (1969) untersuchte Proben vom Carlsberg-Rücken im Indischen Ozean. Er fand eine Abfolge von frisch bis zu durchgängig metamorphosierten Basalten der Grünschiefer-Fazies. Sogar in den intensiv umgewandelten Basalten gibt es noch magmatische Gefüge, aber Plagioklas ist weitgehend albitisiert, Olivin und Glas durch Chlorit ersetzt. Andere metamorphe Minerale enthalten Quarz, Titanit, feine Aktinolithnadeln und Epidot. Die meisten dieser metamorphen Minerale treten in Gängen sowie im Hauptgesteinsanteil auf. CANN wies daraufhin, daß die Metamorphose nicht strenggenommen isochem war. Beispielsweise können glasige Lavakissen-Ränder zu reinem Chlorit umgewandelt sein.

Das weite Spektrum von Mineral- und Faziestypen in Gesteinen des Ozeanbodens ist in Tabelle 4.2 aufgelistet, nach einer Zusammenstellung von HUMPHRIS & THOMPSON (1978). Ihre Bildungstemperaturen liegen zwischen 100 °C und 500 °C, aber die Drücke sind niedrig, wie z.B. durch die niedrigen Na-Gehalte der Aktinolithe angezeigt. Hochgradige Gesteine sind relativ selten und sind oft Metagabbros. Gesteine der Zeolith-Fazies sind ebenfalls selten, Gesteine der Grünschiefer-Fazies dagegen am häufigsten. Dieser Abschnitt beschränkt sich nur auf Phänomene relativ hoher Temperaturen (>250 °C), die mit Seewasserzirkulation durch Risse in neugebildeter Kruste zusammenhängen, nicht jedoch mit den verbreiteteren Hydratationseffekten, die Gesteine des Ozeanbodens, vor allem Gläser, bei niedrigeren Temperaturen betreffen.

Tabelle 4.2 Paragenesen in Metabasalten des Ozeanbodens (nach HUMPHRIS & THOMPSON 1978).

Metamorphe Fazies	Paragenesen
Zeolith	Zeolithe (z.B. Analcim, Heulandit, Stilbit, Natrolith, Mesolit, Skolezit), Wechsellagerungs-Tonminerale
Prehnit-Pumpellyit	Prehnit, Chlorit, Calcit, Epidot
Grünschiefer	Aktinolith, Tremolit, Hornblende, Albit. Chlorit, Talk, Epidot, Nontronit, Quarz, Titanit, Magnetit
Amphibolit	Hornblende, Aktinolith, Plagioklas, Chlorit, Biotit, Epidot, Quarz, Titanit, Epidot

Erhebliche metasomatische Umwandlungen begleiten häufig die Ozeanbodenmetamorphose. HUMPHRIS & THOMPSON (1978) fanden, daß es zwei spezifische Typen von Alteration gibt. Meistens sind Metabasalte reich an Chlorit, in einigen Fälle gibt es aber auch viel Epidot. Die chloritreichen Gesteine verarmten an Ca und Si und nahmen im Vergleich zum Ausgangsbasalt Mg auf, während die epidotreichen hohe Gehalte an Ca, niedrige an Mg haben und etwas oxidiert sind. HUMPHRIS & THOMPSON wiesen daraufhin, daß Ozeanbodenmetamorphose die Aufnahme von Mg aus dem Meerwasser zur Bildung von Chlorit einschließt. Dies bietet eine Erklärung für die Unausgeglichenheit zwischen relativ großen Mengen an Mg, die über Flußwasser in die Meere gelangen und den niedrigen Mg-Gehalten in den Ozeanen selbst. Um den Mg-Gehalt im heutigen Ozean zu bilanzieren, muß heute Ozeanbodenmetamorphose im weltweiten Maßstab stattfinden.

Ein direkter Beleg für diesen Prozeß gelang mit der Entdeckung warmer Quellen am Ozeanboden am Galapagos-Rücken (CORLISS et al. 1979) und kurz danach mit spektakuläreren Funden von Hochtemperaturquellaustritten bei 22 °N auf dem ostpazifischen Rücken (SPEISS et al. 1980). Diese treten in Bereichen auf, in denen Meerwasser in junger heißer ozeanischer Kruste versickert, die es aufheizt und mit ihm reagiert (Abb. 4.10). Das aufgeheizte Meerwasser tritt bei Temperaturen um 350 °C aus, und feinstkörnige Sulfide setzten sich beim Wiedereintritt in den Ozean ab. Dies ergibt den charakteristischen „black smoke" von Sulfidpartikeln, daher der Name „**black smoker**". Später wurden heiße Quellen an vielen Stellen anderswo in den Ozeanen gefunden. Experimentelle Studien wurden durchgeführt, wie Meerwasser mit Basalt bei 350-400 °C reagiert (vgl. SEYFRIED 1987 als Überblick).

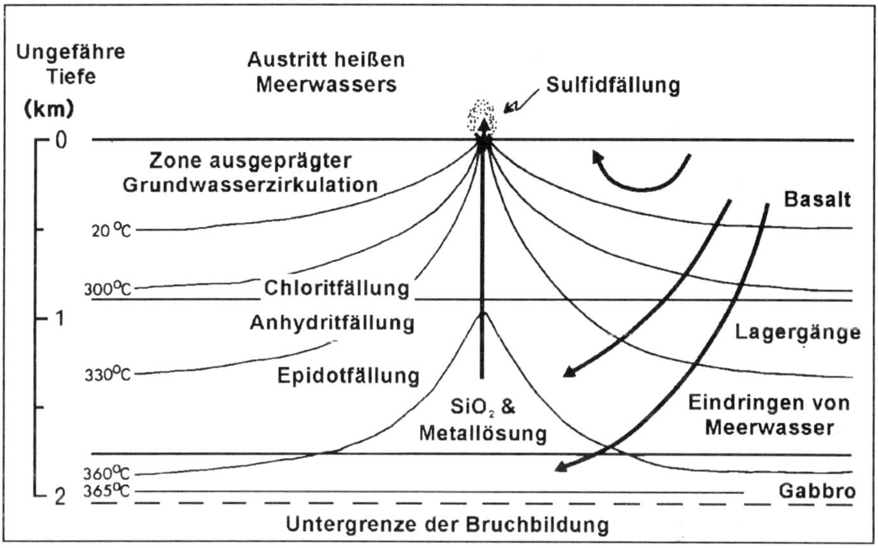

Abb. 4.10 Schematisches Profil mit der lithologischen Abfolge, der thermischen Struktur und der hydrothermalen Zirkulation unterhalb eines hydrothermalen Zufuhrkanals an einem aktiven mittelozeanischen Rücken. Chemische und mineralogische Änderungen sind dargestellt. Nach MOTTL (1983), SEYFRIED (1987) und RICHARDSON et al. (1987). Fette horizontale Linien zeigen die lithologische Stratifizierung der ozeanischen Kruste, während die indizierten Isothermen die thermische Struktur um den Zufuhrkanal wiedergeben. Fette Pfeile auf der rechten Hälfte geben die Richtung des Fluidflusses an, die Orte bedeutender mineralogischer Änderungen sind auf der linken Seite dargestellt.

Eine typische Eigenschaft hydrothermal metamorphosierter Gesteine ist, daß solche Proben, die den extremsten metasomatischen Änderungen unterworfen waren, die wenigsten Minerale enthalten. Der Ausdruck **Wasser-Gesteins-Verhältnis** wird benutzt, um die Menge an Wasser anzugeben, die während der Metamorphose durch ein bestimmtes Gesteinvolumen geflossen ist. Wenn das Wasser-Gesteins-Verhältnis hoch ist, reagiert das Gestein weitgehend mit der fluiden Phase, so daß es seine Mineral- und chemische Pauschalzusammensetzung erhält, die gleichermaßen von dem Chemismus der infiltrierenden fluiden Phase bestimmt ist wie von der urspünglichen Natur des Gesteins. Dies wird unten in Kap. 4.8.3 noch weitergehend ausgeführt. Im Fall der Ozeanbodenbasalte beschrieb MOTTL (1983) eine Abfolge von

Paragenesen mit Chlorit + Epidot + Aktinolith + Quarz bei relativ niedrigen Wasser-Gesteinsverhältnissen über Chlorit + Albit + Quarz zu Chlorit + Quarz bei hohen Verhältnissen. Gleichzeitig wurde der Chlorit um so Mg-reicher, je höher die Menge an durchströmendem Meerwasser war. In der Natur treten hohe Wasser-Gesteinsverhältnisse vermutlich in unmittelbarer Nähe von Störungen auf, wie in Abb. 1.1 c dargestellt.

4.8.2 Cordierit-Anthophyllit-Gesteine und verwandte Gesteine

Cordierit-Anthophyllit-Gesteine sind eine spezielle Klasse von Metamorphiten, die sich durch die Anwesenheit von Ca-armen Amphibolen auszeichnen, die mit Al-reichen Phasen, vor allem Cordierit, koexistieren. Zusätzlich zu Cordierit und Anthophyllit treten als weitere Minerale Cummingtonit, Plagioklas, Chlorit, Quarz oder Korund, Spinell, Biotit, Talk und Fe-Ti-Oxide auf. Verwandte Gesteine haben Paragenesen mit Staurolith, Gedrit und Hornblende. Trotz ihrer ungewöhnlichen Mineralogie wurden diese speziellen Paragenesen in Gebieten mit Amphibolit-fazieller Metamorphose gefunden, seit ESKOLA sie erstmals 1914 beschrieb. Insbesondere haben J.B. THOMPSON Jr, P. ROBINSON und ihre Studenten sehr engagiert alle denkbaren Variationen von Amphibolzusammensetzungen und -paragenesen in solchen Gesteinsabfolgen aus Massachusetts und New Hampshire, USA, herausgearbeitet.

Die Mineralparagenesen quarzführender Cordierit-Anthophyllit-Gesteine können graphisch in einer **AMF-Projektion** (auch als **Plagioklas-Projektion** bekannt) dargestellt werden, die der AFM-Projektion für die Metapelite vergleichbar ist und von ROBINSON & JAFFE (1969) entwickelt wurde. In diesen Gesteinen ist K_2O im Gegensatz zu CaO keine wichtige Komponente. Auch Na_2O im Plagioklas muß berücksichtigt werden. Paragenesen mit koexistierendem Quarz und H_2O werden in Abb. 4.11 a dargestellt, einem Tetraeder, dessen Ecken von CaO, MgO, FeO und Al_2O_3-Na_2O belegt sind. Abzug von Na_2O hat den Effekt von Albit beseitigt, so daß alle Plagioklase auf dem Projektionspunkt des Anorthit zu liegen kommen. Dies erlaubt es, Gesteins- und Mineralzusammensetzungen innerhalb des Tetraeders vom Plagioklas auf die AMF-Fläche zu projizieren. Die resultierende Projektion ist in Abb. 4.11 b für Paragenesen aus der Sillimanit-Zone von SW-New Hampshire (durch zwischengelagerte Metapelite definiert) dargestellt.

Das Problem mit diesem Typ von metamorphen Gesteinen ist, daß es keine magmatischen oder sedimentären Gesteine vergleichbarer Pauschalzusammensetzung als Ausgangsgesteine gibt. Daher akzeptierten die meisten Autoren eine metasomatische Entstehung, jedoch sind Ursachen und Zeitpunkt der Metasomatose umstritten. Wir haben oben gesehen (und in Kap. 4.8.3), daß in offenen Systemen die Anzahl der Mineralphasen entsprechend der Anzahl von mobilen Komponenten reduziert ist. Wo umfangreiche Metasomatose stattgefunden hat, wie es hier der Fall ist, können wir erwarten, daß Gesteine, die im offenen System der hydrothermalen Metamorphose gebildet wurden, nur wenige Minerale enthalten. Dies würde den komplexen Paragenesen einiger Cordierit-Anthophyllit-Gesteine widersprechen. Jedoch kann anschließende Metamorphose metasomatischer Gesteine die Anzahl der vorhandenen Mineralphasen erhöhen. Beispielsweise wird ein reiner Serpentinit, der durch eine Metamorphose in einem offenen System aus Peridotit gebildet wurde, zu Olivin + Talk bei Aufheizung über die obere Stabilitätsgrenze kristallisieren (vgl. Kap. 2). VALLANCE (1967) fand, daß Cordierit-

Abb. 4.11 (auf der rechten Seite) Graphische Darstellung von Mineralparagenesen von Cordierit-Anthophyllit-Gesteinen und verwandten Gesteinen. **a)** Veranschaulichung der Plagioklas-Projektion auf die AFM-Ebene des Al_2O_3-FeO-MgO-CaO-Tetraeders. **b)** Mineralparagenesen von Cordierit-Anthophyllit-Gesteinen und verwandten Gesteinen aus der Sillimanit-Zone, SW-New Hampshire. Nach ROBINSON et al. (1982).

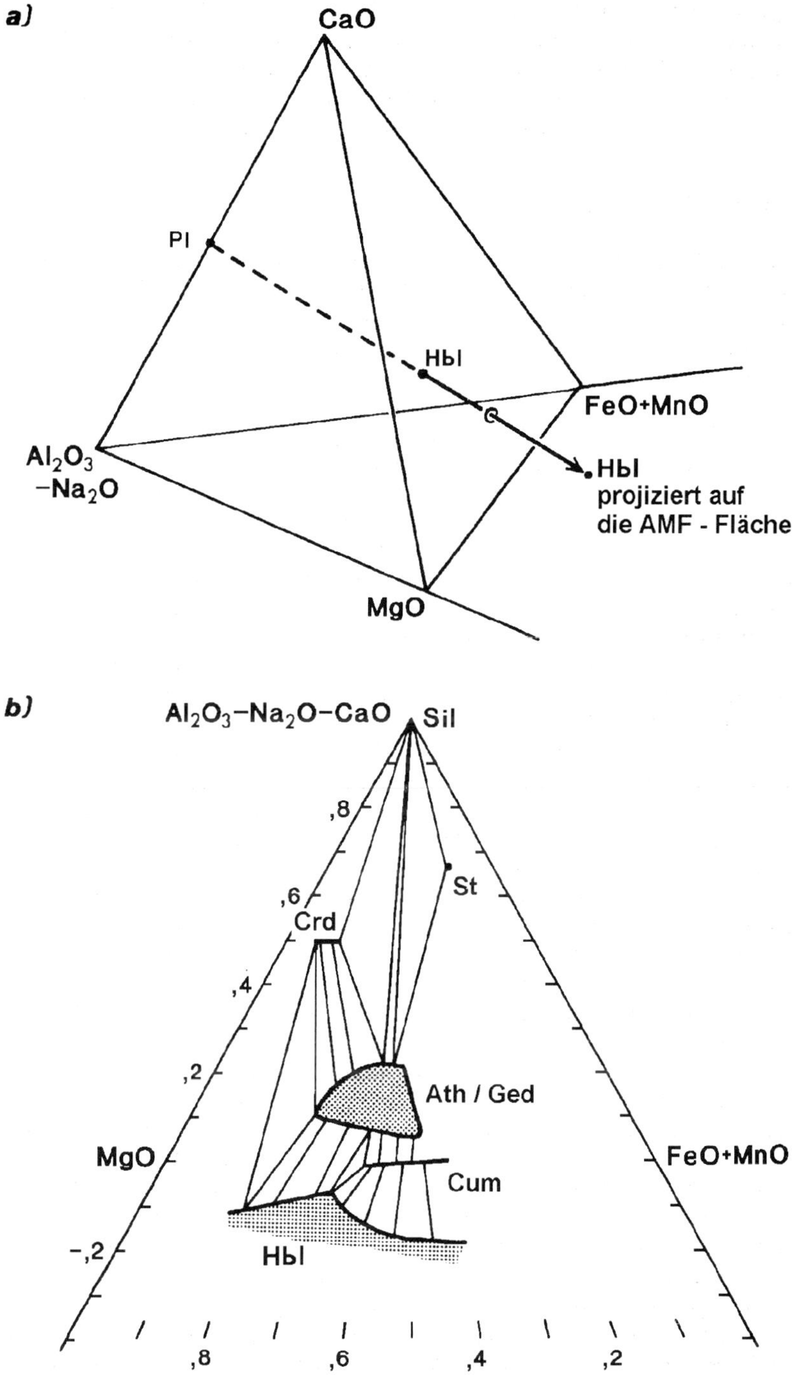
a)
CaO
Pl
Hbl
FeO+MnO
Al_2O_3
$-Na_2O$
Hbl
projiziert auf
die AMF - Fläche
MgO
b)
$Al_2O_3-Na_2O-CaO$
Sil
,8
St
,6
Crd
,4
,2
Ath / Ged
MgO
FeO+MnO
Cum
-,2
Hbl
,8
,6
,4
,2

Abb. 4.11

Anthophyllit-Gesteine die gleiche Zusammensetzung hatten wie Chlorit + Quarz-reiche Bereiche hydrothermal alterierter Basalte. Er schlug vor, daß sie sich durch anschließende Hochtemperatur-Metamorphose alterierter Basalte gebildet haben. Im Vergleich zu Basalten sind Cordierit-Anthophyllit-Gesteine verarmt an Ca und angereichert an Mg, in geringerem Maße an Fe, während der Al-Gehalt erhalten bleibt. Dies ist exakt die Art chemischer Umwandlung, die HUMPHRIS & THOMPSON (1978) als charakteristisch für Ozeanbodenmetamorphose erkannten.

4.8.3 Anwendung der Phasenregel auf hydrothermal-metamorphe Gesteine

Gesteine, die eine Metamorphose erleben, können entweder **geschlossene Systeme** darstellen, in denen kein Material zu- oder abgeführt wird, oder **offene Systeme** mit Verarmung oder Anreicherung einiger Komponenten. Die meisten Metamorphite verhalten sich bis zu einem gewissen Grade als offene Systeme, weil sie flüchtige Phasen bei fortschreitender Aufheizung verlieren. Jedoch sind die Mengen relativ gering, so daß kein bedeutender Verlust anderer Komponenten in Lösung auftritt. Bei hydrothermaler Metamorphose, bei der große Volumina von Fluiden durch das Gestein zirkulieren, kann die Konzentration zahlreicher Bestandteile im Gestein erheblich verändert werden, wodurch eine signifikante Metasomatose bewirkt wird.

Durch D.S. KORZHINSKY wurde in den dreißiger Jahren (vgl. KORZHINSKY 1959 als englische Zusammenfassung) aufgezeigt, daß die Gibbssche Phasenregel wie in Kap. 2 ausgeführt, für offene Systeme modifiziert werden kann. KORZHINSKY unterschied zwischen **inerten Komponenten**, d.h. solchen, die im Gesteine weder zu- noch abgeführt werden, und **mobilen Komponenten**, die in der fluiden Phase vorkommen und im Gestein zu- oder abgeführt werden, in Abhängigkeit davon, ob ihr chemisches Potential in der fluiden Phase höher oder niedriger ist als in den Mineralen des Gesteins. Der wichtige Punkt ist der, daß chemische Potentiale perfekt mobiler Komponenten extern gesteuert werden. Beispielsweise kann das chemische Potential einer gelösten Komponente durch die Minerallöslichkeit am Ursprungsort der fluiden Phase gesteuert sein. Wenn wir annehmen, daß metamorphe P-T-Bedingungen gewöhnlich innerhalb divarianter Felder im P-T-Diagramm für ein gegebenes System liegen (d.h. $F = 2$), ist normalerweise die Gesamtzahl der Phasen gleich der Anzahl der Komponenten bei isochemischer Metamorphose, d.h. $P = K$. KORZHINSKY zeigte: wenn wir die Anzahl der inerten Komponenten mit K_i und die Anzahl der mobilen Komponenten mit K_m bezeichnen, ist die Gesamtzahl der festen Phasen $P_s = K_i = K - K_m$.

Als Beispiel sei die Mineralparagenese Talk + Forsterit + Tremolit in der Aureole des Bergell-Tonalites angeführt (Abb. 2.4 und 2.7). Das chemische System ist MgO-CaO-SiO_2-H_2O; und wenn weiterhin eine fluide Phase anwesend ist, ergibt sich aus der Phasenregel $P = K = 4$. Andererseits können wir H_2O aufgrund seines Fluiddruckes als mobile Komponente behandeln. Somit wird das chemische Potential unabhängig von der mechanischen Gesteinsfestigkeit kontrolliert, die verhindert, daß der Fluiddruck den lithostatischen Druck übersteigt. In diesem Fall ist nach Korzhinskys Phasenregel $P_s = K_i = 3$, ähnlich wie bei der Gibbsschen Phasenregel, weil nur Wasser als mobil angesehen wird.

Korzhinskys Phasenregel ist wirklich nützlich bei hydrothermalen Prozessen, wenn große Fluidmengen das Gestein durchströmen und vielen normalerweise inerten Komponenten einschließlich den meisten Hauptelementbestandteilen der Gesteine ermöglichen, mobil zu werden. Je mehr Komponenten mobil werden, desto weniger inerte Komponenten gibt es natürlich, und somit wird die Anzahl von Phasen im Gestein geringer. *Daher enthalten hydrothermal metamorphosierte Gesteine und zugehörige Gänge nur sehr wenige koexistie-*

rende Minerale und können auch monomineralisch sein. Es kann argumentiert werden, daß auch viele Amphibolite bei einer isochemischen Metamorphose eine sehr beschränkte Anzahl von Phasen aufweisen. In diesem Fall sind die Minerale jedoch Mischkristalle, wie etwa Amphibole oder Plagioklase, deren Zusammensetzung stark bei benachbarten Proben schwanken kann. Metasomatische Gesteine, die sich in offenen hydrothermalen Systemen bildeten, haben nicht nur wenige Minerale, sondern diese Minerale haben auch sehr einheitliche Zusammensetzungen, auch wenn sie Mischkristalle bilden können. Denn die Elementverhältnisse in den Mischkristallen sind durch die Zusammensetzung der infiltrierenden fluiden Phase auf einen konstanten Wert festgelegt.

Ultrabasische Linsen, die in Si-reiche Gesteine entlang von Scherzonen eingeschuppt wurden, sind in orogenen Gürteln nicht selten und sind oft zu monomineralischen Talkgesteinen durch Zufuhr von SiO_2 und Abfuhr von CaO rekristallisiert. In diesem Fall kann nur MgO als inert angesehen werden, und so hat das Endprodukt nur ein Mineral. Wo weniger Wasser hinzutrat, verhielt sich CaO nicht als vollständig mobile Komponente, und so treten bimineralische Talk-Tremolit-Gesteine auf.

5 Metamorphose von Marmoren und Kalksilikat-Gesteinen

Die dritte Gruppe metamorpher Gesteine, die im Detail behandelt werden soll, entsteht aus kalkigen Sedimenten, d.h. Kalksteinen und Mergeln. In Metapeliten können relativ deutliche Isograde kartiert werden, die auf bestimmte diskontinuierliche Reaktionen zurückgeführt werden können. Metabasite bringen zusätzliche Komplexität in die Zonen-Abfolge, da in ihnen hauptsächlich kontinuierliche Reaktionen ablaufen. In diesem Kapitel wird der Einfluß einer weiteren Variablen auf die Stabilität metamorpher Mineralparagenesen dargestellt, die Zusammensetzung der fluiden Phase.

Kalksteine sind häufig sehr rein. Weil Calcit selbst unter den meisten Krustenbedingungen stabil ist, bilden sich in solchen Gesteinen bei der Metamorphose in der Regel keine neuen Minerale. Viele Kalksteine enthalten jedoch weitere Bestandteile wie detritische Körner oder diagenetischen Dolomit, die bei der Metamorphose mit Calcit weitgehend reagieren können. Mergelige Sedimente, die aus Mischungen von Calcit mit Silikaten bestehen, treten ebenfalls häufig auf. Es existieren daher sämtliche Übergänge zwischen reinen Karbonaten und reinen silikatischen Sedimenten.

Metamorphe Gesteine reflektieren die Vielfalt der Sedimente und enthalten somit sowohl reine Marmore als auch eine Abfolge von Metasedimenten mit verschiedenen Karbonatanteilen. Es ist deshalb nicht ungewöhnlich, insbesondere bei mittleren bis hohen Graden, Metasedimente zu finden, die reich an Ca- oder Ca-Mg-Silikaten sind (wie Zoisit, Grossular, Amphibol oder Diopsid), die jedoch wenig oder kein Karbonat enthalten. Diese Gesteine sind **Kalksilikat-Gesteine** und in vielen Fällen vermutlich metamorphe Produkte von ursprünglich karbonathaltigen Sedimenten. Wir nehmen dies an, da Calcit und Dolomit die wesentlichsten Ca- und Mg-haltigen Bestandteile von Sedimenten sind, und da die Reaktionen, an denen sie teilnehmen, Karbonate unter Freisetzung von CO_2 bei der Silikatbildung abbauen. **Skarne** sind Kalksilikat-Gesteine, die sich bei metasomatischer Wechselwirkung zwischen Marmor und silikatischem Nachbargestein gebildet haben. Die spektakulärsten Beispiele findet man bei Intrusion von Granit in Marmor.

In der Praxis unterteilt man daher metamorphosierte karbonatische Sedimente in zwei Kategorien: in Marmore, in denen Karbonate häufig sind, und in Kalksilikat-Gesteine mit wenig oder keinem Karbonat. Die Variationsbreite von Kalksilikat-Gesteinen ist sehr groß, abhängig von der genauen Mischung in den ursprünglichen Lagen und der Fähigkeit zu metasomatischer Wechselwirkung mit benachbarten Lagen. Aus diesem Grund soll hier keine umfassende Einführung in die Mineralvielfalt von Kalksilikat-Gesteinen gegeben werden, wenn sie auch häufig sehr genaue Anzeiger des Metamophosegrades darstellen. Jedoch werden einige Beispiele für besonders häufige Zonenabfolgen weiter unten beschrieben. Die Zusammensetzungen der Phasen, die in diesem Kapitel diskutiert werden, werden im Glossar am Ende des Buches aufgelistet.

5.1 Marmore

5.1.1 Calcitmarmor

Der Ausdruck Marmor wird für metamorphosierte Kalksteine benutzt, in denen Karbonatminerale dominieren. Viele Marmore bestehen nur aus Calcit mit wenig Quarz und Phyllosilikaten, die ursprünglich detritisch sind. Manchmal ist Graphit vorhanden, der beim Abbau organischen Materials gebildet wurde, sowie Pyrit als häufiges Akzessorium. Die Mineralparagenese in einem solchen Marmor liefert kaum Hinweise auf die Bildungsbedingungen, weil Calcit lediglich bei sehr hohen Drücken instabil ist (Abb. 5.1). Selbst wenn sich Aragonit während der Versenkung bildet, wandelt er sich bei der Hebung meistens vollständig in Calcit um, außer bei sehr niedrigen Temperaturen (s. Kap. 6). Bei sehr hohen Temperaturen und niedrigen Drücken kann Calcit mit vorhandenem Quarz zum Kalksilikat Wollastonit reagieren. Obwohl in Calcitmarmoren keine Reaktionen stattfinden, erfahren sie weitgehende Gefügeänderungen bei der Rekristallisation von Calcit zu grober Korngröße und häufig bevorzugter Orientierung.

Die Reaktion zu Wollastonit ist ein einfaches Beispiel für den häufigsten Reaktionstyp in karbonatischen Gesteinen, d.h. eine Dekarbonatisierungsreaktion:

$$\underset{\textit{Calcit}}{CaCO_3} + \underset{\textit{Quarz}}{SiO_2} \rightarrow \underset{\textit{Wollastonit}}{CaSiO_3} + \underset{\textit{Fluide Phase}}{CO_2} \qquad [5.1].$$

Wie H_2O bildet CO_2 unter metamorphen Bedingungen eine überkritische fluide Phase mit einer Dichte, die der von überkritischem Wasser ähnlich ist, wenn auch unter den meisten metamorphen Bedingungen etwas größer (TOURET 1977).

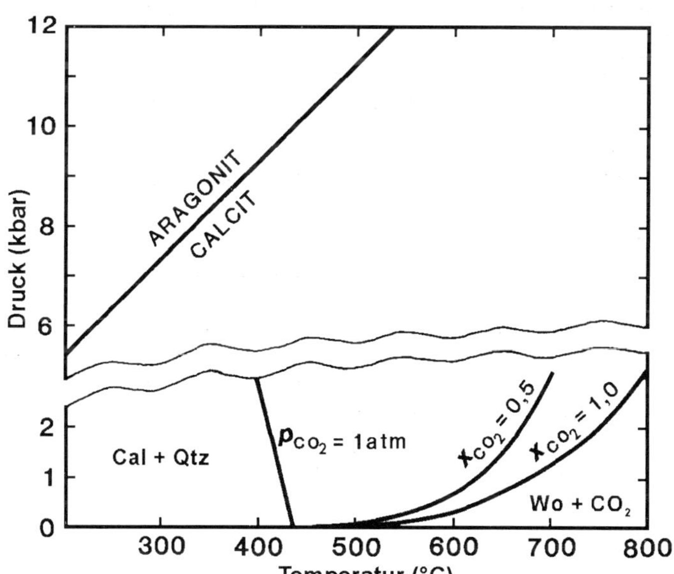

Abb. 5.1 P-T-Diagramm mit den Stabilitätsgrenzen von Calcit und Calcit + Quarz. Kurven für Calcit + Quarz - Abbau werden für verschiedene Werte von X_{CO_2} und für P_{CO_2}= 1 bar angegeben. Daten nach JOHANNES & PUHAN (1971), GREENWOOD (1962, 1967) und HARKER & TUTTLE (1956).

Reaktion [5.1] wurde experimentell von HARKER & TUTTLE (1956) untersucht. Bei ihrem Experiment war der Fluiddruck in der Kapsel (CO_2) gleich dem Gesamtdruck. Dies ist normalerweise bei Hochdruckexperimenten der Fall, weil die Edelmetallkapseln mit den reagierenden Mineralen dünn sind und auf die Körner in der Füllung gedrückt werden, die sie zusammenpressen, bis der Druck auf die fluide Phase in den Zwischenräumen gleich dem angewandten Druck ist.

HARKER & TUTTLES Ergebnisse (Abb. 5.1) zeigten, daß bei Drücken von mehr als ein paar Kilobar die erforderlichen Bildungstemperaturen für Wollastonit weit außerhalb des normalen Bereiches der Regionalmetamorphose liegen. Das entspricht auch der Tatsache, daß die meisten Wollastonitvorkommen in kontaktmetamorphen Aureolen, die sich bei relativ niedrigen Drücken bildeten, anzutreffen sind. Dennoch findet man Wollastonit manchmal in Gesteinen, in denen er sich bei erheblich höheren Drücken, nicht aber bei extremen Temperaturen bildete (z.B. MISCH 1964). Eine Erklärung für diese Vorkommen bieten metamorphe Fluide, die eine intermediäre Zusammensetzung zwischen H_2O und CO_2 haben.

5.1.2 Mischfluide

Das schon in Kap. 2 vorgestellte Prinzip, daß höhere CO_2-Partialdrücke Dekarbonatisierungsreaktionen unterdrücken, versteht man schon seit der Zeit von JAMES HUTTON und SIR JAMES HALL im achtzehnten Jahrhundert. Wenn es jedoch möglich wäre, einen hohen Druck auf die Festphasen in einem Marmor zu übertragen, CO_2 aber bei niedrigem Druck entweichen zu lassen, könnten wir, da das Molarvolumen von Wollastonit geringer ist als das von 1 Mol Quarz + 1 Mol Calcit, erwarten, daß die Reaktion bei niedrigeren Temperaturen abläuft, als wenn der Gesamtdruck auf das System auch niedrig ist. Dieser Effekt wurde in den frühen 50er Jahren von H. RAMBERG & T.F.W. BARTH diskutiert. Es ist schwierig, sich eine natürliche Situation zu solch einem Gedankenexperiment vorzustellen. 1962 zeigten aber H.J. GREENWOOD und P.J. WYLLIE unabhängig voneinander, daß ein sehr ähnlicher Effekt auftreten würde, wenn die fluide Phase in Kontakt mit Calcit und Quarz reich an H_2O wäre. Bei Temperaturen der Grünschieferfazies und darüber sind überkritische CO_2- und H_2O-Fluide vollständig mischbar (außer wenn die wäßrige fluide Phase große Mengen gelösten Salzes enthält). Somit ist der CO_2-Partialdruck in einer gemischten CO_2-H_2O-Fluidphase sehr viel niedriger als der absolute Fluiddruck, auch wenn $P_{Fluid} = P_{Lithost.}$ ist. Die Fluidzusammensetzung wird üblicherweise als Molenbruch von CO_2 oder X_{CO_2} angegeben:

$$X_{CO_2} = \frac{n_{CO_2}}{n_{CO_2} + n_{H_2O}}$$

Dabei bedeutet n die Anzahl der Moleküle der Spezies im Index im System. Partialdrücke sind gegeben durch:

$$P_{CO_2} = P_{Fluid} \cdot X_{CO_2} \text{ und } P_{H_2O} = P_{Fluid} \cdot X_{H_2O}$$

Eine große Innovation durch GREENWOOD (1962) bestand darin, daß er Experimente bei kontrollierten X_{CO_2}-Werten in der fluiden Phase durchführte, d.h. mit $P_{CO_2} < P_{Total}$. Seine Ergebnisse sind in Abb. 5.2 dargestellt, die deutlich eine Temperaturabnahme für das erste Auftreten von Wollastonit in Gegenwart einer H_2O-reichen fluiden Phase belegen. Diese Ergebnisse bieten eine mögliche Erklärung für das gelegentliche Vorkommen von Wollastonit in regionalmetamorphen Marmoren. Er tritt somit dort auf, wo Wasser aus umgebendem Schiefer in Marmor eindringen konnte. Indem es CO_2, so schnell wie es produziert

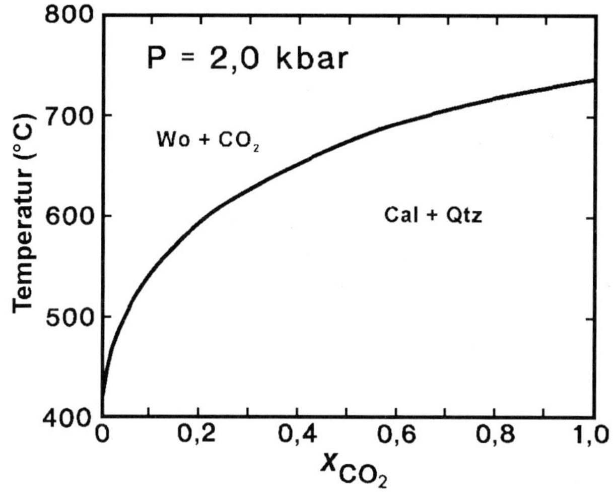

Abb. 5.2 T-X_{CO_2}-Diagramm für P = 2 kbar zur Darstellung des Einflusses der Fluidzusammensetzung auf die Stabilität von Calcit + Quarz. Nach GREENWOOD (1962, 1967).

wurde, wieder verdrängte, wurde ein Milieu mit niedrigem P_{CO_2} geschaffen, das Wollastonitwachstum begünstigte.

Der beobachtete Einfluß von Wasserzugabe bei Experimenten auf das Gleichgewicht zwischen Calcit, Quarz, Wollastonit und fluider Phase gehorcht der Phasenregel. Im H_2O-freien System gibt es vier Phasen und drei Komponenten (CaO, SiO_2, CO_2) und somit einen Freiheitsgrad, d.h. eine komplette Paragenese ist nur auf einer univarianten Kurve in einem PT-Diagramm stabil. Zugabe von Wasser erhöht die Anzahl der Phasen um eins, ändert aber die Zahl der Phasen nicht, wenn es mit CO_2 mischbar ist. Somit gibt es jetzt zwei Freiheitsgrade, wenn Calcit, Quarz, Wollastonit und eine fluide Phase koexistieren. Hier ist die Fluidzusammensetzung eine weitere Variable neben P und T. Wird eine davon festgelegt, können die Gleichgewichtsbedingungen durch eine univariante Kurve in einem Diagramm dargestellt werden, in dem die übrigen Variablen gegeneinander aufgetragen werden. Im PT-Diagramm Abb. 5.1 gibt es beispielsweise eine Reihe von univarianten Kurven, von denen jede nur für einen bestimmten X_{CO_2}-Wert gültig ist.

Ein anderes Beispiel solch eines Diagramms für Reaktion [5.1] für einen Gesamtdruck von 2 kbar ist Abb. 5.2 (Zur Übung könnten Sie eine ähnliche Kurve für einen Druck von 1 kbar aus den Kurven in Abb. 5.1 konstruieren). Diagramme dieses Typs werden **isobare T-X_{CO_2}-Schnitte** (oder einfach T-X_{CO_2}-Diagramme) genannt. Divariante Gleichgewichte, wie Reaktion [5.1] im Beisein von Wasser, bilden in solch einem Diagramm eine **isobare univariante Kurve**, d.h. wenn P festgelegt ist, verbleibt noch ein Freiheitsgrad.

5.1.3 Dolomitmarmor

Die Anzahl von Phasen, die sich aus Kalksteinen bilden, die nur $CaCO_3$ und Quarz enthalten, ist, wie Abb.5.1 zeigt, deutlich begrenzt. Nur bei extrem hohen Temperaturen und niedrigen Drücken treten andere Phasen wie Spurrit und Larnit auf. An der klassischen Lokalität Scawt Hill in Nordirland, an der C.E. TILLEY diesen extremen Metamorphosetyp erstmalig beschrieb, heizten Basaltlaven unmittelbar an der Oberfläche Kalkstein auf, eine Erscheinung, die wohl keine besondere Verbreitung hat. Aus diesem Grund wird hier auf die entsprechenden Phasenbeziehungen auch nicht weiter eingegangen, obwohl die Arbeit, in der sie von BOWEN (1940) interpretiert wurden, zu den Klassikern der Literatur über Metamorphose zählt.

Kalksteine, die Dolomit enthalten, sind viel brauchbarere Anzeiger des Metamorphosegrades, weil sich eine Reihe von Ca-Mg-Silikaten unter den üblichen PT-Bedingungen der Metamorphose bilden können, wie etwa Talk, Tremolit und Diopsid. Die allgemeine Abfolge der Mineralzonierung in Dolomitmarmoren wurde zuerst von ESKOLA (1922) beschrieben und anschließend von BOWEN (1940) und TILLEY (1951) verfeinert, die erstmals die Bedeutung von Talk bei den niedrigsten Graden erkannten. Die Abfolge der Mineralisograde in regionalmetamorphen Dolomitmarmoren ist folgende:

- Talk (nicht immer vorhanden)
- Tremolit
- Diopsid oder Forsterit
- Diopsid + Forsterit

Die meisten früheren Untersuchungen berichteten von einem Auftreten von Forsterit vor Diopsid, jedoch hängen die Bildungsbedingungen beider Minerale von der Gesteinszusammensetzung ab. Da beide bei ähnlichen Temperaturen auftreten, kann eine zufällige lithologische Variation die relative Reihenfolge des Auftretens vorgeben. Aus diesem Grund wurden diese beiden Minerale zusammengruppiert, obwohl offensichtlich höhere Temperaturen für die Koexistenz beider notwendig sind als für das Auftreten des einen oder anderen je nach Gesteinszusammensetzung.

Die Mineralparagenesen unreiner Dolomitmarmore können einfach in einem Dreiecksdiagramm mit CaO, SiO_2 und MgO dargestellt werden. CO_2 und H_2O werden als Überschußkomponenten behandelt, um Karbonate oder OH-haltige Phasen zu bilden. Die Projektionspunkte üblicher Phasen von Marmoren in solch einem Diagramm sind in Abb. 5.4 wiedergegeben.

Zusätzlich zu den Ca-Mg-Phasen, Karbonaten und Quarz können unreine Marmore auch noch Phasen wie Glimmer, Feldspat, Granat etc. enthalten, die weitere Komponenten erfordern. Dennoch haben viele Marmore Zusammensetzungen, die nahezu dem Modellsystem $CaO\text{-}MgO\text{-}SiO_2\text{-}CO_2\text{-}H_2O$ entsprechen. Kleine Mengen anderer Phasen ändern nicht grundlegend die Reaktionen unter den Ca-Mg-Silikaten.

Eine der ausführlichsten Untersuchungen zur regionalen Metamorphose von Marmoren und mittleren Drücken ist die klassische Arbeit von TROMMSDORF in den Zentralalpen (TROMMSDORF 1966, 1972). Abb. 5.3 ist eine Karte der metamorphen Zonierung von Dolomitmarmoren in der Gegend von TROMMSDORFs Untersuchung. Der Metamorphosegrad nimmt nach Süden von niedriggradigen Gesteinen mit Talk über Tremolitmarmore zu Diopsid- und Forsterit-führenden Gesteinen hin zu. Die diagnostischen Dreiphasenparagenesen nach TROMMSDORF sind graphisch in Abb. 5.4 dargestellt. Aus diesem Diagramm kann man auf der Basis der Abfolge von Konodenanordnungen mögliche Reaktionen ableiten, die die Änderungen zwischen den Zonen beschreiben.

Abb. 5.4 a gibt die ursprünglichen sedimentären Paragenesen mit Dolomit + Calcit + Quarz wieder. Die Änderung zwischen diesem Diagramm und Abb. 5.4 b in niedriggradigen Gesteinen im nördlichen Teil der Region in Abb. 5.3 ist der Ersatz der Konode Dolomit-Quarz durch die Konode Talk-Calcit nach folgender Reaktion:

$$3 \text{ Dolomit} + 4 \text{ Quarz} + 1\ H_2O \rightarrow 1 \text{ Talk} + 3 \text{ Calcit} + 3\ CO_2 \qquad [5.2].$$

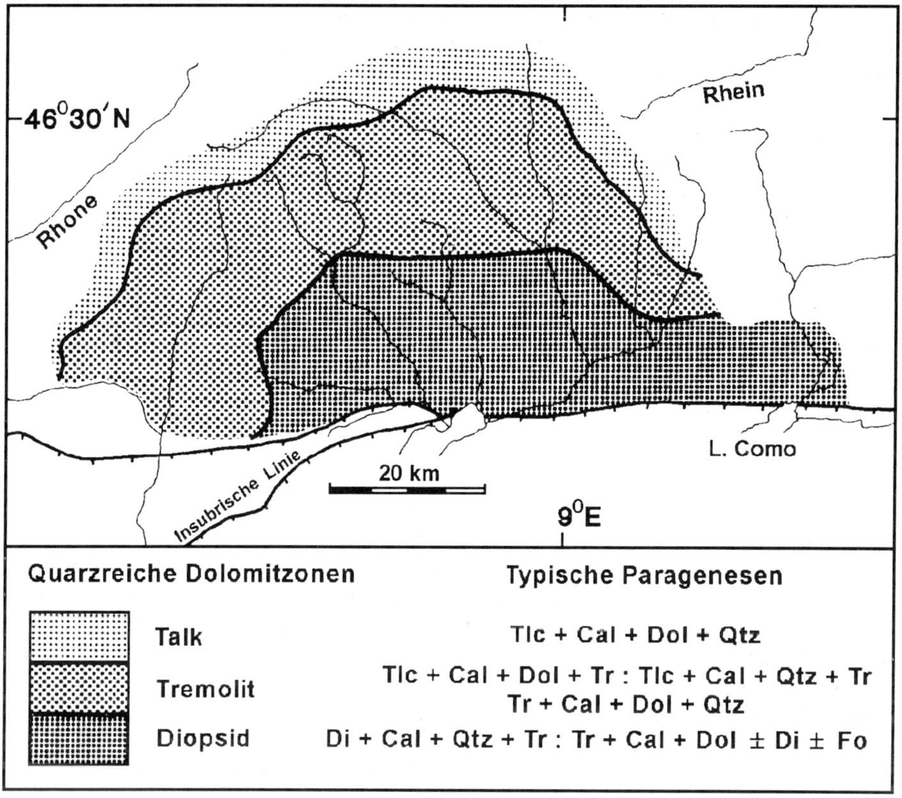

Abb. 5.3 Metamorphe Zonierung nach Si-reichen Dolomitmarmoren in den Lepontiner Alpen. Nach TROMMSDORFF (1966). Abkürzungen im Glossar erklärt.

Gesteine mit allen vier Festphasen sind nicht selten. Sie können dort erwartet werden, wo unzureichend Wasser zum Marmor zugeführt wurde, um alle verfügbaren Reaktanten zu Talk umzuwandeln. Das Auftreten von Tremolit bedingt eine komplexere Situation. In einigen Gesteinen bleibt Talk mit Dolomit oder Quarz und Calcit erhalten, in anderen aber bildet sich Tremolit ohne Talk. Abb. 5.4 c stellt die Hauptparagenesen dar, wenn Tremolit sich zuerst bildet. Die Zusammensetzung des Tremolits liegt innerhalb des Konodendreiecks Talk-Calcit-Quarz von Abb. 5.4 b. Somit ergibt sich folgende Reaktion:

$$5 \text{ Talk} + 6 \text{ Calcit} + 4 \text{ Quarz} \rightarrow 3 \text{ Tremolit} + 2\, H_2O + 6\, CO_2 \qquad [5.3].$$

Im Falle von quarzarmen Gesteinen kann Quarz vollständig durch diese Reaktion für die Paragenese Talk + Calcit + Tremolit abgebaut werden, in Si-reicheren Gesteinen wird Talk bei der Bildung der Paragenese Tremolit + Calcit + Quarz verbraucht. Der endgültige Abbau von Talk in diesen Gesteinen erfolgt durch folgende Reaktion:

$$2 \text{ Talk} + 3 \text{ Calcit} \rightarrow 1 \text{ Tremolit} + 1 \text{ Dolomit} + 1\, CO_2 + 1\, H_2O \qquad [5.4].$$

Hieraus ergeben sich die in Abb. 5.4 d dargestellten Phasenbeziehungen. Nach dem Verschwinden von Talk + Calcit bilden sich bei höheren Graden Diopsid + Calcit oder Forsterit

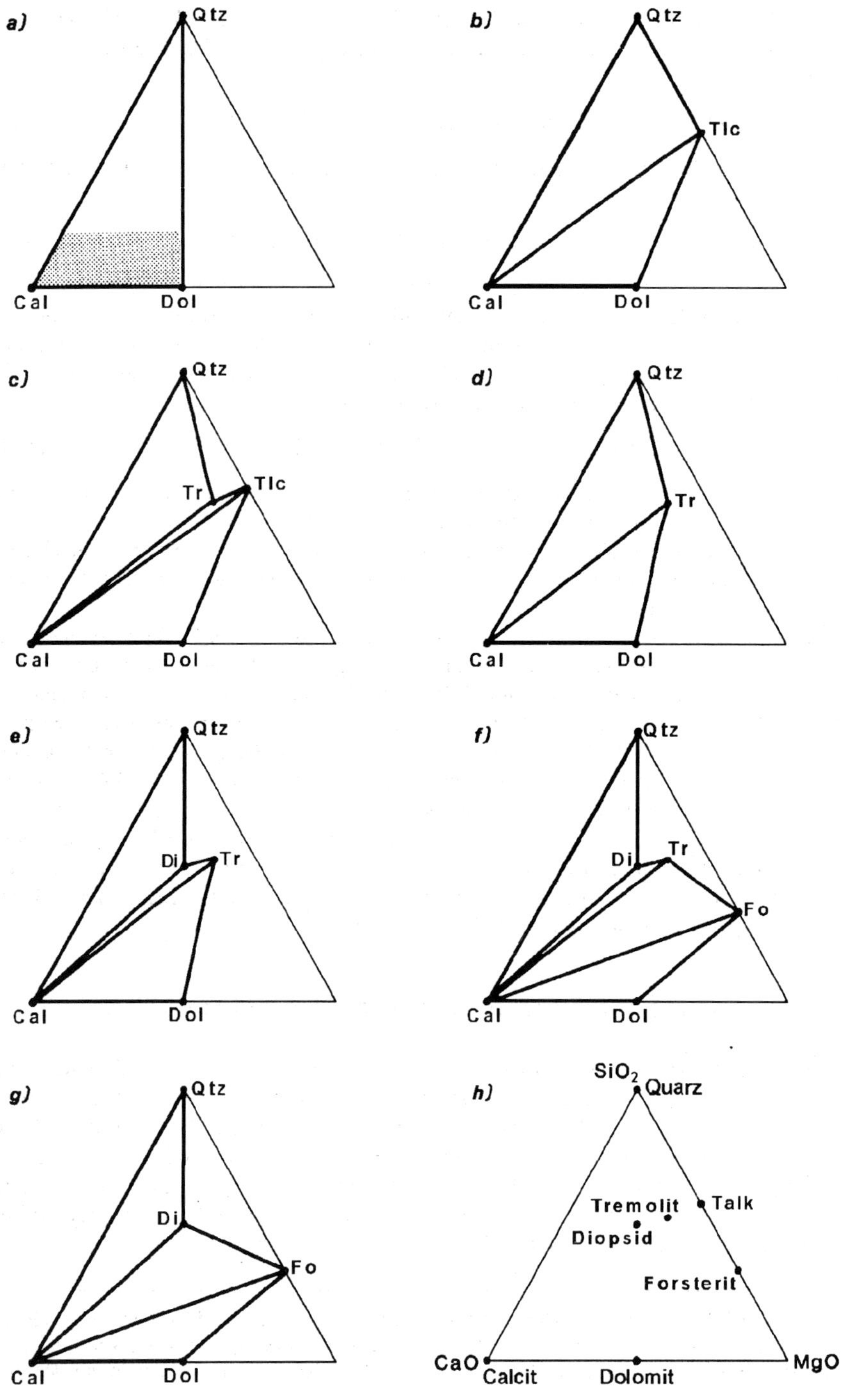
a)
Qtz
Cal
Dol
b)
Qtz
Tlc
Cal
Dol
c)
Qtz
Tr
Tlc
Cal
Dol
d)
Qtz
Tr
Cal
Dol
e)
Qtz
Di
Tr
Cal
Dol
f)
Qtz
Di
Tr
Fo
Cal
Dol
g)
Qtz
Di
Fo
Cal
Dol
h)
SiO2 Quarz
Tremolit
Talk
Diopsid
Forsterit
CaO
Calcit
Dolomit
MgO

Abb. 5.4

+ Calcit, obwohl normalerweise Tremolit weiterhin vorkommt. Abb. 5.4 e verdeutlicht das Auftreten von Diopsid innerhalb des Tremolit-Calcit-Quarz-Konodendreiecks durch die Reaktion:

1 Tremolit + 3 Calcit + 2 Quarz → 5 Diopsid + 1 H_2O + 3 CO_2 [5.5].

Dagegen bedingt die Paragenese Forsterit + Calcit den Abbau der Konode Tremolit-Dolomit (Abb. 5.4 f) nach der Reaktion:

1 Tremolit + 11 Dolomit → 8 Forsterit + 13 Calcit + 1 H_2O + 9 CO_2 [5.6].

Aus Abb. 5.4 wird deutlich, daß Forsterit zuerst in Si-armen Gesteinen mit Zusammensetzungen nahe der Basis des Dreiecks auftritt, während Diopsid in relativ Si-reichen und dolomitarmen Gesteinen erscheint. Dies erklärt die Unstimmigkeiten in ihrer Bildungsreihenfolge bei verschiedenen Untersuchungen. Diopsid und Forsterit können nur koexistieren, wenn die Tremolit-Calcit-Konode abgebaut wurde, gemäß der Reaktion:

3 Tremolit + 5 Calcit → 11 Diopsid + 2 Forsterit + 3 H_2O + 5 CO_2 [5.7].

Es ergeben sich daraus die Phasenbeziehungen in Abb. 5.4 g und die Paragenesen, die aus dem Südteil der Zentralalpen beschrieben wurden (Abb. 5.3).

Trotz der offensichtlich einfachen Reaktionsabfolge, wie sie sich in Abb. 5.4 darstellt, ist die Paragenesenabfolge in der Natur weitaus komplexer, wenn sie auch in groben Zügen mit der idealisierten Abfolge übereinstimmt.

Paragenesen, die sowohl Reaktanten als auch Produktphasen dieser Reaktionen enthalten, können weite Verbreitung haben, und offenbar niedriggradige Paragenesen können neben höhergradigen weiterexistieren. Der Grund für diese Komplexität wird bei Anwendung der Phasenregel auf die vorgefundenen Paragenesen offensichtlich. Unser vereinfachtes System hat fünf Komponenten: CaO, MgO, SiO_2, H_2O und CO_2. Keine Paragenese hat mehr als fünf Phasen, d.h. vier Festphasen neben einer einfachen gemischten H_2O-CO_2-Fluidphase. Somit haben sogar diese Paragenesen zwei Freiheitsgrade und können je nach Zusammensetzung der fluiden Phase über einen weiten PT-Bereich auftreten. Die Vielfalt der Mineralparagenesen innerhalb der grob definierten Zonen von Abb. 5.3 kann daher erklärt werden, wenn die Fluidzusammensetzung unter den Proben variiert. Warum solche Variationen in der Fluidzusammensetzung auftreten, wird im folgenden Abschnitt erläutert.

5.2 Einflüsse auf die Fluidzusammensetzung in Marmoren

In diesem Kapitel wurde bislang offensichtlich, daß die PT-Bedingungen, bei denen viele Reaktionen in karbonatischen Gesteinen ablaufen, von der Zusammensetzung der fluiden Phase abhängen. An den Reaktionen nehmen allerdings die Komponenten der fluiden Phase teil, deren Zusammensetzung dadurch verändert wird. In einem Marmor mit Calcit und Quarz kann während der Aufheizung eine nahezu reine wäßrige fluide Phase anwesend sein, bis sich Wollastonit zu bilden beginnt, aber an diesem Punkt muß die fluide Phase an CO_2 aus der Dekarbonatisierungsreaktion (Reaktion [5.1]) angereichert werden.

Abb. 5.4 (Auf der linken Seite) Phasenbeziehungen im System CaO-SiO_2-MgO + CO_2-H_2O-Fluid in Si-reichen Dolomitmarmoren der Lepontiner Alpen: **a)** bis **g)** verdeutlichen fortschreitende Änderungen mit steigendem Metamorphosegrad (s. Text); h) gibt allgemein die Mineralzusammensetzungen im System CaO-SiO_2-MgO (+ CO_2 + H_2O) wieder. Der gepunktete Bereich in a) stellt übliche Zusammensetzungen in Si-reichen Marmoren dar.

Zwei Extremfälle sind vorstellbar, während die Prozesse in der Natur vielfach intermediär zwischen beiden liegen. Im ersten Fall kommt kein weiteres Wasser zum Marmor hinzu, nachdem Wollastonit sich zu bilden beginnt. Wenn die ursprüngliche Fluidzusammensetzung X_A in Abb. 5.5 a entspricht, wird sich Wollastonit zuerst bei einer gewissen Überschreitung der Gleichgewichtstemperatur T_A, also T_B, bilden (vgl. Kap. 6) und vor weiterem Anstieg der Temperatur weiterwachsen, bis sich die Fluidzusammensetzung zu X_B verlagert hat. Weitere Aufheizung bedingt ein Fortschreiten der Reaktion und damit eine zunehmende Anreicherung der fluiden Phase mit CO_2, so daß sich Fluidzusammensetzung und Temperatur gemeinsam entlang einer isobaren univarianten Kurve verändern, solange Calcit, Quarz, Wollastonit und fluide Phase alle im Gestein anwesend sind. Nach der Phasenregel hat die Paragenese zwei Freiheitsgrade. Somit ist die Fluidzusammensetzung, wenn P und T unabhängig bestimmt werden, durch die Anwesenheit einer bestimmten Mineralparagenese festgelegt. Hier wird also die Fluidzusammensetzung von der Mineralparagenese im Gestein selbst bestimmt und als **intern gepuffert** (internally buffered) bezeichnet (vgl. Kap. 2). Im vorliegenden Beispiel soll die Reaktion fortschreiten, bis eine Temperatur T_C erreicht ist, bei der einer der beiden Reaktanten (Quarz oder Calcit) vollständig verbraucht ist. Die Fluidzusammensetzung bleibt bei weiterer Aufheizung konstant bei X_C. Wenn jedoch das bei der Reaktion freiwerdende CO_2 das gesamte ursprünglich anwesende H_2O verdrängt, wird die Reaktion bis T_D fortschreiten, und das System wird tatsächlich ein System aus nur drei Komponenten werden, da kein H_2O verbleibt, und die Reaktion bei T_D endet. GREENWOOD (1975) wies darauf hin, daß Gesteine eine so geringe Porosität besitzen und somit ursprünglich so wenig H_2O enthalten, daß diese Alternative wahrscheinlicher ist. TROMMSDORF (1972) zeigte, daß die komplexe Verteilung der Mineralparagenesen in den Zentralalpen durch interne Pufferung erklärt werden kann. Dabei laufen in unterschiedlichen Gesteinslagen anfänglich unterschiedliche Reaktionen ab, infolge derer die Fluidzusammensetzung auf verschiedene Werte von X_{CO_2} in jeder Lage gepuffert wird.

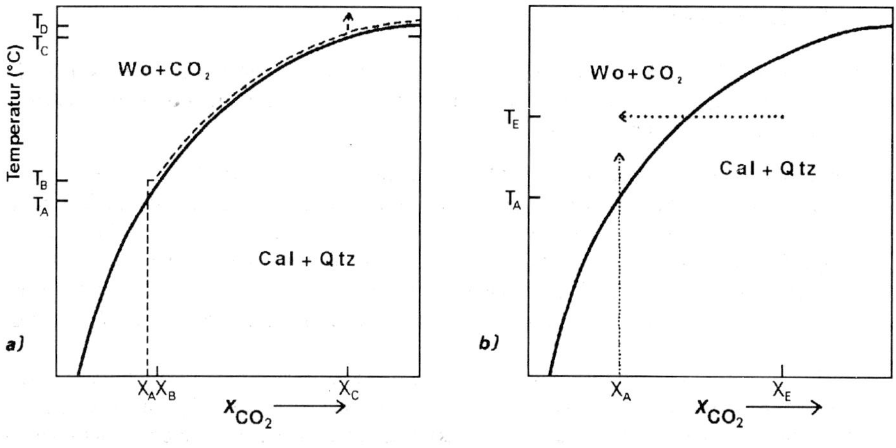

Abb. 5.5 Einfluß von interner gegenüber externer Pufferung der Fluidzusammensetzung auf den Abbau von Calcit und Quarz. **a)** Die Fluidzusammensetzung ist intern gepuffert; für eine anfängliche fluide Phase X_A läuft die Reaktion über einen großen Temperaturbereich von T_B bis ungefähr T_D ab. **b)** Extern gepufferte fluide Phase. Wenn die fluide Phase bei der Aufheizung bei X_A gepuffert ist, wird die Reaktion bei T_A vollständig ablaufen; wenn andererseits die anfängliche fluide Phase X_E ist, wird eine Zufuhr der fluiden Phase X_A bei Temperatur T_E die Reaktion vollständig ablaufen lassen.

Die zweite Möglichkeit, wie die Fluidzusammensetzung in Marmoren kontrolliert werden kann, ist eine **externe Pufferung** (external buffering). Bei diesem Prozeß kommt die fluide Phase aus benachbarten Gesteinseinheiten oder wird zum Beispiel durch magmatische Prozesse freigesetzt. Es ist die Ursprungsregion, die die Fluidzusammensetzung in exakt der gleichen Weise wie in den offenen Systemen festlegt, die in Kap. 4 diskutiert wurden. Wenn solch eine fluide Phase den Marmor in hinreichend großen Mengen durchströmt, kann sie durchaus die fluide Phase verdrängen, die durch Reaktionen im Marmor freigesetzt wird, allerdings ohne die Zusammensetzung substantiell zu ändern. In diesem Fall wird die Fluidzusammensetzung extern gepuffert. Dieser Reaktionstyp wird in Abb. 5.5 b auf zwei Weisen dargestellt. Wenn die Infiltration einer fluiden Phase mit der Zusammensetzung X_A stetig bei der Aufheizung über eine gewisse Temperaturspanne fortgesetzt wird, wird die Aufheizung des Gesteins durch die vertikal gepunktete Linie dargestellt. Die Fluidzusammensetzung bleibt konstant bei X_A, und die Reaktion wird nahe der Temperatur T_A vollständig ablaufen. Andererseits kann die Fluidinfiltration bei einem einzigen Ereignis bei einer festen Temperatur, etwa T_E, stattfinden. Wenn die ursprüngliche Fluidzusammensetzung X_E ist, und das Gestein aus Calcit und Quarz zusammengesetzt ist, wird die Infiltration der fluiden Phase X_A die Zusammensetzung der fluiden Phase bei konstanter Temperatur verschieben, angezeigt durch die horizontal gepunktete Linie bei $T = T_E$, wodurch wieder eine Reaktion zur Bildung von Wollastonit ausgelöst wird. Externe Pufferung ist vermutlich verantwortlich für oben erwähnte Beispiele regionalen Wollastonits. TRACY et al. (1983) dokumentierten die Entwicklung fortschreitend dekarbonatisierter Kalksilikatparagenesen an Quarzgängen nahe den Rändern von Marmorlinsen und interpretierten sie als Ergebnis von Wasserfluß aus angrenzenden Schiefern durch ehemalige Risse, die jetzt von den Quarzgängen repräsentiert werden. Die Intensität der externen Pufferung nahm vom Gang weg ab, weil die Wassermenge, die das Gestein durchströmte, vom Riß aus abnahm, so daß in der Hauptmasse des Marmors die fluide Phase intern gepuffert war.

5.2.1 Der Einfluß der Reaktion auf die Fluidzusammensetzung

Die Reaktionen, die in Marmoren und anderen karbonatischen Gesteinen ablaufen, können in sechs Klassen eingeteilt werden. Jeder Klasse entspricht eine bestimmte Form der Gleichgewichtskurve in einem isobaren T-X-Diagramm.

1. *Dekarbonatisierungsreaktionen*: Wir haben schon gesehen, daß Reaktionen wie [5.1] als Gleichgewichtskurven im TX-Diagramm dargestellt werden können, die ein Temperaturmaximum bei $X_{CO_2} = 1{,}0$ erreichen und zu niedrigeren Temperaturen bei kleinen X_{CO_2}-Werten abfallen. Dies wird durch Kurve i in Abb. 5.6 wiedergegeben.
2. *Dehydratationsreaktionen:* Die Gleichgewichtskurve für eine Dehydratationsreaktion ist ein Spiegelbild der entsprechenden Kurve für eine Dehydratationsreaktion (Abb. 5.6, Kurve ii).
3. *Dehydratations-Dekarbonatisierungsreaktionen:* Viele Reaktionen in Marmoren setzen eine Mischung von CO_2 und H_2O frei, z.B. Reaktionen [5.3] und [5.7]. Im Falle von Dehydratations- oder Dekarbonatisierungsreaktionen ist die höchste Temperatur der Gleichgewichtskurve im TX-Diagramm erreicht, wenn die Zusammensetzung der fluiden Phase im System derjenigen entspricht, die von der Reaktion freigesetzt wurde, d.h. es handelt sich dann um reines H_2O bzw. CO_2. In gleicher Weise hat eine isobare univariante Kurve für Reaktionen, die eine gemischte fluide Phase freisetzen, ein Temperaturmaximum im TX-Diagramm bei dem X_{CO_2}-Wert der gebildeten fluiden Phase. Beispielsweise liegt im Falle der Reaktion [5.4] das Maximum bei $X_{CO_2} = 0{,}5$, für Reaktionen [5.3] und [5.5]

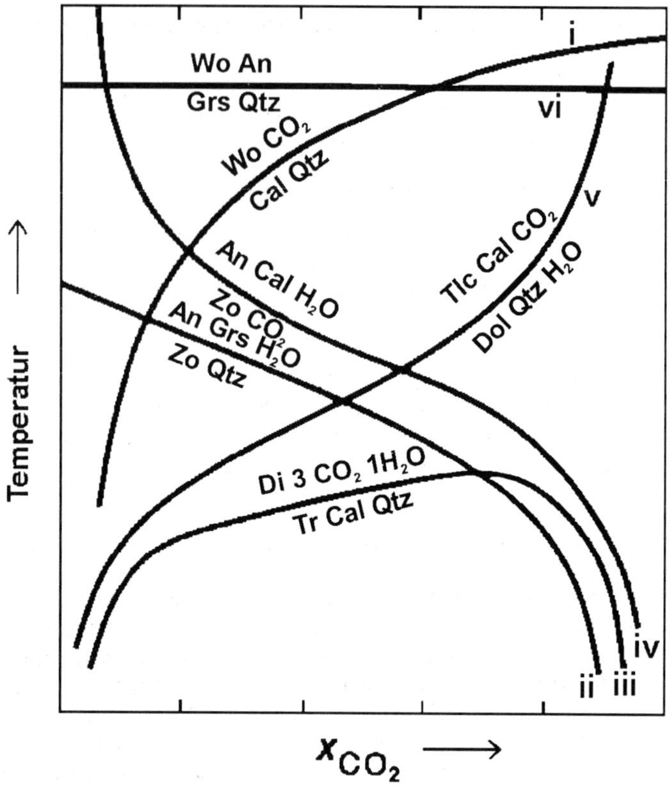

Abb. 5.6 Schematische Darstellung der Form von T-X_{CO_2}-Kurven verschiedener Typen von Reaktionen mit gemischter fluider Phase (nach KERRICK 1974). Man beachte, daß trotz Darstellung spezifischer Beispiele (Abkürzungen im Glossar) diese entlang der Temperaturachse nicht in ihrer korrekten relativen Lage dargestellt sind.

liegt es bei X_{CO_2} = 0,75 und für Reaktion [5.6] bei X_{CO_2} = 0,9. Die Reaktion findet bei niedrigeren Temperaturen statt, wenn die anwesende fluide Phase im Gestein nicht derjenigen entspricht, die durch die Reaktion freigesetzt wurde, unabhängig davon, ob sie CO_2-reicher oder H_2O-reicher (Kurve iii, Abb. 5.6) ist. Dieser Reaktionstyp kann die Fluidzusammensetzung in gleicher Weise intern puffern, wie in Abb. 5.5 gezeigt, bis die gesamte Fluidzusammensetzung derjenigen der fluiden Phase entspricht, die bei der Reaktion selbst freigesetzt wurde.

4. *Hydratation-Dekarbonatisierungsreaktionen*: Andere Reaktionen mit gemischten fluiden Phasen wie z.B. Reaktion [5.2] enthalten H_2O und CO_2 auf verschiedenen Seiten der Reaktion. Die Gleichgewichtskurve für solche Reaktionen (z.B. Kurve V in Abb. 5.6) zeigt eine besonders große Spanne von Gleichgewichtstemperaturen entsprechend der Fluidzusammensetzung. Bei niedrigen Werten von X_{CO_2} fällt die Gleichgewichtstemperatur wie für andere Dekarbonatisierungsreaktionen, und die Bildung von CO_2 wird begünstigt. Bei hohen X_{CO_2}-Werten jedoch bestimmt das Verhalten der wäßrigen Komponente die Form der Gleichgewichtskurve. Nimmt X_{H_2O} ab, wird der Hydratationscharakter dieses Reaktionstyps infolge der Abwesenheit von Wasser unterdrückt und somit nähert sich die

Gleichgewichtskurve assymptotisch der Temperaturachse, wenn X_{CO_2} sich dem Wert 1,0 nähert.

5. *Karbonatisierung-Dehydratationsreaktionen*: Diese sind den Hydratations-Dekarbonatisierungsreaktionen ähnlich, außer daß bei Temperaturzunahme CO_2 verbraucht wird und H_2O freigesetzt wird. Ein Beispiel ist die Reaktion:

   Zoisit + CO_2 → Anorthit + Calcit + H_2O [5.8].

   Die Form der Gleichgewichtskurve ist daher ein Spiegelbild derjenigen für Hydratations-Dekarbonatisierungsreaktionen (Abb. 5.6; Kurve IV).

6. *Fluidfreie Reaktion*: Wird keine fluide Phase freigesetzt oder verbraucht, wie in Reaktion:

   Grossular + Quarz → 2 Wollastonit + Anorthit [5.9],

   sind die Gleichgewichtsbedingungen nicht abhängig von der Zusammensetzung einer eventuell anwesenden fluiden Phase. Solche Reaktionen werden durch eine horizontale Linie in einem isobaren TX_{CO_2}-Diagramm wiedergegeben, die eine einzige Gleichgewichtstemperatur bei vorgegebenem Druck anzeigt (Abb. 5.6; Kurve VI).

5.2.2 Intern gepufferte Reaktionsabfolgen in Marmor

1975 publizierte GREENWOOD eine wegweisende Arbeit, in der er die Bedeutung vieler einfacher Reaktionen mit gemischter fluider Phase – darunter auch einige der oben beschriebenen – bei der Metamorphose vieler natürlicher Marmore anzweifelte. Wir sahen schon, daß diese Reaktionen divariant sind und sich die Fluidzusammensetzung bei Reaktionsfortschritt ändert, wenn sie intern gepuffert ist. GREENWOOD führte aus, daß sich die Zusammensetzung der Porenfluide ganz erheblich ändern kann, wenn nur Spuren der Festphasen gebildet werden, weil das Porenvolumen nur einen sehr kleinen Anteil am Gesamtgestein hat. Als Beispiel sei Wollastonit in einem Si-reichen Marmor durch Reaktion [5.1] mit einer anfänglich wäßrigen fluiden Phase gebildet worden. Wachstum von 5 Vol.% Wollastonit setzt 5 - 10% fluide Phase je nach P und T frei. Da die Porosität des Gesteins relativ klein ist (< 1%), ist die Bildung eben dieser kleinen Menge CO_2 eindeutig ausreichend, um das ursprüngliche Wasser zu verdrängen und die Fluidzusammensetzung zu reinem CO_2 zu verschieben. Somit wird die Reaktion über den gesamten Temperaturbereich zwischen den beiden Kurven für Reaktion [5.1] bei P_{CO_2} = 1 bar und $P_{CO_2} = P_{Fluid}$ (Abb. 5.1) ablaufen. Nur kleine Mengen Wollastonit können bei $P_{CO_2} < P_{Fluid}$ gebildet werden, und somit entsteht keine deutliche Wollastonit-Isograde, bis die Temperatur zum Reaktionsablauf bei $X_{CO_2} = 1$ erreicht ist.

Nach GREENWOOD ist interne Pufferung bei der Metamorphose von Marmoren verbreitet. Divariante Reaktionen über einen Temperaturbereich haben daher nur einen kleinen und vernachlässigbaren Anteil an der Bildung neuer Minerale. Die einzigen Reaktionen, die zur Ausbildung bestimmter Isograde im Gelände führen, sind solche, die ohne Änderung der Fluidzusammensetzung ablaufen.

Es gibt generell zwei Möglichkeiten, wie diese Isogradreaktionen in Gesteinen mit gemischter fluider Phase ablaufen können. Erstens kann sich die Fluidzusammensetzung nicht weiter verändern, unabhängig davon, wie weit die Reaktion fortschreitet, wenn die fluide Phase in den Porenräumen die gleiche Zusammensetzung hat wie die von der Reaktion freigesetzte. Somit wird die Reaktion bei derselben Temperatur fortschreiten, bis eine der Reaktanten verbraucht ist. Das Wachstum von Wollastonit nach Reaktion [5.1] in Gegenwart einer reinen CO_2-Phase ist ein einfaches Beispiel dafür. Dehydratations-Dekarbonatisierungsreaktionen können sich genauso verhalten (Kurve iii in Abb. 5.6). Die Fluidzusammensetzung ist durch sehr kleine Reaktionsschritte gepuffert, bis die Temperatur das Maximum der Kurve erreicht, an dem die freigesetzte Fluidmischung die gleiche Zusammensetzung hat wie die fluide Phase in den Poren. Die weitere Reaktion läuft ab, bis einer der Reaktanten verbraucht ist, ohne zusätzlichen Anstieg der Temperatur. So gibt es eine scharfe Isograde, wenn auch Spuren höhergradiger Minerale in Gesteinen unterhalb der Isograde auftreten können. Eine der Isograden, die von TROMMSDORF aus den Zentralalpen beschrieben wurden, scheint auf diesen Reaktionstyp zurückgeführt werden zu können.

Die zweite Möglichkeit für das Auftreten einer Isograde ist in Abb. 5.7 a wiedergegeben. Die Gleichgewichtskurve für Reaktion [5.2] entspricht Bedingungen, unter denen Talk, Calcit, Dolomit, Quarz und eine fluide Phase im System CaO-MgO-SiO_2-CO_2-H_2O koexistieren können. In ähnlicher Weise stellt die Gleichgewichtskurve für Reaktion [5.3] im gleichen System die Bedingungen für die Koexistenz von Talk, Calcit, Tremolit, Quarz und fluider Phase dar. Diese beiden Kurven kreuzen sich am Punkt I, an dem alle fünf Phasen, die an zwei Gleichgewichten beteiligt sind, koexistieren müssen. Die Paragenese an Punkt I besitzt einen Freiheitsgrad weniger und ist univariant. Deshalb wird er in einem isobaren TX-Diagramm als einzelner oder **isobarer invarianter Punkt** dargestellt. Da Talk, Calcit, Tremolit, Dolomit und fluide Phase gemeinsam an Punkt I stabil sind, muß die Kurve für Reaktion [5.4] ebenso durch diesen Punkt verlaufen wie die Kurve von Reaktion:

Dolomit + Quarz + H_2O → Tremolit + Calcit + CO_2 [5.10]

Ein Dolomit-Quarz-Calcit-Marmor mit einer ursprünglichen Fluidzusammensetzung X_A und Temperatur T_A in Abb. 5.7 a wird bei Aufheizung zu reagieren beginnen und nach Reaktion [5.2] Talk bilden. Ob sich erhebliche Mengen an Talk bilden können oder nicht, hängt davon ab, wieviel Wasser in das Gestein eindringen kann. Wenn die Fluidzusammensetzung intern gepuffert ist, wird sie sich entlang der Kurve [2] entwickeln, bis Punkt I bei Temperatur T_I erreicht ist und hier wird Tremolit erscheinen. Die Reaktion wird bei dieser Temperatur fortschreiten, bis Talk, Quarz, Calcit oder Dolomit verbraucht sind. Dies ist nicht eine einfache Reaktion mit einer definierten Stöchiometrie, sondern diese variiert je nach der Fluidzusammensetzung am Punkt I, der wiederum druckabhängig ist. Bei der eingetragenen Fluidzusammensetzung ($X_{CO_2} = 0{,}55$) bildet die Reaktion Tremolit + Dolomit. Die Tremolit-Isograde entspricht der Reaktion bei Punkt I. Die Temperatur- und Fluidzusammensetzung des Marmors kann nicht vom Punkt I abweichen, solange Talk + Calcit anwesend sind. Angenommen, jeglicher Talk sei verbraucht, dann muß die übrige Paragenese die Gleichgewichtsbe-

Abb. 5.7 (auf der rechten Seite) Reaktionen in Si-reichen Dolomitmarmoren, in denen die Fluidzusammensetzung intern gepuffert ist. **a)** Dolomit-Quarz-Calcit-Marmor mit einer ursprünglichen fluiden Phase X_A beginnt bei Temperatur T_A unter Bildung von Talk zu reagieren. Talk wird fortlaufend durch Reaktion [5.2] gebildet, bis der isobare invariante Punkt I bei T_I erreicht ist. Hier erscheint Tremolit, und eine andere Isograde entsteht, weil die Reakton bei dieser Temperatur fortschreitet, bis jeglicher Talk verbraucht ist. Reaktionsnummern entsprechen denen im Text außer Reaktion 18: 4 Dol + 8 Qtz + Tlc = 2 Tr + 8 CO_2, die auf Gesteinszusammensetzungen beschränkt ist, die Mg-reicher als reiner Dolomit sind. Sie ist daher für Marmore nicht von Bedeutung. Der Einfachheit halber wird sie in den folgenden Abbildungen weggelassen. **b)** Pfade wechselnder Fluidzusammensetzung, die durch intern gepufferte Reaktionen in Dolomitmarmoren der Zentralalpen gebildet wurden (nach TROMMSDORF 1972). Die gestrichelten Linien zeigen verschiedene Pfade für Gesteine unterschiedlicher Pauschalzusammensetzung an. Die Gleichgewichtskurven in diesem T-X_{CO_2}-Diagramm wurden vor der Publikation experimenteller Untersuchungen, die in Abb. 5.8 dargestellt sind, erstellt. Das Diagramm wurde den Geländebeobachtungen empirisch angepaßt. So ist auf der vertikalen Achse der aufsteigende Metamorphosegrad aufgetragen und nicht allein die Temperatur.

a)

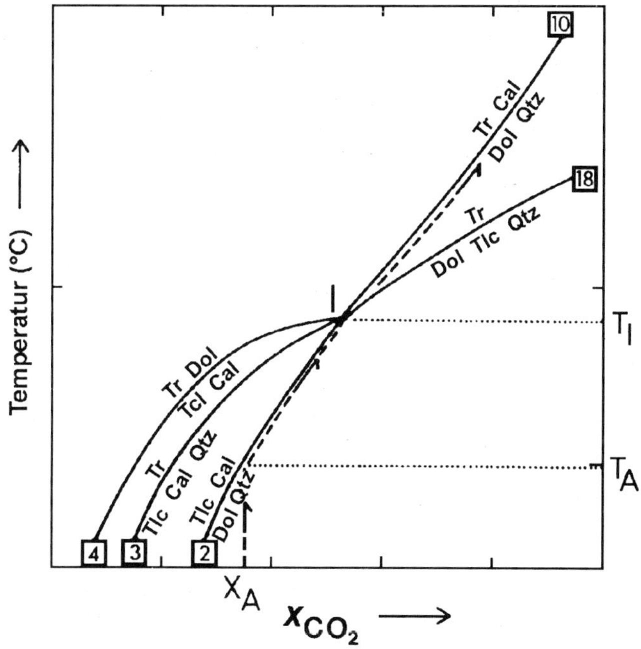
10
Tr Cal
Dol Qtz
18
Tr
Dol Tlc Qtz
I
T_I
Tr Dol
Tcl Cal
Tr
Tlc Cal Qtz
Tlc Cal
Dol Qtz
T_A
4
3
2
X_A
Temperatur (°C) →
X_{CO_2} →

b)

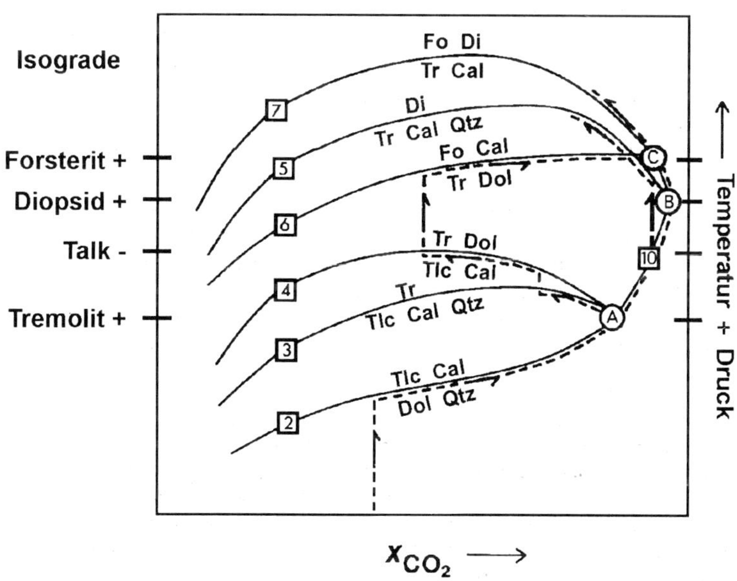
Isograde
Forsterit +
Diopsid +
Talk -
Tremolit +
Fo Di
Tr Cal
7
Di
Tr Cal Qtz
5
Fo Cal
Tr Dol
6
Tr Dol
Tlc Cal
4
Tr
Tlc Cal Qtz
3
Tlc Cal
Dol Qtz
2
C
B
10
A
← Temperatur + Druck
X_{CO_2} →

Abb. 5.7

5.4 Metamorphose von Kalksilikatgesteinen

Kalksilikatgesteine sind, wie zu Beginn des Kapitels definiert, reich an Ca-Mg-Silikatmineralen, haben aber nur geringe Mengen an Karbonat. GOLDSCHMIDT & ESKOLA erkannten den Nutzen von Kalksilikaten als Anzeiger des Metamorphosegrades schon früh in diesem Jahrhundert. Anschließend entwickelte KENNEDY (1949) ein Zonenschema für Kalksilikatgesteine in Schottland, die er mit den Barrowzonen korrelieren konnte, die nach Paragenesen in Metapeliten definiert wurden (s. Kap. 1). KENNEDYs Arbeit war insofern von Bedeutung, weil es möglich wurde, metamorphe Zonen über große Gebiete zu kartieren, in denen keine Metapelite vorhanden waren. Dadurch kam eine Zonenkarte des gesamten schottischen Hochlands zustande. Die diagnostischen Eigenschaften der Zonen, die er identifizierte und ihre Korrelation mit den Pelitzonen sind in Tabelle 5.1 aufgelistet.

Tabelle 5.1 Vergleich der Kalksilikat-Zonen und Pelit-Zonen des schottischen Hochlands. (Nach KENNEDY 1949 und FERRY, s. Abb. 5.10).

Pelit-Zone	Kalksilikat-Zone
Granat	Zoisit-Calcit-Biotit Zoisit-Hornblende
Staurolith Disthen	Anorthit-Hornblende
Sillimanit	Anorthit-Pyroxen

Weil Kalksilikatgesteine erhebliche Mengen anderer chemischer Komponenten, insbesondere Al, K und Fe enthalten, ist ihr Mineralbestand komplexer als der von Dolomitmarmoren. Weitere häufig auftretende Phasen sind Zoisit, Granat, Hornblende, Ca-reicher Plagioklas, Margarit, Kalifeldspat, Phlogopit und Vesuvian. Die Phasenbeziehungen sind folglich auch komplexer. KERRICK (1974) bietet eine brauchbare Übersicht. Generell sind Zoisit, Margarit und grossularreicher Granat nur stabil, wenn die fluide Phase reich an Wasser ist, während Ca-reicher Plagioklas Anzeiger einer CO_2-reicheren fluiden Phase ist. Unter den OH-reichen Mineralen bleibt wahrscheinlich nur Phlogopit in Gegenwart einer CO_2-reichen fluiden Phase stabil, obwohl diese Beziehungen alle auch temperaturabhängig sind.

5.4.1 Fluidinfiltration in Kalksilikatgesteinen

Viele jüngere Untersuchungen zeigten, daß Fluidinfiltration aus umgebenden Gesteinen die metamorphen Reaktionen in Kalksilikatgesteinen ganz wesentlich mitbestimmen. Dies wurde zuerst von CARMICHAEL (1970) in einer Untersuchung der Regionalmetamorphose im Gebiet des Whetstone-Sees in Ontario gezeigt. CARMICHAEL kartierte die Isograden sowohl in pelitischen als auch in Kalksilikat-führenden Gesteinen (Abb. 5.9).

Die pelitischen Isograden zeigen eine kontinuierliche Zunahme des Metamorphosegrades nach Westen an. Die niedrigstgradigen Gesteine zeigen die Paragenese Granat + Muskovit + Chlorit + Quarz ± Biotit, die an der Staurolith-Isograde von der Paragenese Staurolith + Granat + Biotit + Muskovit + Quarz abgelöst wird. Die folgenden Isograden sind gekennzeichnet durch das Erscheinen von Disthen, oft mit Staurolith, das Auftreten von Sillimanit als Verdrängung von Disthen und das Erscheinen von Sillimanit in Staurolith-Granat-Biotit-Schiefern, in denen Disthen fehlt. Dies ist eine Zonenabfolge vom Barrow-Typ (Kap. 3). Die Lage der Isograden wird durch zwei kleine Granitplutone nicht beeinflußt.

Die wesentlichste Umwandlung in Kalksilikatgesteinen ist das Auftreten von Ca-Amphibolen, die mit Kalifeldspat koexistieren, nach folgender Reaktion:

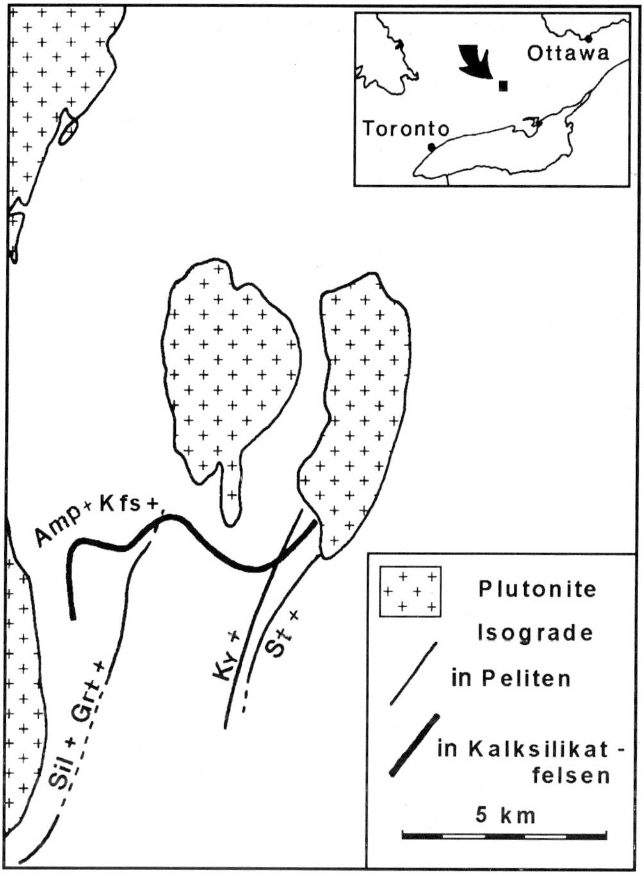

Abb. 5.9 Sich überschneidende Isograden in der Nähe des Whetstone-Sees in Ontario (nach CARMICHAEL 1969). Die Isograde für das Auftreten von Kalifeldspat + Amphibol in Kalksilikatgesteinen schneidet deutlich die metapelitischen Isograden.

$$\text{Biotit} + \text{Calcit} + \text{Quarz} \rightarrow \text{Ca-Amphibol} + \text{Kalifeldspat} + CO_2 + H_2O \quad [5.11]$$

Obwohl die Paragenese Ca-Amphibol + Kalifeldspat grob gesehen bei höheren Graden auftritt als Biotit + Calcit + Quarz, schneidet die der Reaktion [5.11] entsprechende Isograde die pelitische Isograde in einem deutlichen Winkel (Abb. 5.9). CARMICHAEL interpretierte die sich schneidenden Isograden als Ergebnis von Variationen in der Zusammensetzung der fluiden Phase. Aus Abb. 5.6 wird offensichtlich, daß bei einer wasserreichen fluiden Phase die Temperatur für pelitische Dehydratationsreaktionen ein Maximum erreicht, während die Dehydratations-Dekarbonatisierungsreaktion in Kalksilikatgesteinen bei relativ niedrigen Temperaturen auftritt. Dies mag der Situation im nördlichen Teil des Kartengebietes entsprechen. Andererseits könnte Reaktion [5.11] bei höheren X_{CO_2}-Werten in der fluiden Phase bei höheren Temperaturen als die Dehydratationsreaktionen in den Metapeliten ablaufen, und dies würde der Situation in der südlichen Hälfte des Gebietes entsprechen.

Bei dieser Interpretation sich überschneidender Isograden wird impliziert, daß die Zusammensetzung der fluiden Phase in beiden benachbarten Lithologien gleich ist und durch die fluide Phase, die durch die Reaktionen freigesetzt wird, nicht besonders beeinflußt wird. Dies ist ein Beispiel für externe Pufferung der fluiden Phase und setzt voraus, daß sie aus einer externen Quelle während des Reaktionsfortschrittes kontinuierlich durch die Abfolge von Metasedimenten fließt. CARMICHAEL nimmt an, daß einer der Granitplutone die Quelle dieses Wassers war.

5.4.2 Zonierung in Kalksilikatgesteinen in Maine

Eine der gründlichsten Untersuchungen metamorpher Gesteine der letzten Jahre war die Arbeit von J.M. FERRY über karbonatführende Metasedimente im südlichen Zentralmaine (z.B. FERRY 1976, 1983 a, b). Die von FERRY untersuchten Karbonatlagen treten in der silurischen Vassalboro-Formation auf, die während der jungpaläozoischen Arkadischen Orogenese (Teil des Variszidengürtels) metamorphosiert wurden. Die Formation besteht aus eng wechsellagernden Siltsteinen, Peliten und tonig-kalkigen Gesteinen mit einer Bankung im Maßstab von nur wenigen Zentimetern. Die Metamorphose fand bei niedrigen Drücken statt (2,5 - 3,8 kbar) und steht in räumlicher Beziehung zu synmetamorphen Granitstöcken (Abb. 5.10). Die Verteilung der Isograde in den karbonatischen Gesteinen der Vassalboro-Formation und in den Metapeliten der benachbarten Waterville Formation ist in Abb. 5.10 dargestellt. Die Zonenabfolge beschreibt FERRY wie folgt:

Ankerit-Zone: Die niedrigstgradigen Gesteine enthalten die Paragenese Ankerit ($Ca(Mg,Fe)(CO_3)_2$) + Quarz + Albit + Muskovit + Calcit ± Chlorit. Mögliche Akzessorien sind Pyrit, Graphit und Ilmenit.

Biotit-Zone: Diese Zone ist durch die Koexistenz von Biotit und Chlorit ohne Amphibol charakterisiert. Die Biotitisograde kann auf folgende Reaktion zurückgeführt werden:

Muskovit + Quarz + Ankerit + $H_2O \rightarrow$ Calcit + Chlorit + Biotit + CO_2 [5.12]

Innerhalb der Biotit-Zone wird Albit durch einen intermediären Plagioklas (Oligoklas oder Labradorit) durch folgende Reaktion ersetzt:

Muskovit + Calcit + Chlorit + Quarz + Albit $\rightarrow$ Biotit + Plagioklas + H_2O + CO_2 [5.13]

Dadurch tritt Muskovit nur selten auf und ist oft in der oberen Biotit-Zone nicht vorhanden.

Amphibol-Zone: Mit Ca-Amphibol tritt noch Ca-reicherer Plagioklas auf, und die charakteristische Paragenese ist Ca-Amphibol + Calcit + Ca-Plagioklas + Calcit + Biotit ± Chlorit. Die Reaktion zur Bildung der Isograden lautet:

Chlorit + Calcit + Quarz + Plagioklas $\rightarrow$ Ca-Amphibol + Ca-Plagioklas + H_2O + CO_2 [5.14]

Zoisit-Zone: Zoisit erscheint zuerst um Plagioklas an Kontakten mit Calcitkörnern nach folgender Reaktion:

Ca-Plagioklas + Calcit + $H_2O \rightarrow$ Zoisit + CO_2 [5.15]

In der gleichen Zone tritt Kalifeldspat + Ca-Amphibol nach der gleichen Reaktion [5.11], die von CARMICHAEL untersucht wurde, zuerst auf. Das Auftreten von Kalifeldspat und Ca-Amphibol liegt nahe an der Sillimanit-Isograden in benachbarten Metapeliten, eine grob ähnliche Situation wie in der Südhälfte von CARMICHAELS Gebiet (Abb. 5.9). Die sehr unter-

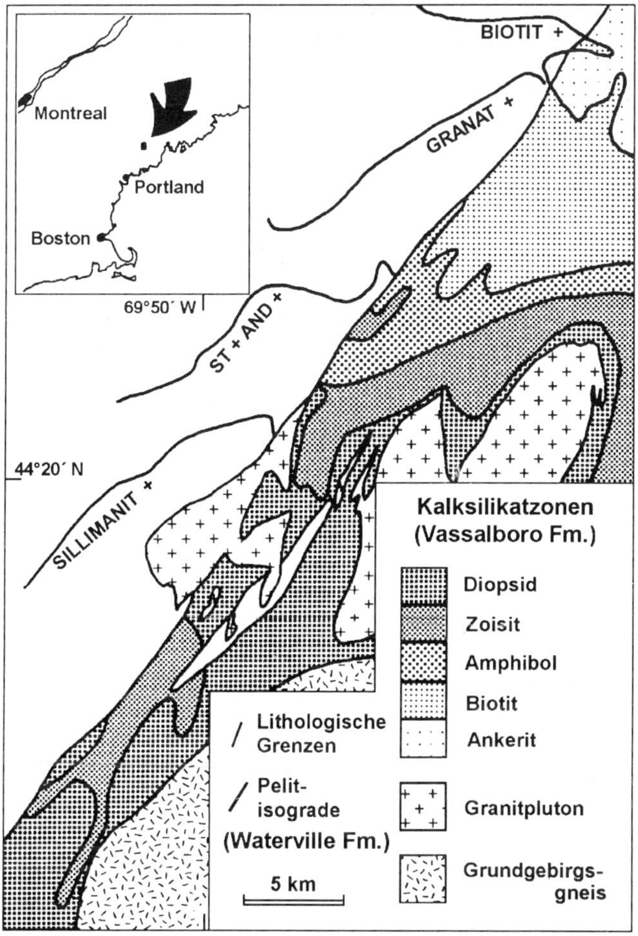

Abb. 5.10 Kalksilikatzonen in der Vassalboro-Formation (NW-USA) (nach FERRY 1983 b). Pelitische Isograden in der benachbarten Waterville-Formation sind ebenfalls dargestellt.

schiedlichen Metamorphosedrücke in beiden Gebieten verbieten jedoch einen weiteren Vergleich zwischen ihnen.

Diopsid-Zone: Die höchstgradige Paragenese ist Diopsid + Zoisit + Ca-Amphibol + Calcit + Quarz + Plagioklas ± Biotit ± Mikroklin. Diopsid wächst durch den Abbau von Amphibol:

$$\text{Ca-Amphibol} + \text{Calcit} + \text{Quarz} \rightarrow \text{Diopsid} + H_2O + CO_2 \qquad [5.16]$$

FERRY weist darauf hin, daß sich diese Abfolge von Mineralparagenesen nur entwickeln kann, wenn die karbonathaltigen Schiefer kontinuierlich von H_2O infiltriert werden. Der Grund dafür ist, daß Zoisit + Quarz in Gegenwart einer CO_2-reichen fluiden Phase nicht stabil ist und bei hohen Graden sogar kleine Mengen an CO_2 die Reaktion [5.15] nach links verschieben. Dies ist in Abb. 5.6 dargestellt. Die Freisetzung von CO_2 bei prograder Metamorphose sollte bei interner Pufferung der Fluidzusammensetzung zu einer relativ CO_2-reichen fluiden Phase führen und eine Bildung von Zoisit bei hohen Graden verhindern. Wachstum von Zoisit bei steigender Temperatur kann nur durch Infiltration einer wasserreichen fluiden Phase ermöglicht werden, mit einer Änderung der Fluidzusammensetzung, wie durch die gepunkteten Pfeile in Abb. 5.5 b angezeigt.

Die Karbonatlagen der Vassalboro-Formation ändern mit steigendem Metamorphosegrad nicht nur den Mineralbestand, sondern die Metamorphose verläuft auch deutlich nicht-isochemisch. Höhergradige Gesteine sind speziell an K und Na verarmt (vergleiche die an Albit und Muskovit reichen Paragenesen der Ankerit-Zone mit denen der höhergradigen Zonen, denen Na-Minerale und manchmal auch K-reiche Phasen fehlten). Diese Verarmung wird von FERRY (1983 a, b) auch infiltrierendem Wasser zugeschrieben. Dieses Phänomen kann in Kalksilikatgesteinen recht verbreitet sein.

5.5 Zusammenfassung und Diskussion

Die Untersuchung karbonatischer Metasedimente veranschaulicht die Bedeutung einer weiteren Variablen bei der Metamorphose: die Zusammensetzung der fluiden Phase. Trotz dieser zusätzlichen Variablen scheinen Marmore insbesondere Mineralparagenesen aufzuweisen, die regelmäßig mit der Temperatur (und in geringerem Ausmaß mit dem Druck) in vielen verschiedenen metamorphen Gebieten in gleicher Weise variieren. Dies kann vorausgesetzt werden, wenn die Fluidzusammensetzung tatsächlich durch den Mineralbestand des Gesteins bestimmt wird und daher nicht unabhängig von Druck und Temperatur variieren kann. Andererseits zeigen einige karbonatische Gesteine, speziell Kalksilikatgesteine, Hinweise auf Fluidzusammensetzungen, die mit externen Einflüssen variieren, so daß bestimmte Mineralparagenesen je nach der lokalen Fluidzusammensetzung bei unterschiedlichen Temperaturen auftreten können.

In welchem Ausmaß mobile Fluide die Fluidzusammensetzung bei der Metamorphose von außen kontrollieren, wird gegenwärtig kontovers diskutiert. Fluide können in gleicher Weise durch alle Gesteinstypen fließen, hinterlassen aber nur in karbonatischen Gesteinen beobachtbare Effekte. Andererseits kann Fluidfluß ganz speziell auf Karbonathorizonte beschränkt sein. Dekarbonatisierungsreaktionen führen zu viel größerer Volumenabnahme der Festphasen als andere metamorphe Reaktionen. Dies könnte einen Anstieg der Porosität und Permeabilität kalkreicher Lagen verursachen, und sie somit zu Kanälen für Fluidfluß machen (RUMBLE et al. 1982). Es besteht jedoch die Möglichkeit, daß einige der chemischen Änderungen in Kalksilikatgesteinen und ihren Porenfluiden tatsächlich überhaupt nicht von Fluidfluß verursacht werden. Auch ein einfacher diffusiver Austausch zwischen Kalksilikatgesteinen und anderen benachbarten Gesteinstypen könnte die Zufuhr von Wasser in diese Lagen und die Abfuhr von Alkalien bedingen. Diffusion entlang Korngrenzen oder durch eine statische fluide Phase in Poren ist weniger effizient für den Materialtransport als ein Fluidfluß durch das Gestein. Weil viele Kalksilikatlagen jedoch nur wenige Zentimeter mächtig sind, könnte Diffusion dennoch eine bedeutende Rolle spielen.

Ein letzter Faktor, der in den meisten Untersuchungen metamorpher Fluide in karbonatischen Gesteinen nicht berücksichtigt wurde, ist das Ausmaß, in dem sich CO_2 und H_2O tatsächlich mischen. Bei der vorangegangenen Betrachtung karbonatischer Gesteine wurde angenommen, daß sich H_2O und CO_2 zu einer einzigen fluiden Phase mischen. Tatsächlich sind reines CO_2 und H_2O nur bei Temperaturen oberhalb etwa 275 °C mischbar, und so kann diese Annahme bei sehr niedrigen Metamorphosegraden nicht gültig sein. Weiterhin wird die

Mischungslücke zwischen CO_2 und H_2O erheblich erweitert, wenn gelöste Salze in der fluiden Phase enthalten sind (wie es meistens der Fall ist). Die Möglichkeit der Nichtmischbarkeit und ihre Konsequenzen für metamorphe Reaktionen in Karbonaten wurden kürzlich von SISSON et al. (1981), BOWERS & HELGESON (1983) und SKIPPEN & TROMMSDORF (1986) angeschnitten. Wenn eine zusätzliche fluide Phase in karbonatischen Gesteinen vorkommt, wird nach der Phasenregel die Anzahl der Freiheitsgrade um eins reduziert. Beispielsweise werden aus divarianten Gleichgewichten univariante. Bis heute gibt es wenig Hinweis auf das verbreitete Vorkommen nichtmischbarer Fluide in grünschieferfaziellen Gesteinen und bei höheren Graden, wenn auch einige Beispiele beschrieben wurden. So fanden TROMMSDORF, SKIPPEN & ULMER (1985) nichtmischbare H_2O-NaCl und CO_2-Fluide in Gängen in Marmor der Amphibolit-Fazies.

6 Metamorphe Gefüge und Prozesse

In den Kapiteln 2 bis 5 wurde das Hauptaugenmerk auf das Erreichen eines chemischen Gleichgewichtes bei der Metamorphose gelegt, weil nur aus Paragenesen von Mineralen, die zusammen bei Gleichgewicht koexistierten, PT-Bedingungen der Metamorphose bestimmt werden können. Dies ist eines der Ziele der metamorphen Petrologie. Es ist insbesondere in den letzten Jahren dank neuer Entwicklungen in der experimentellen und theoretischen Petrologie weiterentwickelt worden sowie durch die phantastischen Möglichkeiten zur Untersuchung natürlicher Gesteine, die seit der Entwicklung der Elektronenstrahlmikrosonde zur Verfügung stehen. Gleichgewichtsuntersuchungen sagen uns nur etwas über die PT-Bedingungen bei der Bildung einer bestimmten Paragenese aus, aber nichts über die Geschichte eines Gesteins, bevor oder nachdem bestimmte PT-Bedingungen erreicht wurden.

Die Untersuchung der Gefüge metamorpher Gesteine bietet eine zusätzliche Informationsquelle über die Prozesse, denen ein Gestein ausgesetzt war. Gefüge haben große Bedeutung bei Metamorphoseuntersuchungen, weil sie häufig Abweichungen vom Gleichgewicht anzeigen, die es uns erlauben festzustellen, auf welche Weise ein Gestein zu einer Geichgewichtsparagenese rekristallisierte. Dadurch können Informationen über die metamorphe Geschichte eines Gesteins abgeleitet werden.

Metamorphe Gefüge können grob in zwei Klassen eingeteilt werden: solche, die Information über abgelaufene metamorphe Reaktionen bewahrt haben, und solche, die in Zusammenhang mit Deformation während der Metamorphose stehen. Der erste Typ sagt etwas über die Abfolge von Paragenesen und somit über die Geschichte metamorpher Bedingungen aus, während der zweite Typ Aussagen über die Deformationsgeschichte und den relativen Zeitablauf von Deformation und metamorphem Mineralwachstum in einer bestimmten Region ermöglicht. Dies sind natürlich ideale Zielvorstellungen, in der Praxis aber konservieren einige Gesteinstypen oder Einzelproben weitaus mehr Information als andere.

6.1 Metamorphe Gefüge – Grundlagen

6.1.1 Grundbegriffe

Bei der Untersuchung von Gleichgewichtsmineralparagenesen geht man von Eigenschaften der Minerale als perfekte Kristalle aus, hingegen erfordern Gefügeuntersuchungen eine Betrachtung von Eigenschaften normaler, nicht perfekter Realkristalle. Um Wachstum und Abbau von Kristallen während der Metamorphose zu verstehen, ist es notwendig, Faktoren wie den Einfluß von Mineraloberflächen auf das Wachsen neuer Kristalle zu berücksichtigen, oder genau zu beachten, wie sich Atome durch ein Gestein oder dessen einzelne Mineralkörner bewegen. Solche Untersuchungen haben große Bedeutung in den Materialwissenschaften, aber ihre Anwendung im Bereich der Geowissenschaften war noch bis vor kurzem allein auf die Strukturgeologie beschränkt.

Atome auf und nahe einer Kristalloberfläche sind nicht in solch stabiler Weise gebunden wie im Kristallinneren. Sie haben ungesättigte Bindungen und besitzen daher eine Überschußenergie, die **Oberflächenenergie**. Oberflächenenergie kann als die Energie definiert werden, die gebraucht wird, um eine Oberfläche pro Flächeneinheit zu erhöhen. Sie wird in

J/m^2 angegeben. Diese zusätzliche Energie führt dazu, daß Fremdatome dazu auf Mineraloberflächen angezogen, lose an sie gebunden oder **adsorbiert** werden.

Die Größenordnung der Energie, die mit einer Oberfläche verbunden ist, hängt von der Art der Substanz auf beiden Seiten ab. So kann eine Oberfläche zwischen einem Mineral und Luft eine höhere Oberflächenenergie haben als eine zwischen demselben Mineral und Wasser. Zugabe eines „Benetzers" zu Wasser bewirkt eine Abnahme der Oberflächenenergie der Grenzfläche zwischen Festphasen und Wasser, so daß das Wasser sich dünner ausbreiten kann, d.h. mit einer größeren Grenzfläche. Oberflächenenergien haben üblicherweise nur einen sehr kleinen Anteil an der totalen freien Gibbs-Energie eines Minerals in einem Gestein und so kaum einen Einfluß auf die PT-Bedingungen für Gleichgewicht zwischen Mineralparagenesen. Wenn jedoch Körner extrem klein sind, befindet sich ein hoher Anteil ihrer Atome nahe der Oberfläche, und die freie Oberflächenenergie wird signifikant. Eine sehr feinkörnige Mineralparagenese wird eine größere freie Energie besitzen als eine grobkörnige, und dies könnte Druck und Temperatur beeinflussen, bei denen eine Reaktion abläuft. Für eine Quarzkugel von 1 cm Radius ist die Oberflächenenergie $\sigma = 6{,}3 \cdot 10^{-4}$ J. Wenn die gleiche Menge Quarz in Kugeln von 10^{-3} cm Radius aufgeteilt wird, dann ist $\sigma = 0{,}63$ J, bei Abnahme des Kugelradius auf 10^{-7} cm ist $\sigma = 6280$ J. Dann wird die Oberflächenenergie einen signifikanten Anteil an der totalen freien Energie des Quarzes haben.

Das Kristallgitter eines Minerals kann Baufehler enthalten oder innerhalb einzelner Kristalle wie an ihren Oberflächen unterbrochen sein. Wenn diese Baufehler nicht vorhanden wären, könnten Kristalle viel stärker sein, als es tatsächlich der Fall ist. Kristallbaufehler können in drei Gruppen eingeteilt werden: Punktdefekte, Liniendefekte oder Oberflächenfehler.

Punktdefekte (point defects) liegen üblicherweise an einem einzelnen Gitterplatz oder einem Paar von Plätzen und beruhen auf: (a) einer Leerstelle; (b) einer Substitution eines „verunreinigenden" Atoms anstelle des Atoms, das den Platz normalerweise einnehmen würde; oder (c) Einbau eines zusätzlichen Atoms in einem Loch innerhalb der Struktur, das normalerweise nicht besetzt wäre.

Liniendefekte oder Versetzungen (line defects or dislocations) gehören zu den bedeutendsten Gitterbaufehlern und spielen eine große Rolle bei der Deformation von Körnern. Gitterbaufehler können durch Gleiten eines Gitterblocks gegenüber einem anderen entlang einer Fläche veranschaulicht werden. Man stelle sich ein Prisma aus einem einzelnen Kristall eines Minerals mit einem einfachen kubischen Gitter wie in Abb. 6.1 a vor. Ein Längsschnitt von außen nach innen stellt die Gleitfläche dar. Wenn das Gitter auf der einen Seite der Gleitebene um genau eine Einzelzelleneinheit verschoben wird, gibt es keine Unterbrechung über die Gleitebene hinweg. Die Enden des Prismas sind jedoch nun spiralförmige Rampen anstelle planarer Oberflächen. Nahe am Zentrum des Prismas, wo die Gleitebene endet, muß das Gitter etwas verdreht sein, und dieser Bereich hält über die gesamte Länge des Prismas an, daher die Bezeichnung Liniendefekt.

Der in Abb. 6.1 a dargestellte Versetzungstyp ist eine **Schraubenversetzung** (screw dislocations). Ein alternativer Versetzungstyp ist in Abb. 6.1 b dargestellt, bei dem eine zusätzliche Ebene von Atomen auf der rechten Hälfte des Blocks eingesetzt wird, die auf der linken nicht vorhanden ist. Das Gitter ist am Ende dieser zusätzlichen „Halbebene" verbogen. Dies ist eine **Stufenversetzung** (edge dislocation). Tatsächliche Versetzungen können intermediär zwischen diesen beiden Extremtypen sein und können Charakter und Orientierung ihrer Länge nach ändern. Beispielsweise würde der Einbau einer zusätzlichen horizontalen Ebene von Atomen in die linke Hälfte des Blocks in Abb. 6.1 a die Gleitebene abschließen. Hierdurch würden sich die unteren Atomlagen ununterbrochen über den Block hinweg fort-

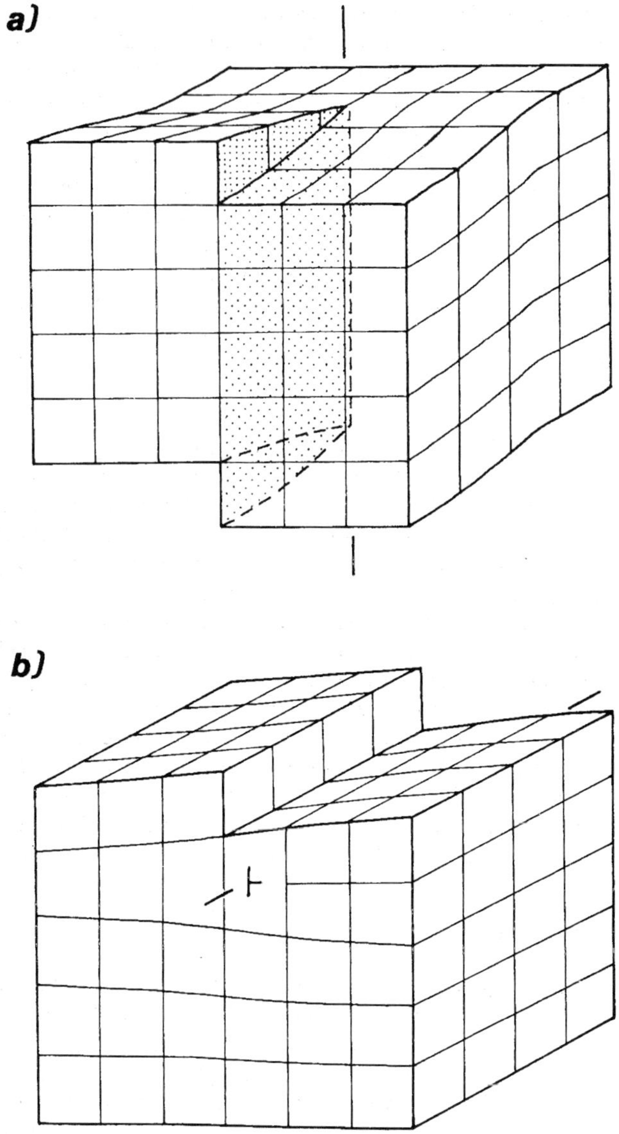

Abb. 6.1 Schematische Darstellung von Gitterstörungen in einem Material mit idealisiertem kubischen Gitter. **a)** Schraubenversetzung, die sich durch den Block der Länge nach durchzieht. Die Versetzungsebene ist punktiert; die Störung ist auf die unmittelbare Nähe zur Versetzungslinie beschränkt, die spiralförmige Stufen an Kopf- und Bodenfläche ausbildet. **b)** Stufenversetzung. In die rechte Blockhälfte ist eine zusätzliche horizontale Gitterebene eingebaut.

setzen. Dies ergäbe eine Gleitebene, die durch eine Schraubenversetzung auf der einen Seite und eine Stufenversetzung auf der anderen begrenzt wäre.

Die Bewegung von Versetzungen durch den Kristall verursacht **permanente Verformung** (strain). Fortschreitende Bewegung von Versetzungen durch einen Kristall bewirkt Deformation durch gleichzeitiges Auflösen von jeweils nur einer kleinen Anzahl von Atombindungen. Deshalb sind Realkristalle mit Versetzungen sehr viel schwächer als perfekte Kristalle.

Oberflächenfehler (surface imperfections) umfassen sämtliche Änderungen in Orientierung, Abstand oder Zusammensetzung von Atomlagen über eine planare Grenzfäche. Der Extremfall ist die Korngrenze, die Kristalle unterschiedlicher Orientierungen ihrer Gitter und oft auch unterschiedlicher chemischer Zusammensetzung trennt. Die gewöhnlichen Korngrenzen in Metamorphiten werden auch Großwinkelkorngrenzen genannt. Nachdem über die genaue Natur der Korngrenzen in Metamorphiten viele Jahre spekuliert wurde, beginnen neuere Untersuchungen mit hochauflösender Transmissionselektronenmikroskopie ein Bild der Korngrenzenstruktur zu zeichnen. Nach White & White (1981) sind Kristallgitter nahe einer Korngrenze etwas versetzt und enthalten Verunreinigungen. Sie stellten fest, daß die Grenzfläche viele kleine Leerstellen zu enthalten scheint. Röhrenförmige Löcher hingegen liegen beim Zusammentreffen von einer oder mehreren Korngrenzen vor und bewirken vermutlich eine zusammenhängende Porosität innerhalb des Gesteins.

Einige Grenzen zwischen Körnern einer Mineralspezies haben nur einen geringen Versatz von Atomen und werden daher **Kleinwinkelkorngrenzen** (low angle or tilt boundary) genannt. Sie treten im Dünnschliff sehr häufig in Quarz und Olivin auf und sind innerhalb großer, scheinbar einheitlicher Körner unter gekreuzten Polarisatoren bei Drehen in die Auslöschungsstellung zu sehen. Das große Korn kann sich dann als Mosaik kleinerer Körner oder **Subkörner** (subgrains) erweisen. Alle haben eine gleichartige, aber geringfügig abweichende Auslöschungsstellung und sind von Kleinwinkelkorngrenzen getrennt.

Ein anderer Typ von Oberflächenstörungen sind **Zwillingsebenen** (twin boundaries), die bei Wachstum eines Kristalls oder durch Deformation eines ursprünglich einheitlichen Gitters entstehen, und **Stapelfehler** (stacking faults), bei denen einzelne Atomlagen innerhalb der Kristallstruktur fehlen oder wiederholt werden. In Silikaten mit typischerweise großen Elementarzellen können Kristallbaufehler aus verschiedenen Elementen zusammengesetzt sein. Zum Beispiel berichtete Smith (1985), daß viele Fehler in Granat eine Kombination einer partiellen Versetzung (d.h. die Versatzweite längs der Gleitebene ist dabei nicht genau eine Elementarzelle) und Stapelfehlern sind. Dabei bleibt der Zusammenhang des Gitters durch Weglassen oder Duplizierung bestimmter Gitterebenen an einer Seite der Gleitebene erhalten.

6.1.2 Diffusion in Festphasen

Diffusion ist der Prozeß, bei dem Atome, Ionen oder Moleküle durch Materie transportiert werden. Sogar in einem kristallinen Festkörper, in dem Atome stark gebunden sind, führen kontinuierliche thermische Vibrationen dazu, daß Einzelatome in Bewegung sind und die Lage innerhalb des Kristalls wechseln. Diese Bewegungen innerhalb eines chemisch homogenen Kristalls können in Experimenten nachgewiesen werden, indem man ein bestimmtes Isotop eines der im Kristall vorkommenden Elemente als Markierer benutzt. Dies ist die **Selbstdiffusion** (self-diffusion). Existiert ein chemischer Gradient innerhalb eines Kristalls, z.B. in einem zonierten Korn eines Mischkristalls, bewirkt Diffusion eine Homogenisierung des Korns. Im Falle eines zonierten Olivinkristalls zum Beispiel wird Fe von den Fayalitreichen Bereichen zu den Bereichen diffundieren, die an Forsterit angereichert sind, während sich Mg entgegengesetzt verhalten wird. Die entgegengesetzten Bewegungen müssen allerdings genau ausgeglichen sein, um lokale Ladungsdifferenzen zu vermeiden. Diese Art von Diffusion heißt **Fremddiffusion** (interdiffusion). Selbst- und Fremddiffusion sind Beispiele von **Volumendiffusion** (volume diffusion), weil sie Bewegung von Atomen durch den Hauptteil eines Kristalles bewirken anstatt an seinen Rändern. Da die meisten Atombindungen in Kristallgittern stark sind, ist Volumendiffusion generell langsam, verglichen mit Diffusion von Material durch ein Gestein längs Korngrenzen, der **Korngrenzendiffusion** (grain boundary diffusion). Sie wird aber dominant, sobald Kristalle nahe an ihre Schmelztemperaturen aufgeheizt werden.

Der einfachste Weg, Fremddiffusion zu veranschaulichen, ist, sie sich als Reaktion auf Konzentrationsgradienten innerhalb eines Kristalls vorzustellen. Die Geschwindigkeit, mit der Diffusion stattfindet, wird als Materialfluß J gemessen. Fluß bedeutet Diffusion von Material über eine Einheitsfläche innerhalb des Kristalls in einem Einheitszeitraum. Der Fluß ist proportional zum Konzentrationsgradienten, der die Diffusion bewirkt:

$$J = - D \cdot (dC/dx)$$ (Erstes Ficksches Diffusionsgesetz)

C ist die Konzentration, x die Richtung der Konzentrationsänderung und D der **Diffusionskoeffizient**. In vielen Fällen ändert sich der Konzentrationsgradient dC/dx bei fortschreitender Diffusion. So wurden viele Gleichungen aufgestellt, um dies auszudrücken und Zusammensetzungsänderungen mit der Zeit in Körpern unterschiedlicher Form zu messen. Eine tiefergreifende Behandlung dieses Themas würde über den Rahmen dieses Buches hinausgehen, aber weitere Referenzen werden am Ende diese Kapitels aufgelistet.

Die Materialmenge, die durch Diffusion bewegt werden kann, hängt von der zur Verfügung stehenden Zeit ab und auch von der Größe des Diffusionskoeffizienten D. In Mineralen ist D stark temperaturabhängig und variiert exponentiell mit 1/T. Daher ist es möglich, daß Diffusion bei einer bestimmten Temperatur innerhalb eines Kristalls vernachlässigbar ist, in geologischen Maßstäben ist sie aber sehr schnell, wenn die Temperatur nur um 50 ° oder 100 °C erhöht wird. Zum Beispiel zeigen Granatkristalle in Peliten der Granat- und der Staurolithzone einen typischen chemischen Zonarbau, während die von Migmatiten mehr oder weniger unzoniert sind. Der Grund dafür ist, daß Diffusion in Granat offenbar bei Temperaturen der hochgradigen Metamorphose effektiv wird (YARDLEY 1977 a).

Diffusion in Fluiden ist sehr viel schneller als in Mineralen. Die Anwesenheit von Wasser auf Korngrenzen scheint Diffusionsgeschwindigkeiten in Gesteinen zu fördern. Wasser auf Gitterbaufehlern kann auch Volumendiffusion in einigen Mineralen beschleunigen. Andererseits wurden offenbar in anderen Mineralen die Diffusionsgeschwindigkeiten durch Anwesenheit von Wasser bei Experimenten nicht beeinflußt.

Das Auftreten von Diffusion muß als deutliche Abweichung vom chemischen Gleichgewicht gesehen werden. Obwohl sie ein Prozeß ist, der infolge von Konzentrationsgradienten auftritt, ist es korrekter, von einer Folge eines Gradienten im chemischen Potential zu sprechen. Beide Konzepte sind ähnlich, solange wir nur Diffusion innerhalb eines einzelnen Kornes betrachten. In komplizierteren Fällen, z.B. bei Diffusion zwischen verschiedenen miteinander reagierenden Mineralen, ist keine einfache Reaktion auf Konzentrationsgradienten gegeben (JOESTEN 1974; FISHER 1977).

6.1.3 Keimbildung und Wachstum von Mineralen

Nach der Darstellung von Eigenschaften realer Kristalle soll nun aufgezeigt werden, was beim Wachstum eines Minerals passiert. Am einfachsten ist es zunächst, eine Reaktion anzunehmen, die nur Abbau einer Reaktantphase und Wachstum einer Produktphase umfaßt. Die gleichen Regeln gelten aber auch für Reaktionen mit Mineralparagenesen. Wenn der Reaktant R auf eine Temperatur T_r aufgeheizt wird, so daß die Produktphase P stabiler ist, können wir den Abfall der freien Gibbs-Energie des Systems als ΔG_V pro Einheitsvolumen von P definie-

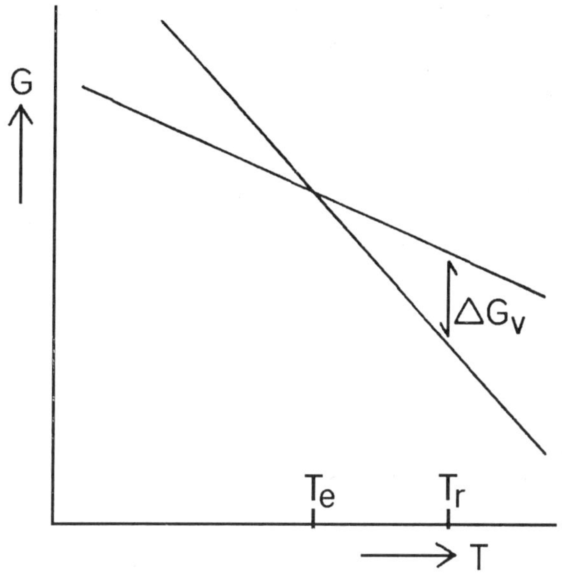

Abb. 6.2 Schematische Darstellung der Variation in der Änderung der freien Energie einer Reaktion (hier ΔG_V definiert als die Änderung der freien Gibbs-Energie pro Volumeneinheit des entstehenden Produkts) mit Angabe der Größenordnung, mit der die Gleichgewichtstemperatur T_e überschritten wurde (vgl. Abb. 2.2).

ren. Der Wert von ΔG_V hängt von der Größenordnung ab, um die die Gleichgewichtstemperatur überschritten wurde (Abb. 6.2).

Mit Ausnahme bestimmter Typen polymorpher Übergänge bedingt jede Reaktion Auflösung chemischer Bindungen in der ursprünglichen Phase und Umlagerung der Atome zu einer neuen Struktur. Angenommen, bei der Temperatur T_r bewirken allgemeine Vibrationen im Gitter der Phase R die Bildung eines kleinen Materialvolumens oder **Keimes** (nucleus) mit der Struktur der Phase P. Die Energie des Systems ist um die Größenordnung $\Delta V_n \cdot G_V$ reduziert, wobei V_n das Volumen des Keimes ist. Weil dieses jedoch klein ist, befinden sich die meisten Atome nahe an der Oberfläche. So existiert eine hohe Oberflächenenergie, die $A_n \cdot \sigma$ entspricht, wobei A_n die Oberfläche des Keims ist und σ die Oberflächenenergie. Vorausgesetzt, es gilt:

$$-V_n G_V > A_n \cdot \sigma \ ,$$

dann ist die gesamte freie Energie des Systems durch die Bildung des Keims von P vermindert, der somit stabil sein wird. Wenn jedoch die zusätzliche freie Energie im Zusammenhang mit den neugebildeten Oberflächen des Keimes größer als die Abnahme der Energie bei der Umwandlung von Phase R in Phase P ist, wird der Keim instabil und spontan wieder abgebaut. In diesem Fall führte seine Bildung zu einem Anstieg der gesamten freien Energie des Systems. Da die Gleichgewichtsbedingungen für die Koexistenz von R und P fortlaufend überschritten werden, wird ΔG_V größer und der Keim wird eher stabil. Dies ist der Grund, weshalb Reaktionen mit Bildung einer neuen kristallinen Phase (also mit Keimbildung) nicht bei der Gleichgewichtstemperatur ablaufen, sondern nur bei ihrer Überschreitung, während Reaktionen mit Bildung von Phasen ohne Kristallstruktur, wie bei kongruentem Schmelzen nahezu exakt bei der Gleichgewichtstemperatur ablaufen.

Die Bildung eines stabilen Keimes eines Produktminerals wird durch folgende Faktoren gefördert:

1. Starke Überschreitung der Gleichgewichtsbedingungen für die entsprechende Reaktion, die einen Anstieg von ΔG_V bedeutet.
2. Reduktion der Oberflächenenergie infolge Keimwachstum auf bestimmten Mineralen.
3. Vergrößerung der Keimgröße, so daß seine Oberflächenenergie weniger bedeutend ist.

Der Idealfall ist **homogene Keimbildung** (homogeneous nucleation), d.h. der Keim ist rund, hat überall eine einheitliche Oberflächenenergie und bildet sich unabhängig von anderem kristallinem Material. Dies kann manchmal ein relativ gutes Modell für die Kristallisation von Phasen aus Schmelzen sein, bei der Metamorphose aber wird es immer eine Vielfalt von kristallinen Substraten geben, auf denen der Keim aufwachsen kann. Hier ist die Keimbildung immer **heterogen**. Bildet sich der Keim also auf einem Mineralsubstrat, hat er eine unterschiedliche Oberflächenenergie auf verschiedenen Flächen. Durch diesen Effekt wird Keimbildung erleichtert, insbesondere auf Mineralsubstraten, deren Gitter mit dem der keimbildenen Phase übereinstimmt.

Sobald ein stabiler Keim gebildet wurde, existiert ein chemischer Gradient zwischen Reaktantkörnern und den Produktkeimen. Dies bewirkt Diffusion von Material zu den neugebildeten Körnern der Produktminerale und ihr Wachstum auf Kosten der Reaktanten. In Bereichen des Gesteins, die zu weit von den anfänglichen Keimen entfernt sind, als daß Material von ihnen hindiffundieren könnte, können sich zusätzliche Keime von Produktkör-

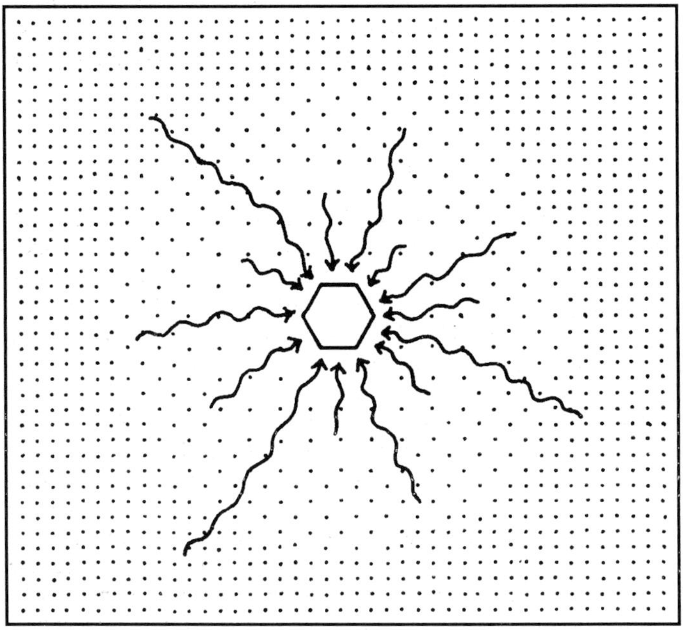

Abb. 6.3 Schematische Darstellung der Materialdiffusion zu einem neugebildeten Keim. In Keimnähe hat sich im Gestein ein Gleichgewicht ausgebildet, so daß weitere Keimbildung unwahrscheinlich ist. Aber in geringer Entfernung begann sich Material zum Keim hin zu bewegen, und hier ist neue Keimbildung möglich. Dieses Reaktionsstadium wird durch den Transport gesteuert (FISCHER 1978).

nern bilden (Abb. 6.3). Es liegt auf der Hand, daß die Bildung eines Korns eines neuen Minerals in zwei unterschiedlichen Stufen erfolgt: eine anfängliche Keimbildung gefolgt von einer Wachstumsperiode. Für die Keimbildung müssen die Gleichgewichtsbedingungen der Reaktion um eine erhebliche, aber generell unbekannte Größenordnung überschritten sein. Sobald jedoch Keime vorhanden sind, kann Wachstum auch bei geringerer Überschreitung erfolgen als für die anfängliche Keimbildung notwendig war. Die Keimbildungs- und Wachstumsgeschwindigkeiten hängen von verschiedenen Faktoren ab. In einigen Fällen bilden sich viele Keime, wachsen aber nicht zu großen Körnern heran. Dies kann der Fall sein, wenn die Keimbildung durch ein im Gestein vorhandenes Mineral erleichtert wird, dessen Gitter ein günstiges Substrat für die Keimbildung des neuen Minerals bietet. Oder die Diffusion ist besonders träge, z.B. weil das Gestein keine fluide Phase enthält. Viele Keime können sich – jedoch selten bei der Metamorphose – auch dann bilden, wenn die Reaktion stark überschritten wurde, so daß ΔG groß ist. Umgekehrte Bedingungen sind bei schneller Diffusion gegeben. Es können sich schlechter Keime von Produktphasen bilden, und so wird eine kleine Anzahl relativ großer Körner (d.h. Porphyroblasten) entstehen.

6.2 Die Gefüge metamorpher Gesteine

Einige Mineralkörner bilden sich bei der Metamorphose, weil eine metamorphe Reaktion abläuft und ein neues Mineral gebildet oder die Menge eines existierenden Minerals im Gestein erhöht wird. In diesem Fall werden sie durch **Kristallisation** des Minerals gebildet. In anderen Fällen bilden sich Körner nur auf Kosten bereits existierender Körner des gleichen Minerals. Dieser Prozeß wird **Rekristallisation** genannt. Rekristallisation kann unabhängig von jeglicher metamorpher Reaktion ablaufen und ist vergleichbar mit Temperung synthetischen Materials.

6.2.1 Rekristallisationsgefüge

Rekristallisation kann einerseits durch die Energiedifferenz zwischen großen und kleinen Körnern begünstigt werden, d.h. große Körner wachsen auf Kosten von kleineren. Andererseits wird Rekristallisation durch Verformungsenergie in älteren deformierten Körnern begünstigt, die weniger stabil als neugebildete undeformierte Körner sind. Körner mit unregelmäßiger Form oder mit zahlreichen Einschlüssen haben eine anomal hohe Oberfläche gegenüber ihrem Volumen und rekristallisieren daher leichter.

In einem monomineralischen Gestein wie Marmor oder Quarzit können große Körner sehr leicht auf Kosten von kleineren wachsen, weil Atome nur über Korngrenzen bei geringsten Transportweiten wandern müssen (Abb. 6.4). Dies erlaubt Rekristallisation durch **Kornwachstum** (grain growth), angetrieben durch die Unterschiede der freien Energie zwischen großen und kleinen Körnern, auch wenn diese sehr klein sind und nicht ausreichen, um Diffusion auszulösen. Der Prozeß kann als Wanderung von Korngrenzen durch das Gestein veranschaulicht werden. Dabei behalten die Atome mehr oder weniger ihre Position bei, brechen aber ihre Bindungen zu einer Kristallfläche und werden zu einer benachbarten hin verknüpft. ROBINSON (1971) konnte aufzeigen, daß dieser Prozeß während der Kontaktmetamorphose von Kalksteinen abgelaufen war. Reine Lagen rekristallisierten zu grobem gleichkörnigem Marmor. Dagegen blieben graphithaltige Kalksteinlagen feinkörnig, weil Graphit als Verunreinigung auf den Korngrenzen offenbar Bewegung von Atomen über sie hinweg verhindert hat.

6.5 d). Bei Drehung des Mikroskoptisches werden verschiedene Bereiche des Korns in unterschiedlicher Stellung ausgelöscht, weil das Gitter verbogen ist. Manchmal gibt ein verformter Kristall große Teile seiner **Verformungsenergie** durch Rekristallisation in Subkörner frei. Dabei bewegen sich die Versetzungen und reihen sich in Kleinwinkelkorngrenzen ein, die separate undeformierte Subkörner mit jeweils geringfügig anderer Gitterorientierung voneinander trennen. Freisetzung von Verformungsenergie durch Versetzungswandern durch den Kristall wird **Erholung** (recovery) genannt. Sie kann nur ablaufen, wenn die Temperatur hinreichend hoch für Volumendiffusion ist. Geringe Diffusion muß ablaufen, um Versetzungen durch das Gitter zu bewegen. Bei hohen Temperaturen kann Diffusion in Mineralen wie Quarz so schnell sein, daß sie sich ebenso rasch erholen, wie sie deformiert werden. Ältere Körner werden kontinuierlich durch ein feinkörniges Mosaik neuer unverformter Körner bei fortschreitender Deformation ersetzt. Dieser Prozeß wird **syntektonische Rekristallisation** genannt (Abb. 6.5 c). In anderen Fällen können neue Körner Keime an den Rändern deformierter Körner bilden und auf deren Kosten wachsen. (Abb. 6.5 d).

In monomineralischen Gesteinen und Gängen treten manchmal ineinander gewachsene deformierte Körner mit suturierten Korngrenzen auf (Abb. 6.5 d). Da die Gesamtoberfläche in diesem Gefüge sehr groß ist, kann der Beitrag der Verformungsenergie zur freien Energie der Körner viel größer sein als der Beitrag der Oberflächenenergie. So ist die Energie, die durch Erholung gespart wurde, größer als die zusätzlich geschaffene Oberflächenenergie. Eine andere Folge des relativ großen Beitrages der Verformungsenergie ist, daß Erholung deformierter Körner zu undeformierten Körnern verschiedener Größe führt, die dann Kornwachstum zur Minimierung von Oberflächenenergie erfahren. BOUCHEZ & PECHER (1981) publizierten eine Serie Dünnschliffotos zur fortschreitenden Deformation quarzreicher Gesteine mit zunächst syntektonischen Rekristallisationsgefügen, bei denen Verformungsenergie abgebaut wurde, und anschließendem Ersatz durch Kornwachstumsgefüge.

Rekristallisation als Reaktion auf Verformung ist besonders deutlich in **Myloniten** ausgeprägt. Dies sind relativ feinkörnige Gesteine, die durch Korngrößenreduktion in Zonen intensiver Deformation wie Scherzonen gebildet werden. Das kann durch sprödes Zerbrechen der Körner (**Kataklase**) erreicht werden. Unter den meisten metamorphen Bedingungen wird die Korngröße häufig durch plastische Deformation reduziert, die von syntektonischer Rekristallisation begleitet wird. Unterschiedliche Minerale reagieren verschieden auf Deformation, auch unter gleichen PT-Bedingungen. Außer bei sehr niedrigen Graden wird Quarz sofort verformt und rekristallisiert syntektonisch, um schließlich ein „Bänderquarzgefüge" zu bilden (Abb. 6.5 c). Karbonate, und bei hohen Graden auch Olivine, erfahren häufig syntektonische Rekristallisation. Feldspäte und Granat verhalten sich relativ spröde und werden eher bruchhaft verformt, wenn auch duktile Deformation und syntektonische Rekristallisation in Feldspäten auftreten kann. Schichtsilikate werden üblicherweise durch Knickung verformt.

Mylonitgefüge hängen daher sowohl von der Mineralzusammensetzung, der Größenordnung der Verformung, als auch von den PT-Bedingungen ab. Oft zeigen Mylonite ein **Mör-**

Abb. 6.5 (auf der rechten Seite) Mikroskopische Aufnahmen metamorpher Gefüge, die im Text beschrieben wurden.

c) Porphyroblasten von Feldspat in einer feinkörnigen Matrix; der syntektonisch rekristallisierte Quarz zeigt Bänderstruktur. Man beachte die gerundeten Ränder der Porphyroklasten und die beginnende Rekristallisation mancher Feldspäte im unteren Bereich der Aufnahme. Skagit Gneis, Washington, USA. (Foto R.J. KNIPE.)

d) Deformierter Quarzit mit langen deformierten Körnern, die undulöse Auslöschung und suturierte Korngrenzen (Pfeil) hervorgerufen durch spannungsinduzierte Korngrenzenwanderung zeigen. Diese älteren Körner liegen in einer Matrix aus feinkörnigem rekristallisierten Quarz mit nahezu granoblastischem Polygonalgefüge.

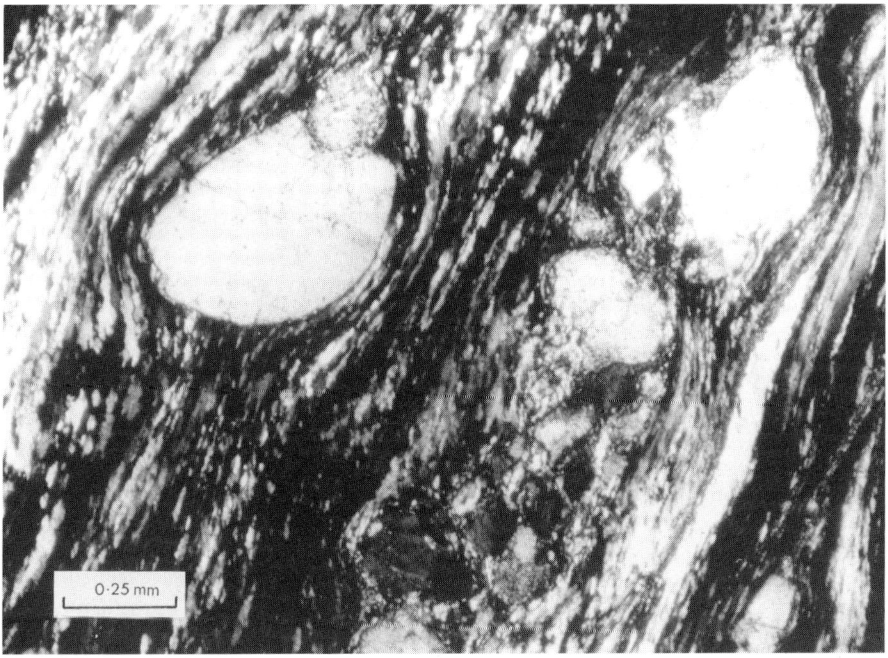

Abb. 6.5 c

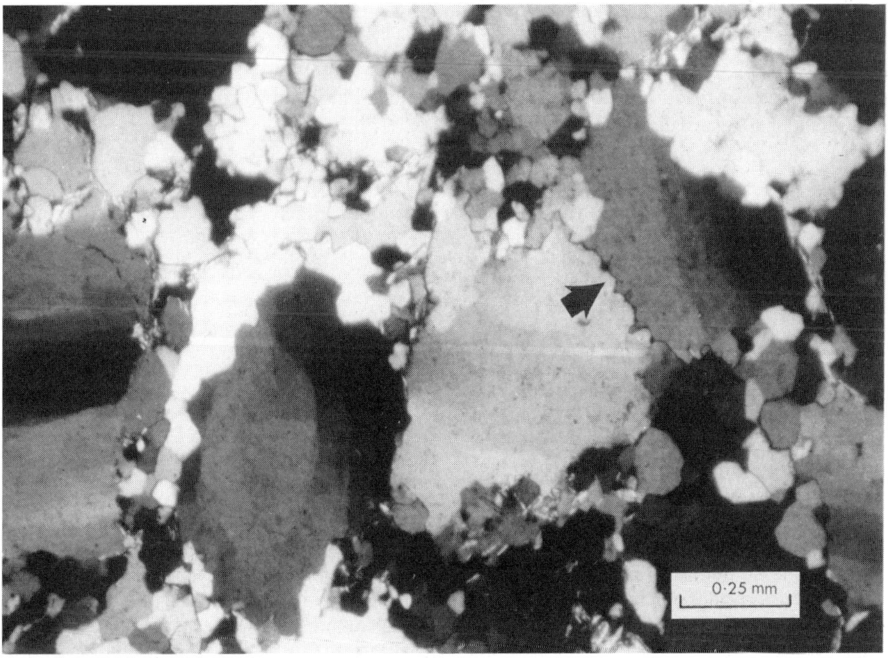

Abb. 6.5 d

telgefüge (mortar texture) mit einer Matrix feinkörnigen, syntektonisch rekristallisierten Materials, das größere, zerbrochene und verformte Relikte präexistierender Körner resistenter Minerale wie Feldspat und Granat umgeben kann. Diese Relikte nennt man **Porphyroklasten** (porphyroclast) (Abb. 6.5 c). In **Protomyloniten** (protomylonite) sind die Porphyroklasten noch die Hauptbestandteile des Gesteins, während sie in **Ultramyloniten** (ultramylonite) weniger als 10% ausmachen. Wenn die Porphyroklasten selbst syntektonische Rekristallisation erfahren, ist das Gestein ein **Blastomylonit** (blastomylonite). Phyllosilikatreiche Gesteine erzeugen eher stärker planare Mylonite, sogenannte **Phyllonite** (phyllonite).

6.2.2 Kristallisationsgefüge

Generell können die Produkte metamorpher Reaktionen erst zu wachsen beginnen, sobald sich ein stabiler Keim gebildet hat, obwohl Kationenaustauschreaktionen und einige kontinuierliche Reaktionen Ausnahmen dieser Regel sind, weil sie nicht zur Bildung einer neuen Festphase führen. Die Gefüge werden daher sowohl Keimbildungs- als auch Wachstumscharakteristika der beteiligten Minerale abbilden.

Im einfachsten Fall brauchen die Reaktionsprodukte keinen neuen Keim zu bilden, auf den sie aufwachsen, weil das gleiche Mineral schon im Gestein vorkommt und durch frühere Reaktionen gebildet wurde. In diesem Fall kann das neue Material als deutlicher Anwachssaum an die präexistenten Körner der gleichen Phase aufwachsen, oder neues und altes Material kann gemeinsam rekristallisieren, um neue Körner zu bilden. In einigen Fällen können Anwachssäume sofort erkannt werden (Abb. 6.6 a), in anderen Fällen ist ihr Vorhandensein eher zweideutig.

Aus obiger Diskussion über Oberflächenenergie und Keimbildung wird deutlich, daß Keime sich auf bestimmtem Substrat bilden und in bestimmter Orientierung, um die Oberflächenenergie der Korngrenze zu minimieren. Dieser Typ von Verdrängung heißt **Topotaxie** (topotaxy), und bekannte Beispiele sind Ersatz von Biotit durch Chlorit oder von intermediärem Plagioklas durch Albit. Sogar wenn die neue Phase eine Struktur hat, die keiner der existierenden Phasen ähnelt, kann es sein, daß es bestimmte Orientierungen gibt, bei denen die Oberflächenenergie minimal ist. Zum Beispiel beschrieb CHINNER (1961), wie Sillimanit bevorzugt auf Biotit in bestimmten Orientierungen aufwächst (Abb. 6.6 b). Dieser Typ kristallographisch kontrollierter bevorzugter Keimbildung heißt **epitaktisches Wachstum** (epitaxial growth), d.h. in einer bestimmten Orientierung auf einem bestimmten Substrat. Disthen und Staurolith können auch aufeinander epitaktische Anwachssäume bilden.

In vielen Fällen ist es jedoch unmöglich, genau zu bestimmen, auf welchem Platz ein bestimmtes Korn ursprünglich einen Keim bildete. Viele Minerale scheinen mehr oder weniger statistisch verteilt über das Gestein Keime zu bilden. Dies wurde von KRETZ (1966, 1973) gezeigt, der sorgfältige Untersuchungen an der dreidimensionalen Verteilung metamorpher Minerale innerhalb von Gesteinen durchführte.

Abb. 6.6 (auf der rechten Seite) **a)** Mikroskopische Aufnahme eines pelitischen Schiefers der Granat-Zone, in dem ein einschlußfreier porphyroblastischer Granatkern von einem deutlichen Rand eines einschlußreichen Granats umwachsen wurde. Morar, Invernesshire, Schottland. (Der dunkle Kreis links des Porphyroblasten ist eine Luftblase!) Mit Genehmigung von R.A. CLIFF. **b)** Komplexe Verwachsung von Biotit und Fibrolith als Ersatz eines ursprünglichen Granats. Man erkennt epitaktisches Wachstum von fibrolithischem Sillimanit auf einem Biotitsubstrat. Connemara, Irland. Aus YARDLEY (1977 b).

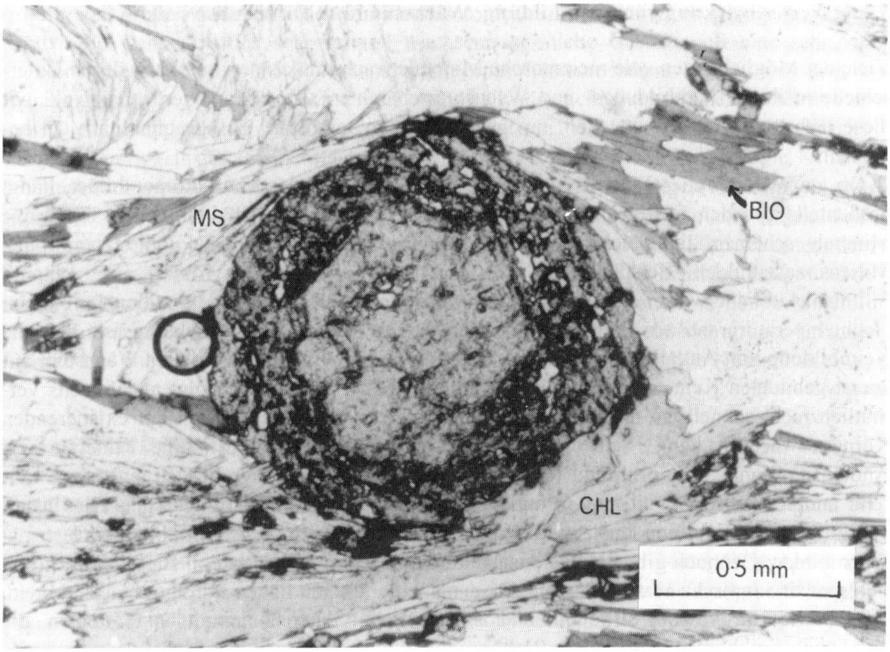

Abb. 6.6 a

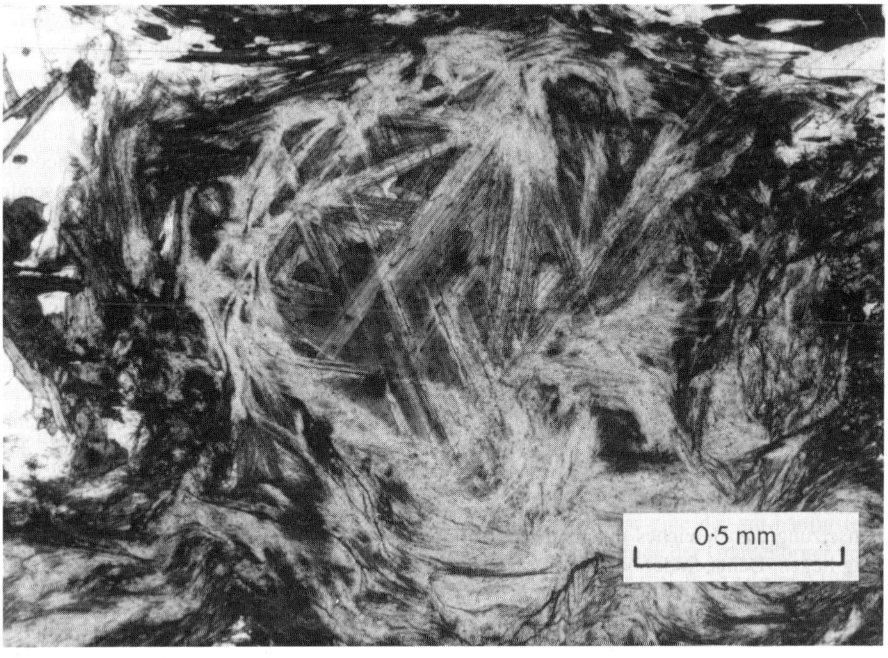

Abb. 6.6 b

Beispiele für Mechanismen intrakristalliner Verformung sind Bildung von **Zwillingen** (üblicherweise in Calcit zu sehen), von **Knickbändern** (kink bands) besonders in Glimmern und **Versetzungskriechen oder -fließen** (dislocation flow or creep). Versetzungskriechen ist der wichtigste Mechanismus, aber seine Intensität variiert je nach Mineral und metamorphen Bedingungen. Es wird durch erhöhte Temperatur gefördert und in einigen Mineralen durch ganz geringe Mengen von Wasser. Denn diese erleichtern Volumendiffusion und ermöglichen daher den Versetzungen, sich durch das Kristallgitter zu bewegen und Hindernisse (wie andere Versetzungen) zu überwinden. Bei niedrigeren Temperaturen oder hohen Verformungsraten, können Versetzungen in enge **Deformationslamellen** (deformation lamellae) konzentriert werden, die manchmal im Dünnschliff als Linien mit anomalem Brechungsindex sichtbar sind. Sogar bei hohen Temperaturen ist die Bewegung von Versetzungen auf bestimmte kristallographische Flächen eines jeden Mineraltyps beschränkt. Dies bedeutet, daß bei duktiler Deformation eines Gesteins die Verformung eines Korns nicht durch das benachbarte Korn ausgeglichen wird, wenn das zweite Korn in einer unterschiedlichen Orientierung vorliegt oder einer unterschiedlichen Mineralart ist. Somit ist Versetzungsfließen üblicherweise von Korngrenzengleiten oder anderen Deformationsmechanismen begleitet, um unterschiedliche Verformungen benachbarter Körner auszugleichen.

Deformation durch diffusiven Massentransfer tritt meistens als **Drucklösung** (pressure solution) in Erscheinung. Dies ist ein Prozeß, bei dem Material um Kornränder herum von Punkten unter hoher Spannung zu Bereichen des gleichen oder von benachbarten Körnern, die unter geringerer Spannung stehen, diffundiert. Wahrscheinlich ist dieser Prozeß in den meisten Fällen nur dann von Bedeutung, wenn eine fluide Porenphase vorhanden ist, um Diffusion zu erleichtern. Obwohl Drucklösungsphänomene schon von SORBY im neunzehnten Jahrhundert erkannt und von CORRENS (1949) experimentell untersucht wurden, wurde sie erst jüngst als ein hauptsächlicher natürlicher Deformationsmechanismus erkannt, besonders bei niedrigen Metamorphosegraden, bei denen Versetzungskriechen unbedeutend ist. Die Arbeiten von VOLL (1960), DURNEY (1972) und ELLIOTT (1973) waren besonders einflußreich. ELLIOTs Arbeit enthält hervorragende Photos von Drucklösungsphänomenen in Gesteinen. ELLIOTT zeigte, daß der Mechanismus intrakristalliner Deformation von der Korngröße wie von der Temperatur abhängig ist. Dabei fördert kleine Korngröße Drucklösung, weil die Entfernung um das Korn herum von dem Bereich unter hoher zu dem unter niedriger Spannung natürlich kleiner ist. Grundsätzlich ist Drucklösung jedoch von großer Bedeutung in Quarz-haltigen Gesteinen bei niedrigen Graden bis zur Grünschieferfazies. Darüber herrschen andere Mechanismen vor.

Der dritte Mechanismus intrakristalliner Deformation, die **syntektonische Rekristallisation** (syntectonic recrystallisation) ist eng an Versetzungsfließen gebunden, weil sie als Folge vieler Versetzungen innerhalb eines Kornes auftritt. Dies wurde oben in Kapitel 6.2.1 behandelt.

6.5.2 Deformationsgefüge bei der Metamorphose

Die Deformationsgefüge können in großer Breite variieren, je nach Mineralzusammensetzung und Korngröße des betreffenden Gesteins, Temperatur, Fluidverfügbarkeit, Verformungsrate und dem präexistenten Gefüge. Hierzu gehört die Bildung tektonischer Gefüge (Foliationen, Lineationen) und Rekristallisation von Mineralen infolge von Verformung. Zusätzlich können metamorphe Reaktionen und Deformationsprozesse miteinander in Wechselwirkung treten. Diese Wechselwirkung kann nur passiv sein, z.B. wenn ein Poikiloblast bei anhaltender Deformation wächst, so daß in ihm enthaltene Einschlußzüge die sich im Gestein entwickelnde Schieferung aufzeichnen. Umgekehrt kann es manchmal aktive Wechselbeziehungen zwischen Deformation und Metamorphose geben. Dabei setzt Deformation wirklich Metamorphose in Gang und umgekehrt. So tritt Rekristallisation häufig im Gefolge von Deformation auf und wird durch Korngrößenabnahme oder durch zunehmende Verformungsenergie der deformierten Körner ausgelöst.

Eines der charakteristischsten Merkmale deformierter Metamorphite sind Gefüge wie **Schieferung** (cleavage) oder **Minerallineation** (mineral lineations). Diese Gefüge spiegeln die Regelung von allen oder einigen Mineralkörnern in besonders **bevorzugter Orientierung** (preferred orientation) wider. Blättrige Minerale wie Glimmer oder längliche Minerale wie Amphibole werden bevorzugt durch Deformation geregelt, aber intrakristalline Deformation kann auch zu bevorzugten Orientierungen anderer Minerale wie Quarz oder Calcit führen. Diese können nur kristallographische Orientierungen sein oder auch zu Bildung und Regelung länglicher Körner führen. Bevorzugte Orientierungen können durch folgende Mechanismen entstehen:

1. Mechanische Rotation ursprünglich asymmetrischer Körner (z.B. Glimmerplättchen) in neue Orientierungen, üblicherweise mit gleichzeitigem Korngrenzengleiten oder Drucklösung, um ihre wechselnden Orientierungen auszugleichen.
2. Rekristallisation oder Kristallisation von Mineralen mit Wachstum neuer Körner direkt in bevorzugter Orientierung.
3. Änderung der Kornform in eine neue, geregelte und asymmetrische Form.

Mechanische Rotation ist der am einfachsten vorstellbare Mechanismus und bietet die klassische Erklärung für die Entstehung von Schieferung. Der Prozeß läuft offenbar bei der Bildung von **Crenulationsschieferung** (crenulation cleavage) durch Verbiegung einer präexistenten Foliation ab (Abb. 6.10). Die Schenkel der Crenulation werden enger, bis die Minerale, die darin liegen, parallele Schieferungsflächen bilden. Schwieriger ist es jedoch, alle blättrigen Minerale in Parallelität zu bringen. Sehr hohe Verformung ist notwendig und so ist es unwahrscheinlich, daß dieser Mechanismus zu einer wirklich penetrativen Foliation führt. Ein Faktor, der Rotation blättriger Körner erleichtert, ist die Entfernung von etwas Zwischenmaterial. Dies erscheint unwahrscheinlich, aber WRIGHT & PLATT (1982) konnten Graptolithen als Deformationsanzeiger in einer Reihe von sehr niedriggradigen Schiefern benutzen und fanden Hinweise, daß 50 Volumenprozent des ursprünglichen Tonsteins bei Anlage der Schieferung verloren gingen. In solchen Fällen könnte Kornrotation ein viel bedeutenderer Mechanismus der Schieferungsbildung sein. Aber solch große Volumenverluste treten wahrscheinlich nur bei Versenkung und Diagenese auf, wenn das Porenwasser ausgetrieben wird.

Detaillierte mikrochemische Untersuchungen von Tonschiefern durch KNIPE (1981) lassen vermuten, daß Wachstum neuer Körner oft der dominante Faktor bei der Schieferungsbildung ist. Ursprünglich bildet sich ein neues Gefüge durch Fältelung eines präexistenten aus. Aber weil niedriggradig metamorphe Reaktionen ablaufen, kristallisieren die Reaktionsprodukte bevorzugt in der Orientierung der neuentstehenden Schieferung. Wenn die neuen Phyllosilikatkörner weiterwachsen und andere abgebaut werden, wird die neue Schieferung penetrativ und ersetzt die frühere völlig. KNIPE konnte aufzeigen, daß Regelung von Phyllosilikaten in eine neue Schieferungsrichtung durch Neuwachstum erfolgt, weil sie chemisch von älteren Körnern unterschiedlich sind. In höhergradigen Gesteinen sind solche Unterschiede wahrscheinlich anschließend durch diffusiven Austausch verwischt worden. Dennoch werden vergleichbare Unterschiede in Glimmerschiefern beobachtet.

Änderungen der Form von Einzelkörnern sind besonders bei der Bildung von bevorzugter Orientierung in Mineralen wie Quarz, Olivin und Calcit von Bedeutung, die durch Verset-

Foliation um einen Porphyroblasten wird auch üblicherweise als Anzeichen prätektonischen Wachstums angesehen. Jedoch wird manchmal ein Verbiegen der Foliation um Porphyroblasten beobachtet, die aufgrund anderer Kriterien posttektonisch sind. In diesen Fällen wurde von einigen Autoren die Verbiegung der Schieferung einer „Kristallisationskraft" des wachsenden Porphyroblasten zugeschrieben. Häufiger wird sie aber auf Verformung durch relativ geringe späte Deformation zurückgeführt. Es erscheint auch möglich, daß prätektoni-

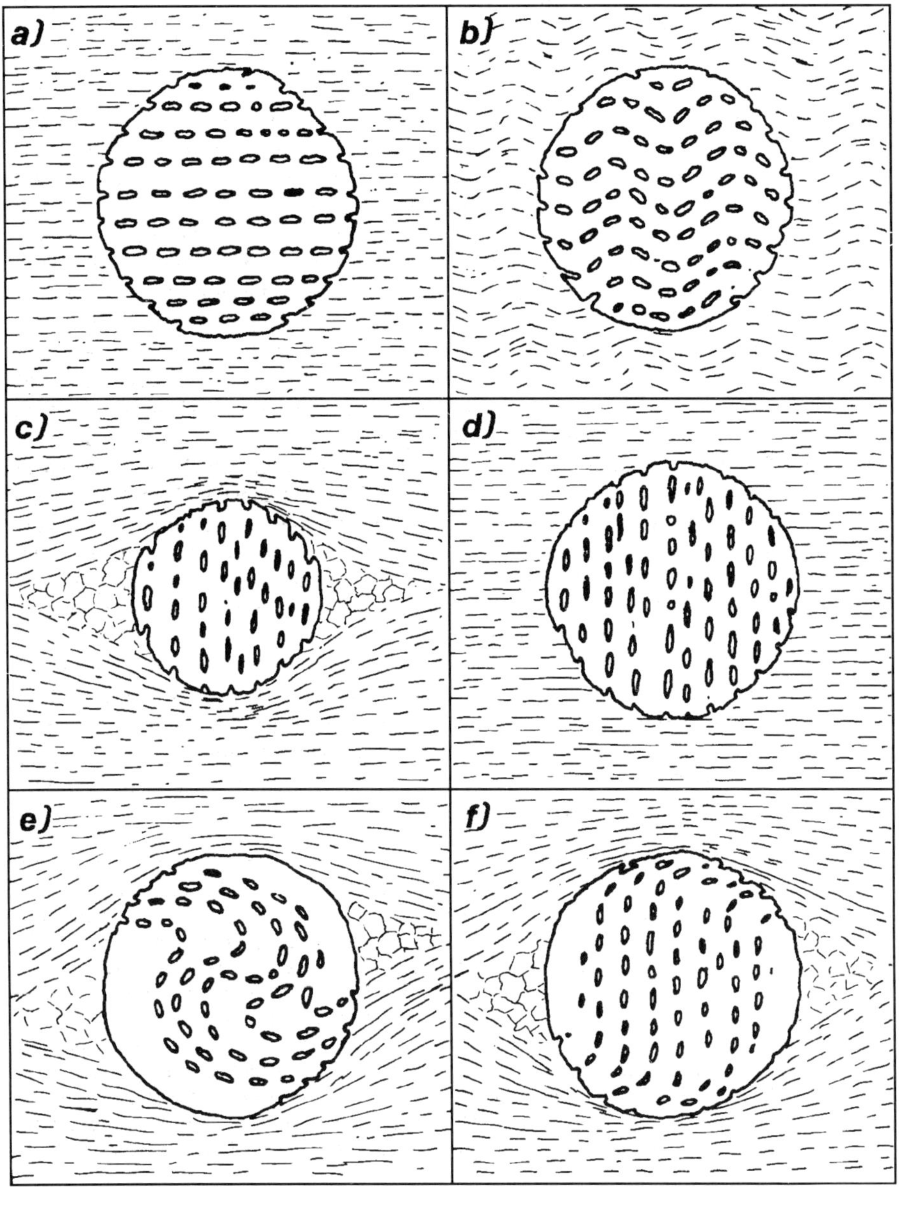

sche Porphyroblasten eine nachfolgende Deformation überdauern, ohne daß die neue Schieferung um sie herum verbogen wird (Abb. 6.11 b). Dies hängt von der Mineralzusammensetzung der Matrix und der Art der Deformation selbst ab. Aus diesem Grund kann man das Fehlen einer Verbiegung der externen Foliation um einen Porphyroblasten nicht als Hinweis dafür gebrauchen, daß der Porphyroblast posttektonisch war (FERGUSON & HARTE 1975).

Beispiele von Porphyroblasten, die in Gesteinen während einer Deformation wuchsen, sind nicht selten. Dieser Prozeß heißt syntektonisches Wachstum, bei dem sich die klassischen **„Schneeballgefüge"** bilden (SPRY 1963 b). Sie bestehen aus einer spiralförmigen Verteilung von Einschlüssen innerhalb des Porphyroblasten. Dies wird klassischerweise so interpretiert, daß der Porphyroblast bei Scherung entlang der Foliationsfläche gerollt wurde, während er wuchs (Abb. 6.11 e und 6.12 a). Die spiralförmige Verteilung kann nur in Dünnschliffen beobachtet werden, die nahezu senkrecht zur Rotationsachse geschnitten wurden. POWELL & TREAGUS (1967) beschrieben einige alternative Verteilungen, die in einem „Schneeballkristall" beobachtet werden können, der in anderen Orientierungen geschnitten wurde. Schneeballkristalle, am häufigsten Granate, wurden mit Einschlußspiralen beschrieben, die Rotationen weit über 180° anzeigen. Diese sind jedoch selten (SPRY 1963 b, ROSENFELD 1970). Üblicherweise beträgt die Rotation weniger als 90°. Die gekrümmten s_i-Ketten könnten ebenso durch Rekristallisation der Foliation in neuer Orientierung bei fortgesetzter Deformation entstehen, ohne daß die Kristalle überhaupt gerollt werden (RAMSAY 1962; Abb. 6.11 f). BELL (1985) wies darauf hin, daß Einschlußketten in prä- oder syntektonischen Porphyroblasten oft nahezu parallel über große Gesteinsvolumina sind, sogar über Falten hinweg (Abb. 6.13). Das beweist, daß Porphyroblasten während der Deformation oft nicht gerollt werden. Andere syntektonische Wachstumsgefüge sind auch bekannt. Hierzu gehören Beispiele, bei denen s_i im Kern des Porphyroblasten ungestört ist, aber zu den Rändern durch Porphyroblastenwachstum während einer Crenulationsschieferung zunehmend eng gefältelt wird. Alle syntektonischen Wachstumsgefüge sind dadurch charakterisiert, daß s_i mehr oder weniger symmetrisch zum Kern des Porphyroblasten gekrümmt ist. Wenn Porphyroblastenwachstum bis zum Ende der Deformation und darüber hinaus anhielt, setzt sich s_i wie bei posttektonischem Wachstum ohne Unterbrechung außerhalb des Kristalls in s_e fort. Wenn jedoch die Deformation das Porphyroblastenwachstum überdauert, besteht eine Diskordanz zwischen s_i und s_e (z. B. Abb. 6.12 a).

In der Literatur über Porphyroblasten gibt es zahlreiche Beispiele, bei denen Wachstum zur Deformation relativ lang anhielt. So zeichnete SPRY (1969, S. 255) Kristalle, deren Wachstum von prä- über syn- zu posttektonisch verlief. Die meisten Beispiele solch langen Wachstums scheinen Granate zu sein. Dies mag die Tatsache widerspiegeln, daß Granat oft durch kontinuierliche Reaktion über einen großen Temperaturbereich entsteht. Er kann aber auch durch mehrere getrennte Reaktionen in Folge entstehen (Kap. 3).

Abb. 6.11 (auf der linken Seite) Zusammenhang zwischen interner Schieferung in Poikiloblasten oder Porphyroblasten und externer Schieferung. **a), b)** Beispiele für posttektonisches Porphyroblastenwachstum mit s_i fortlaufend und parallel zu s_e. **c), d)** Porphyroblasten, die früher als die äußere Schieferung entstanden und eine interne Schieferung bewahrten, die schräg dazu steht. In **c)** ist die spätere Schieferung um den Porphyroblast, der einen Druckschatten um sich hat, abgeflacht. Seltener kommen wie in **d)** keine Abflachung oder Druckschatten vor. Dieser Modelltyp wurde von FERGUSON & HARTE (1975) dargestellt und bildet sich aus, wenn die Matrix fast ausschließlich aus Phyllosilikaten besteht. **e), f)** Syntektonische Porphyroblasten: **e)** ist ein klassischer „Schneeball-Granat" mit etwa 180° Rotation während des Wachstums, **f)** ist ein häufiger rotierter Granat, der vermutlich durch Rekristallisation der Schieferung in einer neuen Orientierung entstanden ist anstatt durch Drehung des Porphyroblasten.

Viele Minerale, die metamorphe Gefüge bilden, rekristallisieren zu schnell und sind über einen zu großen PT-Bereich stabil, um die PT-Bedingungen während der Deformation klar einzugrenzen. Die Amphibole bieten jedoch hierbei eine klare Ausnahme, ebenso wie Sillimanit. Ein Beispiel für ein Gestein mit einer bestimmten Faltungsphase bei gleichzeitigem Wachstum von Sillimanit ist in Abb. 6.12 b dargestellt.

6.6.2 Wechselwirkungen zwischen Metamorphose und Deformation

Seit vielen Jahren ist bekannt, daß Deformation metamorphe Reaktionen beschleunigt und jüngst wurde erkannt, daß unter gewissen Umständen metamorphe Reaktionen Deformation fördern. Einst glaubte man, daß Differentialspannung eigentlich Voraussetzung für die Stabilität bestimmter Minerale sei (HARKER 1932). Allerdings weiß man heute, daß dies nicht der Fall ist, weil alle sogenannten „Streßminerale" im Labor unter kontrollierten Bedingungen streßfrei synthetisiert wurden. Dennoch kann Deformation Reaktionen folgendermaßen beschleunigen:

1. Sie bringt Reaktantminerale in Kontakt miteinander, wenn sie aneinander vorbeigleiten.
2. Sie erhöht die freie Gibbs-Energie der Reaktantkörner, wenn sie verformt oder in kleinere Stücke zerbrochen werden.
3. Neue mögliche Flächen für bevorzugte Keimbildung werden auf neugeschaffenen Bruchflächen bereitgestellt.
4. Diffusion wird durch Bewegung auf Korngrenzen gefördert, dadurch die verfügbaren Korngrenzflächen erhöht und Zufuhr von fluider Phase ermöglicht.

Beispiele für all diese Effekte werden von BRODIE & RUTTER (1985) diskutiert.

Weiterhin führt Bewegung von Fluiden in Deformationszonen zu Rektionen mit Hydratation oder Metasomatose, die andernfalls nicht abgelaufen wären. BEACH (1973) beschrieb Mineralumwandlungen bei der Anlage von Scherzonen durch basische und saure Gneise in NW-Schottland. Die wesentlichen Umwandlungen in den Scherzonen sind folgende:

- Hornblende	→	Biotit
- Granat	→	Biotit + Alumosilikat
- Orthopyroxen	→	Biotit
- Ca-Plagioklas	→	Na-Plagioklas
- Feldspäte	→	Muskovit (granitische Gesteine)

Diese Umwandlungen enthalten sowohl Hydratation als auch Metasomatose, vor allem Zufuhr von Kalium und Abfuhr von Calcium. Sehr häufig laufen retrograde Hydratationsreaktionen in Zonen ab, die auch von später Deformation erfaßt wurden. Vermutlich bedingen sich beide Prozesse gegenseitig.

Abb. 6.12 (auf der rechten Seite) **a)** Rückstreuelektronenbild eines „Schneeball-Granats", Saas-Fee, Schweiz. Die Helligkeit in der Aufnahme hängt von der mittleren Ordnungszahl des betreffenden Minerals ab. Dadurch erscheint Granat (hohe mittlere Ordnungszahl) weiß, Quarz dunkelgrau und Glimmer mittelgrau. Man beachte, daß das Granatwachstum endete, bevor sich die äußere Schieferung sich voll entwickelte, so daß s_e diskordant zu s_i ist. (Foto mit Genehmigung von D.J. PRIOR.) **b)** Wiederverfaltete Falte in Metasedimenten. Die Achsenebene der älteren Falte ist durch die kurzgestrichelte Linie, die der späteren durch die längeren Striche angegeben. Ein Großteil des Gesteins hat ein ausgesprochen planares Gefüge parallel zu den Achsenebenen der späteren Falten. Dies zeigt sich durch die ausgerichteten Bänder knotiger Fibrolithe, welche anzeigen, daß der Höhepunkt der Metamorphose in diesem Gebiet ungefähr mit der zweiten Faltungsphase übereinstimmt. Connemara, Irland.

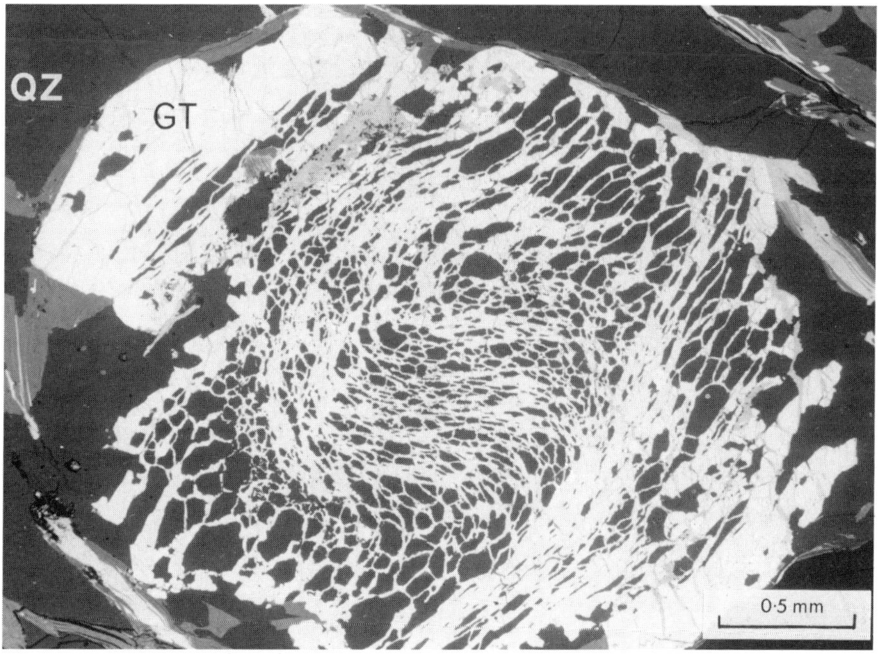

Abb. 6.12 a

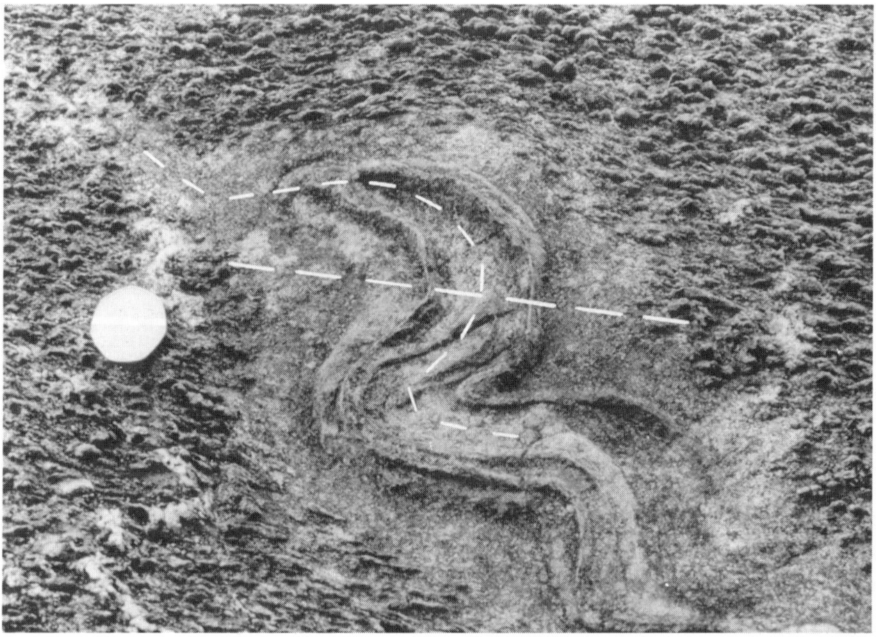

Abb. 6.12 b

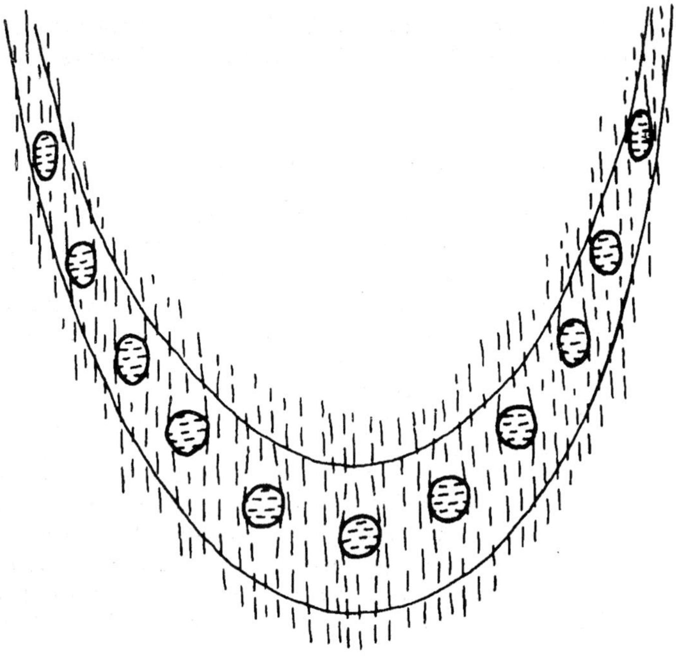

Abb. 6.13 Schematische Darstellung der Aussage, daß sich Porphyroblasten normalerweise nicht während der Deformation drehen. Prätektonische Porphyroblasten kommen um eine kongruente Falte herum vor und haben durchweg parallele innere Schieferung. Nach RAMSAY (1962) und BELL (1985).

WHITE & KNIPE (1978) diskutierten die Möglichkeit, daß metamorphe Reaktionen selbst Deformation auslösen könnten, indem sie das Gestein schwächen, so daß es bei geringerer Differentialspannung deformiert wird. Ein mögliches Geländebeispiel wurde von RUBIE (1983) beschrieben. Sogar unter hochgradig metamorphen Bedingungen haben Gesteine eine endliche Festigkeit, die von den vorherrschenden Spannungen überschritten werden muß, bevor plastische Deformation auftreten kann. Eine Reaktion kann die Festigkeit des Gesteins auf verschiedene Arten herabsetzen:

1. Neue Minerale werden gebildet, die schwächer sind als die ursprünglich vorhandenen.
2. Viele kleine Körner werden gebildet und ermöglichen so Korngrenzgleiten im Gestein.
3. Lokale Spannungen werden durch Volumenänderung bei der Reaktion hervorgerufen, die dann im Verein mit tektonischen Spannungen wirken und Deformation bei einer kleineren Spannung verursachen.

Das Phänomen extensiver Deformation bei einer anomal kleinen aufgewendeten Spannung wird **superplastisches Fließen** (superplastic flow) genannt.

RUBIE beschrieb Beispiele von eklogitfaziellen Metamorphiten aus der Sesia-Lanzo-Zone in Norditalien. Jadeit + Quarz bildeten sich aus Albit in Bereichen des Gesteins, die intensiv deformiert waren und Mylonitgefüge aufwiesen. RUBIE schloß daraus, daß Deformation auf solche Bereiche im Gestein konzentriert war, in denen Feldspat zuerst abzubauen begann, und nicht umgekehrt. Diese Reaktion ist ideal, um Schwächung zu verursachen, weil die Produktphasen feinkörnige Verwachsungen bilden, Quarz leichter als Feldspat deformiert wird und die Reaktion eine große Volumenänderung bewirkt. Nach RUBIE erfolgte nach vollständigem Ablauf der Reaktion eine Rekristallisation mit Kornwachstum, die die Korngröße erhöhte und weiteres Wachstum verhinderte.

6.6.3 Fluide und Deformation: Gänge in Metamorphiten

Eines der häufigsten Merkmale regionalmetamorpher Gesteine aller Grade ist das Auftreten von Gängen mit Mineralen, vor allem Quarz, die auch in den umgebenden Gesteinen vorkommen. Von vielen Autoren wird angenommen, daß diese synmetamorphen Gänge durch Dehnung des Gesteins durch Aufbau von Porenfluiddruck bei fortschreitender Entgasungsreaktion entstehen. Das meiste Mineralmaterial ist lokaler Herkunft, obwohl nicht immer aus den unmittelbaren Rändern des Ganges (Abb. 6.14).

In Kap. 2 wurde aufgezeigt, daß allgemein angenommen wird, daß bei prograder Deformation der Fluiddruck ungefähr gleich dem lithostatischen Druck ist. Somit drückt die fluide Phase Körner auseinander und hält damit einen Teil der Porosität und Permeabilität aufrecht. Wenn weiter Fluide durch Reaktion schneller freigesetzt werden als sie entweichen können, steigt der Fluiddruck über den lithostatischen Druck, bis das Gestein infolge hydraulischer Bruchbildung auseinanderbricht. Die Brüche werden zu Kanälen, über die Fluide aus metamorphen Gesteinen entweichen können, angetrieben durch Fluidüberdruck (relativ zu dem Fluiddruck, der durch eine überlagernde Fluidsäule verursacht würde). Dieser Überdruck scheint die Norm bei prograder Metamorphose zu sein. Letztlich fällt der Fluiddruck, die

Abb. 6.14 Aufschluß eines psammitischen Schiefers durchschnitten von Quarzgängen. Ein Teil der Gänge durchschneidet die Schieferung des Wirtgesteins, während kleinere Gänge konkordant verlaufen. Connemara, Irland, aus YARDLEY (1986).

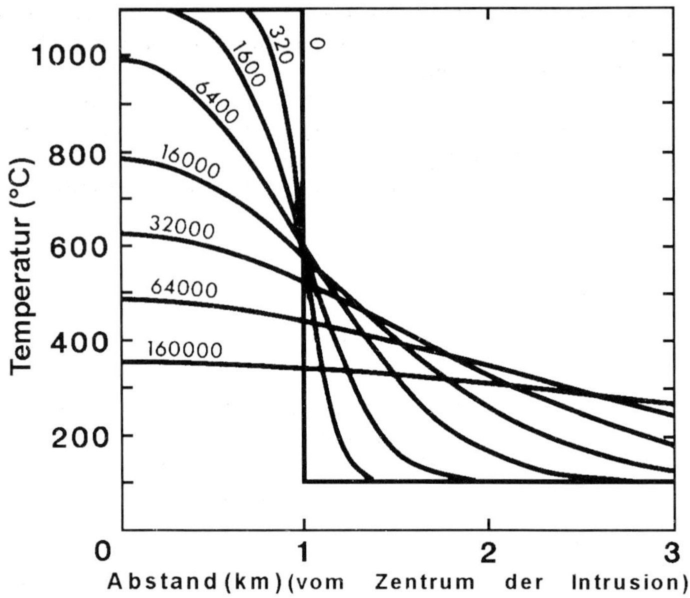

Abb. 6.15 Temperaturprofil der thermischen Entwicklung einer 2 km dicken schichtförmigen Intrusion und seiner Aureole. Die Temperatur der ursprünglichen Intrusion zur Zeit 0 lag bei 1100 °C, die des Nebengesteins bei 100 °C. Aufeinanderfolgende thermische Profile werden in Jahren nach dem Intrusionsereignis bezeichnet. Dabei wird konduktive Abkühlung voraussetzt. Daten von JAEGER (1968).

Tabelle 6.2 Werte für T_{max} und r_{max} für Nebengesteine einer schichtförmigen Intrusion. (Nach JAEGER 1968)

d	1,0	1,2	1,5	2,0	3,0	4,0	5,0
r_{max}	0	0,500	0,932	1,820	4,33	7,83	12,33
T_{max}	0,500	0,407	0,324	0,242	0,161	0,121	0,097

Werte für die Funktion ϕ sind in Tab. 6.1 für einen begrenzten Bereich von d und r angegeben. Für umfangreichere Behandlung und ausführlichere Tabellen sei auf die Literatur verwiesen. Interessant ist die Beobachtung, daß am direkten Intrusionskontakt (d = 1) die erreichbare Maximaltemperatur nur halb so groß wie die der Schmelze ist. Dies setzt für das Kontaktgestein eine Anfangstemperatur von 0 °C voraus. Ist sie entschieden größer, muß die Hälfte der augenblicklichen Ausgangstemperatur zum Wert T dazugezählt werden. Auch so ist verständlich, daß sich die Temperatur der Aureole nur ausnahmsweise der der Schmelze nähern wird, und auch nur für kurze Zeit. Die Tatsache, daß extreme Hochtemperaturgesteine im inneren Teil vieler Aureolen vorkommen, läßt vermuten, daß das Modell zu stark vereinfacht ist, z.B. könnte Konvektion in der abkühlenden Schmelze auftreten.

Ein anderer Parameter von großem Interesse ist die Zeit, die das Gestein einer Aureole braucht, um seine Maximaltemperatur zu erreichen. Wiederum ist dies eine Funktion von d. Werte für T_{max}, die erreichte Maximaltemperatur, und r_{max}, der Wert für r bei $T = T_{max}$ mit daraus berechnetem t bei T_{max}, sind in Tabelle 6.2 angegeben. Abb. 6.15 zeigt eine Serie aufeinanderfolgender Temperaturprofile quer über den Kontakt einer vertikalen schichtförmigen Intrusion. Die Nachbargesteine erfahren, je weiter sie vom Kontakt entfernt sind, ihre Maximaltemperatur zu entsprechend späterer Zeit nach der Intrusion.

Es muß bemerkt werden, daß die Behandlung hier und in Abb. 6.15 viele Vereinfachungen beinhaltet. So wird die Kristallisationswärme, die die Schmelze abgibt, nicht berücksichtigt, oder es wird angenommen, daß sie durch die Reaktionswärme für die metamorphen Reaktionen in der Aureole ausgeglichen wird. Jedoch führen auch einfache Berechnungen dieser Art zu Ergebnissen, die besser als eine Größenordnung sind und deshalb brauchbare Randbedingungen zur geologischen Entwicklung eines Gebietes liefern. Sie zeigen, daß die Zeitspanne für Kontaktmetamorphose oft eher in Tausenden als in Millionen von Jahren gemessen werden sollte.

Regionalmetamorphose

In letzter Zeit wurden thermische Modellrechnungen auf regionalmetamorphe Gebiete angewendet (z.B. ENGLAND & RICHARDSON 1977). Sie lieferten unschätzbare Informationen über die Art, mit der sich metamorphe Bedingungen mit der Zeit entwickeln. Sie geben auch Hinweise auf die Zeiten (in der Größenordnung von Zehnermillionen von Jahren), die für orogene Gürtel zur Aufheizung oder Abkühlung erforderlich sind. Temperaturmodellierung regionalmetamorpher Gebiete wird in Kapitel 7 wieder aufgegriffen.

6.7.1.2 Altersdatierung

Altersdatierung liefert wichtige Richtlinien über die Gesamtdauer metamorpher Prozesse mindestens für die letzten 1000 Ma. In Neuseeland enthalten die Haast-Schiefer (s. Abb. 4.1) und ihre Ausgangsgesteine Sedimente, die bis ins Jura (etwa 150 Ma) zurückreichen. Die K-Ar-Alter ihrer Regionalmetamorphose liegen meist im Bereich von 100-140 Ma, während es Beweise für eine ausgedehnte oberkretazische Erosion vor 60-80 Ma gibt, die die meisten heute sichtbaren Metamorphosegrade freilegt (LANDIS & COOMBS 1967). Somit beträgt die Dauer von Aufheizzyklus, Metamorphose und Rückkehr zur Oberfläche nicht mehr als 90 Ma, und die Dauer des Metamorphoseereignisses selbst muß darunter liegen.

Eine kürzere Zeitspanne wird sehr genau für das arkadische Orogen im Nordosten der USA angegeben. NAYLOR (1971) zeigte, daß die synmetamorphe Faltung innerhalb von 30 Ma nach der Ablagerung unterdevonischer Sedimente beendet war. Weiterhin belegte SLEEP (1979), daß die beobachtete Faltung der Isograde, während die Gesteine noch heiß waren, darauf hindeutet, daß sich die Hauptfalten tatsächlich in einem Zeitraum von etwa 0,5 Ma innerhalb dieser Periode gebildet hatten. Diese augenscheinlich schnelle regionale Deformation beinhaltet Bewegungsgeschwindigkeiten von einigen Zentimetern pro Jahr, ähnlich den Geschwindigkeiten der Plattenbewegung.

Für viele Beispiele ist die Dauer der Regionalmetamorphose weitestgehend vergleichbar und kann in Zehnermillionen von Jahren gemessen werden. Während die Gesamtzeit, die zwischen Sedimentation und Freilegung metamorpher Gesteine an der Oberfläche vergeht, oft bis zu 100 Ma lang ist, können einzelne metamorphe Ereignisse kürzer als 10 Ma sein, und individuelle metamorphe Reaktionen müssen oft in noch viel kürzeren Zeiten ablaufen.

6.7.2 Geschwindigkeiten metamorpher Reaktionen

Ein spezifisches Problem, z.B. „Wie lange dauerte das Wachstum dieses speziellen Granatkristalls?", wird nicht dadurch gelöst, daß man die Gesamtdauer eines metamorphen Zyklus von 60 Ma kennt. Jedoch stecken Untersuchungen zur Kinetik metamorpher Reaktionen noch in den Anfängen trotz der Pionierarbeit von FYFE, TURNER & VERHOOGEN (1958) und viel Interesse in den letzten Jahren.

Das Hauptproblem für das Verständnis von Reaktionsgeschwindigkeiten ist, zu erkennen, welcher der verschiedenen Schritte bei einer Reaktion der langsamste im natürlichen geologischen Verband ist und deshalb die Dauer der Gesamtreaktion kontrolliert. Der langsamste Schritt ist die **Grenzschwelle** (rate limiting step).

Wenn eine Reaktion unter Bedingungen abläuft, die nicht nahe am Gleichgewicht zwischen bestimmten Reaktant- und Produktphasen liegen, könnten folgende mögliche Grenzschwellen auftreten: a) die **Keimbildungsgeschwindigkeiten** (rate of formation of nuclei) eines Korns (ein sehr schwierig zu behandelnder Schritt bei der Metamorphose, weil nur die Reaktion beobachtet werden kann, da sich der Keim tatsächlich gebildet hat!); b) die **Oberflächenbildungsgeschwindigkeit** (rate of surface steps), d.h. die Atomwanderung von der Oberfläche des reagierenden Kristalls in eine weniger geordnete intermediäre Phase, etwa eine intergranulare fluide Porenphase, oder umgekehrt die Ausfällung von Atomen auf den wachsenden Kristallen; c) die **Transportgeschwindigkeit** (rate of transport step) zwischen Reaktant- und Produktphasen, z.B. Materialdiffusion durch eine fluide Porenphase oder durch einen zonierten Kristall; d) bei nichtisochemischen Reaktionen die **Zufuhr- oder Abfuhrgeschwindigkeiten** (rate of supply or removal) von Reaktant- oder Produktphasen durch metasomatische Prozesse.

Wenn Reaktionen unter Bedingungen nahe dem Gleichgewicht ablaufen, kommt hinzu, daß die **Geschwindigkeit der Zu- und Abfuhr der Wärmeenergie** die gesamte Reaktionsgeschwindigkeit kontrolliert. Dies liegt daran, daß viele metamorphe Reaktionen stark endotherm verlaufen, besonders jene, die flüchtige Phasen freisetzen, während einige prograde Reaktionen bei hohen Drücken exotherm sind. Die für die Reaktion benötigte Wärmemenge ist oft sehr groß verglichen mit der Wärmekapazität des Gesteins. Beispielsweise wird die abgegebene Wärme, wenn Feldspat zu Eklogit-Mineralen abgebaut wird, die Temperatur des Gesteins um etwa 1 °C für jedes Prozent abgebauten Feldspats erhöhen. Falls die Bedingungen nahe dem Gleichgewicht liegen, muß diese Reaktionswärme extern zu- oder abgeführt werden, damit die Reaktion fortschreitet. Wenn die Gleichgewichtsbedingungen stark überschritten sind, kann das Gestein selbst als Wärmequelle oder Wärmeabfluß dienen, wobei sich die Temperatur bei der Reaktion ändert. Weder beeinflußt der Effekt der Reaktionswärme die Reaktionsraten für polymorphe Übergänge und andere Reaktionen mit kleinem ΔH, noch ist es von Bedeutung, wenn die Reaktionsbedingungen grob überschritten wurden. In vielen anderen Fällen jedoch muß die Geschwindigkeit der metamorphen Reaktion analog zu der beim Sieden von Wasser sein: es hängt davon ab, wie schnell das System erhitzt wird.

6.7.2.1 Der Calcit-Aragonit-Übergang

Die Reaktion, deren Kinetik am genauesten untersucht wurde, ist die polymorphe Reaktion: Aragonit $\rightarrow$ Calcit. Die Gleichgewichtsbedingungen zur Koexistenz dieser Phasen sind in Abb. 4.7 dargestellt. Diese zeigt, daß Calcit an der Erdoberfläche unter allen Bedingungen die thermodynamisch stabile Form ist. Allerdings wurde in Kapitel 4 ebenso gezeigt, daß metamorpher Aragonit manchmal in Gebieten von Niedrigtemperatur-Hochdruck-Metamorphose zu finden ist, obwohl er häufig teilweise in Calcit umgewandelt ist. Ein Verständnis der Kinetik dieser Reaktion würde uns deshalb etwas darüber aussagen, wie Hochdruckgesteine abkühlen und zur Oberfläche gebracht werden, damit Aragonit erhalten bleibt.

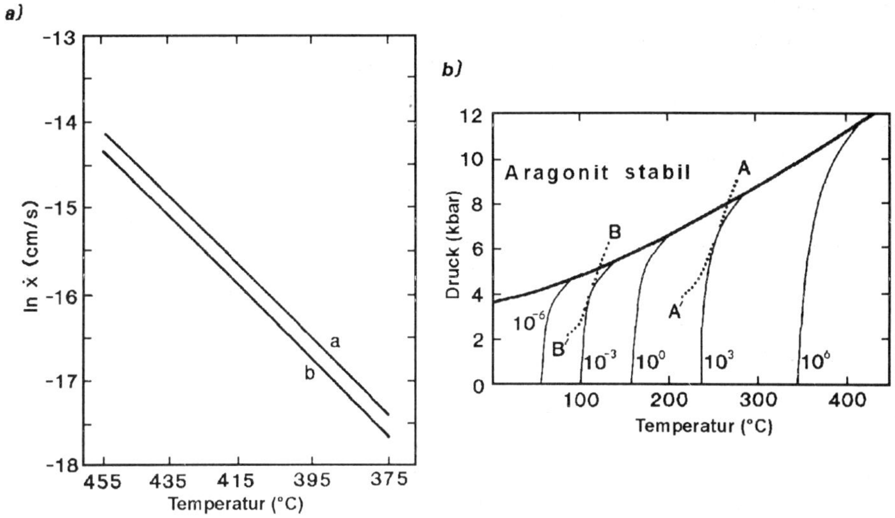

Abb. 6.16 a) Experimentell ermitteltes Arrhenius-Diagramm, welches das Calcitkristallwachstum bei topotaktischem Ersatz von Aragonit als Funktion der kristallographischen Orientierung und der Temperatur wiedergibt. Der Logarithmus der Wachstumsgeschwindigkeit in cm/s (x) ist für das Wachstum parallel der a- und b-Achsen von Aragonit (Linien a und b) in einem Schnitt parallel (001) von Aragonit dargestellt. **b)** Berechnete Wachstumsgeschwindigkeiten von Calcit aus Aragonit innerhalb des Calcitfeldes. Die schmalen Kurven sind Linien konstanter Wachstumsgeschwindigkeit angegeben in mm/Ma. Die fett gezeichnete Kurve ist die Aragonit-Calcit-Grenze. Gestrichelte Linien A-A' und B-B' sind mögliche Hebungspfade, die im Text diskutiert werden. Nach CARLSON & ROSENFELD (1981).

BROWN, FIFE & TURNER (1962) untersuchten diese Reaktion unter Anwesenheit von Wasser und fanden, daß auch bei Temperaturen unterhalb von 200 °C innerhalb von sechs Tagen 10% des Aragonits von Calcit ersetzt wurde. Dieses Ergebnis mag vielleicht nicht überraschen angesichts des weitverbreiteten diagenetischen Ersatzes von biogenem Aragonit durch Calcit in Sedimentgesteinen. Aber es macht schwer verständlich, wie metamorpher Aragonit überhaupt erhalten bleiben kann. Außerdem ersetzt Calcit in hydrothermalen Experimenten Aragonit durch Lösung von Aragonit und Wiederabsatz von Calcit als neue Körner, während in natürlichen Beispielen Calcit Aragonit topotaktisch bei nur sehr geringer Atombewegung ersetzt (CARLSON & ROSENFELD 1981). Eine Folgerung daraus ist, daß in Gesteinen, die reliktischen Aragonit enthalten, keine fluide Phase in den Poren anwesend war, als sie gehoben und den Bedingungen des Calcit-Stabilitätsfelds unterworfen wurden. Auch BROWN et al. (1962) fanden, daß die Reaktion sehr viel langsamer bei Fehlen von Wasser abläuft.

CARLSON & ROSENFELD (1981) führten eine Reihe von Experimenten durch, um diese Reaktion weiter unter trockenen Bedingungen zu untersuchen, und erzeugten die natürlichen Veränderungsgefüge. Sie schlossen, daß die Keimbildung nicht die Gesamtgeschwindigkeit der Reaktion kontrolliert, weil man üblicherweise teilweise ersetzte Aragonitkristalle von einer großen Anzahl von Calcitkörnern umgeben findet. So machten sie sich daran, die Wachstumsgeschwindigkeit der Calcitkörner nach ihrer Keimbildung zu messen. Sie beobachteten direkt die Größe der Calcitkörner bei bekannten Temperaturen auf einem Heiztisch eines Polarisationsmikroskops. Durch diese Technik konnten sie die Wachstumsgeschwindigkeiten in verschiedenen kristallographischen Richtungen vergleichen. Ihre Ergebnisse an

Schnitten von Aragonit parallel zu (001) sind in Abb. 6.16 b dargestellt. Dieses Diagramm ist als Arrhenius-Diagramm bekannt und dazu geeignet, die Geschwindigkeiten vieler Arten von geologischen Prozessen, etwa der Diffusion in Mineralen, zu beschreiben. Der Logarithmus der Geschwindigkeitskonstante (in diesem Fall der Wachtumsgeschwindigkeit von Calcitkristallen) verändert sich linear mit 1/T. Die experimentellen Ergebnisse können so zu Bedingungen, die für langsamere natürliche Prozesse angemessener sind, einigermaßen verläßlich extrapoliert werden. Abb. 6.16 b wurde aus den experimentellen Daten und der Extrapolation in Abb. 6.16 a zusammengestellt. Sie zeigt die Wachstumsgeschwindigkeiten, die sich ergeben würden, wenn aragonithaltige Gesteine bei verschiedenen Temperaturen gehoben und Drücken, bei denen Calcit stabil ist, ausgesetzt werden. Wenn die Hebung bei Temperaturen um 250 °C (Pfad A-A') stattfindet, wird Calcit Aragonit mit einer Geschwindigkeit von 1 m/Ma ersetzen, so daß sogar die größten Aragonitkörner vollständig durch Calcit ersetzt werden, falls nicht sehr schnelle Abkühlung erfolgt. Andererseits würde die Verdrängungsgeschwindigkeit bei 100 °C (Pfad B-B') nur 10^{-3} mm/Ma betragen, und Aragonit würde über geologische Zeiträume unverändert bleiben.

Die Experimente scheinen mit Beobachtungen an natürlichen Gesteinen insofern übereinzustimmen, daß metamorpher Aragonit während späterer Hebung zur Oberfläche erhalten bleibt. Aber dies wird nur in sehr niedriggradigen Blauschiefern gefunden, obwohl viele Hochtemperatur-Blauschiefer auch bei ausreichend hohen Drücken metamorphosiert wurden, um Aragonit anstelle von Calcit beim Höhepunkt der Metamorphose zu erhalten.

Das Beispiel der Aragonit-Calcit-Reaktion zeigt die Bedeutung der Temperatur bei der Steuerung der Reaktionsgeschwindigkeitten. Diese funktioniert auf zwei Weisen. Erstens nimmt die freie Reaktionsenergie ΔG_V zu (Abb. 6.2), da T von der Gleichgewichtstemperatur T_c abweicht, und dies erhöht die Wahrscheinlichkeit der Keimbildung der Produktminerale. Es erhöht ebenso die treibende Kraft zur Materialdiffusion von Reaktant- zu Produktphasen, wo es notwendig ist. Zweitens kontrolliert die Temperatur die Geschwindigkeit der Atombewegungen, entweder quer zur Oberfläche wie bei topotaktischem Ersatz oder durch Diffusion durch eine Zwischenphase. In diesem Fall bewirkt der Effekt angestiegener Temperatur immer einen Anstieg der Bewegungsrate. Die zwei Temperatureffekte arbeiten im Fall prograder Reaktionen zusammen, um die Reaktionsrate mit der Temperatur anzuheben. Aber bei Abkühlung oder Druckänderung kann die Reaktion infolge träger Atombewegung bei tiefen Temperaturen erfolgreich unterbunden werden, sogar wenn ΔG_V sehr groß ist. PUTNIS & MCCONNELL (1980) liefern eine gute Einführung in dieses Gebiet.

6.7.2.2 Die Reaktion von Calcit + Quarz zu Wollastonit

Die Reaktion: $CaCO_3 + SiO_2 \rightarrow CaSiO_3 + CO_2$ ist vermutlich im allgemeinen ein viel besseres Analogon metamorpher Reaktionen als die Calcit-Aragonit-Reaktion. Sie wurde experimentell von KRIDELBAUGH (1973) untersucht. Er fand in seinen Experimenten, daß Wollastonit immer als Rand um Quarzkörner wuchs, vergleichbar natürlichen Reaktionsrändern, und vermutete, daß sie nur weiterwachsen können, wenn Ca zur Oberfläche des Quarzkornes und Si zur äußeren Oberfläche des Wollastonitrandes diffundieren kann. Dadurch wurde die Diffusion durch den Reaktionsrand von Wollastonit die Grenzschwelle für die Reaktionsgeschwindigkeit und war stark temperaturabhängig. KRIDELBAUGH berechnete aus seinen experimentellen Ergebnissen, daß ein 1 mm dicker Wollastonitrand um ein Quarzkorn in einem Kalkstein in 2,5 Jahren bei 950 °C, in 50 Jahren bei 800 °C wachsen würde, aber er würde 400.000 Jahre bei 600 °C in der Nähe von T_e brauchen.

Diese Experimente geben einen Prozeß wieder, der in der Natur beobachtet werden kann. Reaktionsränder von Wollastonit um Kieselgesteinsknollen in Kalkstein wurden von vielen thermischen Aureolen beschrieben (JOESTEN 1974). Aus den Experimenten geht aber ebenso hervor, daß es für die Berechnung der Bildungsdauer wichtig ist, die Metamorphosetemperatur mit großer Genauigkeit zu kennen. Außerdem sind die Reaktionsränder aus vielen Körnern zusammengesetzt, und diese können bei fortschreitender Metamorphose rekristallisieren. Falls entlang der Korngrenzen Diffusion dominiert, können sich die Diffusionsgeschwindigkeiten während der Bildung des Reaktionsrandes verändern. Bis heute gibt es keine unabhängige Schätzung über die Dauer eines metamorphen Ereignisses aus der Entwicklung von Reaktionsgefügen, obwohl erhebliche Fortschritte im Verständnis der Theorie des Prozesses (FISHER 1977) gemacht wurden und Diffusionsgeschwindigkeiten im allgemeinen experimentell gemessen werden können.

6.7.3 Kinetik natürlicher Reaktionen

Die Experimente zur Kinetik einfacher Reaktionen belegen deutlich, wie wichtig es ist zu verstehen, welcher Schritt bei der Reaktion in der Natur geschwindigkeitsbestimmend ist. Hydrothermale Experimente zur Umwandlung von Aragonit in Calcit liefern bedeutungslose Ergebnisse, wenn sie auf natürliche topotaktische Ersatzreaktionen angewendet werden, die offenbar in Abwesenheit einer fluiden Phase stattfinden.

FISHER (1978) betrachtete die Kinetik von Reaktionen mit Bildung von mehr oder weniger sphärischen Segregationen (z.B. ein Porphyroblast oder eine Körneransammlung), die von einem Halo umhüllt werden, der an den Bestandteilen der Segregation verarmt ist. Sie beobachteten drei Stadien bei der Reaktion, die mit verschiedenen Geschwindigkeiten ablaufen würden. Das erste Stadium ist **reaktionskontrolliert**, d.h. gesteuert durch die Zufuhrgeschwindigkeit von Atomen auf die Oberfläche eines anfänglich kleinen Korns oder Clusters aus einem relativ großen Matrixvolumen, in welchem die fluide Porenphase im Vergleich zur wachsenden Phase übersättigt ist. Dieser Schritt läuft weiter ab, bis die unmittelbare Nachbarschaft der Segregation an den Bestandteilen der wachsenden Phase verarmt ist, während die Oberfläche der Segregation angewachsen ist, was wieder die Zufuhr von Atomen erleichtert. Dann gibt es einen Übergang zu einem zweiten Stadium **transportkontrollierten** Wachstums, das durch die Diffusionsgeschwindigkeit von Material zur wachsenden Ausfällung begrenzt wird (Abb. 6.3). Viele Reaktionen sind ausgesprochen endotherm (z.B. Entgasungsreaktionen), und bei diesen folgt ein drittes Reaktionsstadium. Zum Reaktionsbeginn (d.h. wenn Keimbildung erfolgt) muß die Gleichgewichtstemperatur signifikant überschritten worden sein. Wenn die ersten beiden Stadien einer endothermen Reaktion Wärme fortlaufend schneller aufnehmen als dem Gestein zugeführt wird, muß die Temperatur des Gesteins während des 1. und 2. Stadiums fallen, bis die Gleichgewichtstemperatur erreicht ist. An diesem Punkt kann die Reaktion nicht schneller fortschreiten, als Wärme zugeführt werden kann. Dies führt zum dritten Stadium von **wärmeflußkontrolliertem** Wachstum.

Ungeklärt bleibt die relative Bedeutung dieser verschiedenen Stadien bei unterschiedlichen Reaktionen in der Natur. Wenn man die gesamte prograde metamorphe Geschichte von Sedimenten überdenkt, erfordern die großen Anteile an flüchtigen Phasen, die durch endotherme Entgasungsreaktionen entweichen, daß die Metamorphosegeschwindigkeit mit der Geschwindigkeit der Wärmezufuhr verknüpft ist (WALTHER & ORVILLE 1982, YARDLEY 1986). Weiterhin neigen normale prograde Reaktionen in Metapeliten eher dazu, komplexe Ionenreaktionszyklen, wie oben diskutiert, hervorzurufen als Segregationen, die von verarmten Höfen umgeben sind. YARDLEY (1977 b) trat dafür ein, diese Reaktionszyklen auf selektive Keimbildung von Reaktionsprodukten zurückzuführen, so etwa von Sillimanit nur an besonders begünstigten Stellen. Daraus folgt, daß die Gleichgewichtstemperatur nur wenig überschritten wurde und daß die Reaktion wahrscheinlich schnell wärmeflußkontrolliert fortschritt.

Sind große Überschreitungen möglich, herrschen reaktions- oder transportkontrollierte Wachstumsschritte vor. RIDLEY (1985) zeigte, daß bei Überschreitung der Gleichgewichtstemperatur in der Größenordnung von 20 °C, bevor eine porphyroblastische Phase keimen kann, extensive Reaktion fortschreiten kann, sobald sich ein Keim gebildet hat. Dies ist unabhängig von der Wärmezufuhr, wobei die bereits im Gestein vorhandene Wärme verwendet wird und seine Temperatur sich zu T_e hin erniedrigt.

WOOD & WALTHER (1984) stellten experimentelle Daten über Lösungs- und Fällungsgeschwindigkeiten von vielen unterschiedlichen Mineralen zusammen und schlossen daraus, daß dieser Schritt immer sehr schnell ist. Ihre Ergebnisse zeigen, daß Reaktionen sehr schnell bei Temperaturen von nur wenigen Graden oberhalb T_e fortschreiten, vorausgesetzt, daß sich Keime gebildet haben. Somit ist reaktionsbedingtes Wachstum unbedeutend. Jedoch setzen sie eine anwesende fluide Phase voraus. Wie wir oben im Fall der retrograden Metamorphose von Aragonit-Erhaltung niedriggradiger Blauschiefer sahen, kann diese Annahme nicht stimmen. Sogar bei anwesender fluider Phase benötigen Reaktionen mit sehr kleinem ΔG, wie die Umwandlung zwischen den Al_2SiO_5-Polymorphen, stärkere Temperaturüberschreitung, bevor ein signifikanter Ersatz stattfindet. Im Gegensatz zur Sichtweise von WOOD & WALTHER, hat LOOMIS (1983) geschlossen, daß der Schritt zur Oberflächenlösung oder -fällung oft die wichtigste Kontrolle für Reaktionsgeschwindigkeiten bleibt. Er weist daraufhin, daß es für zwei Al_2SiO_5-Phasen nicht ungewöhnlich ist, gemeinsam in Gesteinen erhalten zu bleiben, die Hinweise für extensive Reaktion und Massentransport bei anderen Mineralen zeigen. Er schließt daraus, daß der nichtstabile Polymorph nur dann erhalten bleiben kann, wenn die Geschwindigkeit, bei der Atome ihre Oberfläche verlassen, sehr niedrig ist.

Die Bildung von Reaktionsrändern oder Koronen ist oft mit Metamorphose unter Bedingungen weitab vom Gleichgewicht verbunden, an dem die Reaktion durch physikalische Trennung der verschiedenen Reaktantphasen verhindert wird. Es wird allgemein angenommen, daß der Transportschritt zwischen verschiedenen Reaktantphasen, z.B. Diffusion entlang Korngrenzen, wahrscheinlich die Grenzschwelle für die Bildung solcher Temperaturen ist. Auf dieser Basis entwickelte FISHER (1977) seine Abhandlung. In der Tat schließt FISHER (1978) für einige Geometrien der Reaktionszone, daß transportkontrolliertes Wachstum der vorherrschende Schritt nach einer Periode mit wärmeflußkontrollierter Reaktion wird. Andererseits hat LOOMIS (1983) vermutet, daß Gefüge von Reaktionszonen auch entwickelt werden können, wenn der Schritt der Oberflächenreaktion die Gesamtreaktionsgeschwindigkeit kontrolliert.

Koronastrukturen werden oft in sehr hochgradigen Gesteinen entwickelt. Nach den Ergebnissen von WOOD & WALTHER würden diese Reaktionen rasch vollständig ablaufen, falls eine wasserhaltige fluide Phase während der Metamorphose anwesend war. Darum können Koronen in hochgradigen Gesteinen ungewöhnlich trockene Bedingungen, unter denen Reaktionen verhindert werden, anzeigen.

6.7.4 Zusammenfassung

Die Untersuchung metamorpher Kinetik ist ein innovatives und spannendes Gebiet, und alles, was hier geschrieben wurde, wird rasch überholt sein. Jedoch scheint klar zu sein, daß Reaktionsgeschwindigkeiten bei Anwesenheit einer wäßrigen fluiden Phase in geologischen Zeitspannen recht schnell sind, außer bei sehr niedrigen Temperaturen. Die Erhaltung von Gesteinen mit einer Paragenese ihres metamorphen Höhepunkts, die sich kaum retrograd ändert, ist deshalb ein guter Beleg, daß eine fluide Phase in solchen Gesteinen während ihrer Abkühlung nicht vorhanden war. Die Reaktionswärme vieler Reaktionen während prograder Metamorphose von Sedimenten ist hinreichend groß, daß die Gesamtgeschwindigkeit der Metamorphose deutlich an die Aufheizungsgeschwindigkeit gebunden ist. Prinzipiell kann dies für viele tektonische Situationen aus Wärmeflußabschätzungen berechnet werden. Derartige Berechnungen sind für metamorphe Untersuchungen deshalb sehr wichtig.

Allerdings können sogar bei ausreichender Wärmezufuhr die Reaktionsgeschwindigkeiten durch andere Faktoren begrenzt werden. Im besonderen erscheint es möglich, daß die Bedeutung der Oberflächenreaktionsgeschwindigkeiten, wie in der Arbeit von LOOMIS hervorgehoben wurden, in vielen Untersuchungen unterschätzt wurde. LASAGA (1986) modellierte den Abbau von Muskovit + Quarz in einer thermischen Aureole auf der Basis von experimentellen Daten zur Geschwindigkeit der Oberflächenreaktionsschritte. Dies sagt vorher, daß die zumeist univariante Paragenese Muskovit + Quarz + Kalifeldspat + Sillimanit + fluide Phase über einen engen Temperaturbereich stabil ist. Dies gilt wenigstens für relativ schnelle Aufheizgeschwindigkeiten, da der Oberflächenreaktionsschritt träge ist. Es ergibt sich eine 4-Phasen-Paragenese, die in einer bestimmten Zone der Aureole aufgeschlossen und nicht nur an eine diskrete Isograde gebunden ist. Dies stimmt mit vielen anderen Geländeuntersuchungen überein, so mit der klassischen Beschreibung dieser Isograde in Maine durch EVANS & GUIDOTTI (1966). Dieses Phänomen wurde üblicherweise durch Auftreten zusätzlicher Komponenten wie Na für K oder CO_2 in der fluiden Phase qualitativ erklärt, welche die Reaktion divariant machen würden. LASAGAS Berechnungen bieten eine gute alternative und quantitative Erklärung für diese Beobachtungen. Kinetische Effekte, die bisher nicht als quantifizierbar angesehen und daher unbeachtet blieben, können in Zukunft große Bedeutung in der metamorphen Petrologie erlangen.

6.8 Weiterführende Literatur

BORRADAILE, G.J., BAYLY, M.B. & POWELL, C.MCA. (Hrsg.; 1982): Atlas of Deformational and Metamorphic Rock Fabrics. - Berlin (Springer).

CRANK, J. (1975): The Mathematics of Diffusion. - Oxford (Oxford University Press).

HOFMANN, A.W., GILETTI, B.J., YODER, H.S. & YUND, R.A. (Hrsg.; 1974): Geochemical Transport & Kinetics. - Carnegie Institution of Washington, Publ. **634**.

SPRY, A. (1969): Metamorphic Textures. - Oxford (Pergamon).

URAI, J.L., MEANS, W.D. & LISTER, G.S. (1987): Dynamic recrystallisation of minerals. - in HOBBS, B.E. & HEARD, H.C. (Hrsg.): Mineral and rock deformation: laboratory studies. - American Geophysical Union Monograph **36**: 161-200.

VERNON, R.H. (1975): Metamorphic Processes. - New York (Halsted).

YARDLEY, B.W.D. & HARTE, B. (Hrsg.; 1986): Mechanisms of metamorphic reactions. - Mineralogical Magazine **50**: 357-480.

YARDLEY, B.W.D., MACKENZIE, W.S. & GUILFORD, C. (1992): Atlas metamorpher Gesteine und ihrer Gefüge in Dünnschliffen. - Stuttgart (Enke).

7 Der Zusammenhang zwischen Regionalmetamorphose und tektonischen Prozessen

Die Untersuchung metamorpher Gesteine ermöglicht Einblick in die frühere thermische Struktur und das tektonische Verhalten der Erdkruste. Regionalmetamorphe Gesteine erfuhren meist komplexe Deformation und bildeten längliche **metamorphe Gürtel** (metamorphic belts), die Tausende von Kilometern lang, aber nur Zehner bis Hunderte von Kilometern breit sind. Auch in tief erodierten präkambrischen Schilden werden sogenannte **mobile Gürtel** („**mobile belts**") beobachtet. Dies sind metamorphe Gürtel, die aus remobilisierten ehemals metamorphen Gesteinen und/oder Metasedimenten zusammengesetzt sind, flankiert von älterem metamorphem Grundgebirge, das nicht nennenswert bei der Bildung des mobilen Gürtels überprägt wurde. Früher oder später fragt sich jeder Geologe, der metamorphe Gesteine bearbeitet, warum und wie ein bestimmter Gürtel entstand und warum Gesteine, die in der Tiefe rekristallisierten, heute an der Oberfläche liegen.

Dieses Kapitel behandelt den übergeordneten Zusammenhang zwischen großräumiger Metamorphose und Orogenese. Metamorphe Petrologie liefert Daten über Versenkungstiefen und Temperaturen, die bei der Bildung bestimmter Gesteine vorherrschten. Sie hilft, geotektonische Modelle zu entwickeln, während die Tektonik einen einheitlichen Rahmen liefert und mögliche moderne Analoga für die Milieus alter Metamorphose bietet.

Die ausgeprägte Faltung und Krustenverdickung, die häufig Regionalmetamorphose begleitet, läßt darauf schließen, daß sie üblicherweise von Kompressionstektonik begleitet ist. Aus diesem Grund wurden die meisten Versuche, Regionalmetamorphose mit Plattentektonik in Beziehung zu setzen, auf Gegenden konzentriert, an denen Platten konvergieren, sowie auf kontinentale Kollisionszonen. Der erste Teil diese Kapitels beschreibt die typischen Merkmale metamorpher Gürtel, von denen angenommen wird, daß sie sich an konvergenten Plattengrenzen gebildet haben. Es wird dargestellt, wie Metamorphose in diesen Gürteln aus der Sicht moderner geophysikalischer Ergebnisse über die Natur heutiger konvergenter Prozesse gedeutet werden kann.

Untersuchungen über heutige tektonische Prozesse liefern Informationen über derzeitige Ereignisse, während Gesteine typische Belege über eine lange Entwicklungsgeschichte mit wechselnden Bedingungen bewahren können. Daher wird zusätzlich die Variation metamorpher Bedingungen mit der Zeit betrachtet. Im nächsten Teil des Kapitels werden Beispiele für Metamorphose bei Kontinentkollision beschrieben. In Sonderabschnitten werden metamorphe Prozesse auf dem Ozeanboden und während Ophiolithobduktion diskutiert, die den endgültigen metamorphen Charakter von Ophiolithlinsen in Orogenen bestimmen können. Trotz der unbestrittenen Bedeutung konvergenter Ränder für die Regionalmetamorphose ist es auch möglich, daß manche Metamorphosearten in Blattverschiebungs- oder Dehnungszonen stattfinden, von denen ebenfalls Beispiele erläutert werden.

7.1 Metamorphose, Geothermischer Gradient und gepaarte metamorphe Gürtel

Nach ESKOLAS Originaldefinition der metamorphen Fazies erlangten einige Gesteine hohe Temperaturen bei relativ seichter Versenkungstiefe, dagegen wurden andere größeren

Drücken unterworfen, ohne jemals vergleichbare Temperaturen zu erreichen. Deshalb gilt die metamorphe Mineralparagenese als ein Indikator für den thermischen Gradienten in der Kruste zur Zeit der Metamorphose. Mit ausführlicheren Untersuchungen zur Metamorphose in metamorphen Gürteln weltweit, wurde es zunehmend offensichtlicher, daß es systematische regionale Vergesellschaftungen metamorpher Fazies geben könnte, die metamorphe Gürtel mit unterschiedlichen thermischen Gradienten während der Metamorphose erkennen lassen. ZWART (1967) z.B. unterschied alpinotype metamorphe Gürtel, die ausgedehnte Bereiche von Hochdruckmetamorphose und verbreiteten flachliegenden Deckenbau aufwiesen, von herzynotypen Gürteln mit wenig oder ohne Hochdruckmetamorphose und vorherrschend vertikalen Strukturen.

1961 veröffentlichte A. MIYASHIRO eine Arbeit über metamorphe Gürtel, in der er die unterschiedlichen Faziesabfolgen in verschiedenen japanischen metamorphen Gürteln herausstellte. Er prägte den Terminus **Faziesserien** (facies series) für eine charakteristische Faziesassoziation und beschrieb zwei verschiedene Faziesserien für Japan:

Prehnit-Pumpellyit → Blauschiefer → Grünschiefer *oder* Amphibolit

Grünschiefer → Amphibolit → Granulit

Jede Faziesserie charakterisiert einen **Drucktyp** (baric type) der Metamorphose, d.h. es gibt ein typisches P/T-Verhältnis für alle metamorphen Grade. Die beiden aus Japan beschriebenen Faziesserien entsprechen hohem P und niedriger T (Hochdrucktyp) sowie niedrigem P mit hoher T (Niedrigdrucktyp). Außerdem unterschied MIYASHIRO eine dritte Faziesserie mit intermediärem Druck, die im wesentlichen mit der 'Barrow-Metamorphose' vergleichbar ist. Der thermische Gradient, der aus der Mineralparagenese des intermediären Drucktyps abgeleitet werden kann, entspricht dem mittleren thermischen Gradienten der heutigen kontinentalen Kruste (RICHARDSON & POWELL 1976). Die Charakteristika für die verschiedenen Typen sind in Tabelle 7.1 aufgelistet.

MIYASHIRO erkannte auch, daß in Japan Hoch- und Niedrigdruckgürtel des gleichen Alters nahe beieinander auftreten, aber durch größere Störungen getrennt sind. Diese Vergesellschaftungen gleichalter Gürtel gegensetzlichen Drucktyps nannte er **gepaarte metamorphe**

Tabelle 7.1 Charakteristische Minerale und Mineralparagenesen verschiedener metamorpher Drucktypen.

	Gesteinstyp	
Drucktyp	Metapelite	Metabasite
Niedrigdruck	Andalusit, Cordierit Staurolith, Sillimanit, Ilmenit	Hornblende + Plagioklas + Epidot Hornblende + Cummingtonit Plagioklas + Olivin Orthopyroxen + Klinopyroxen
Mittlerer Druck	Disthen, Sillimanit, Staurolith, Ilmenit + Rutil, Cordierit + Granat, Granat + Biotit	Granat + Hornblende + Plagioklas Epidot + Hornblende + Plagioklas Hornblende + Staurolith oder Disthen Orthopyroxen + Klinopyroxen + Granat Ilmenit + Rutil Hornblende + Cummingtonit
Hochdruck	Lawsonit, Disthen, Granat, Talk, Jadeit/Omphazit, Mg-Fe-Karpholith, Crossit/Glaukophan, Rutil, kein Biotit	Lawsonit, Zoisit, Crossit/Glaukophan Barroisit, Jadeit/ Omphazit, Granat, Rutil

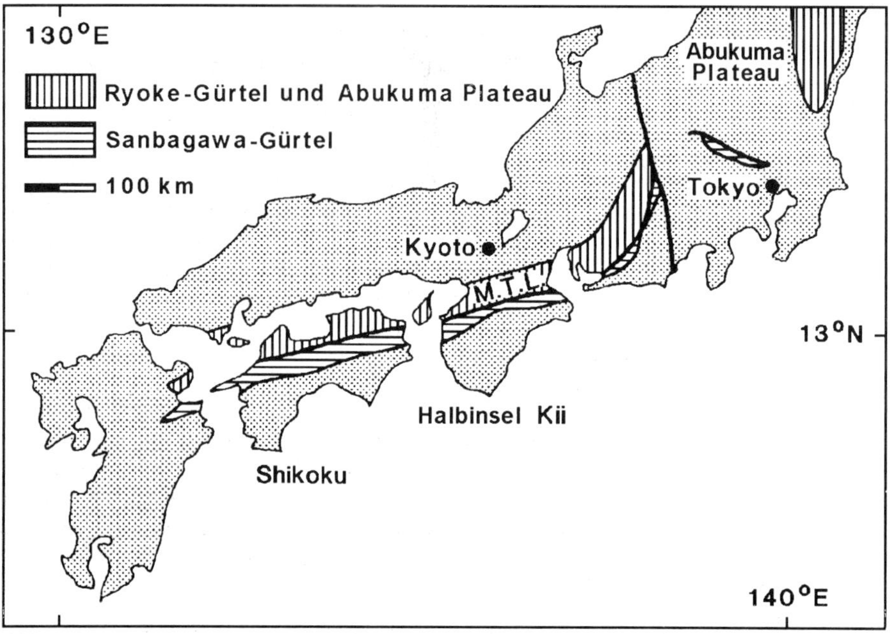

Abb. 7.1 Karte von SW-Japan. Der Ryoke- und der Sanbagawa-Gürtel sind durch die „Medium Tectonic Line" (M.T.L.) und das Abakuma-Plateau getrennt.

Gürtel (paired metamorphic belts). Beispielsweise liegt in SW-Japan (Abb. 7.1) der Sanbagawa-Gürtel (Hochdruck) benachbart zum Ryoke-Gürtel (Niedrigdruck) und beide haben jurassisch-kretazisches Alter. In ähnlicher Weise sind auch die permotriassischen Gürtel von Sangun (Hochdruck) und Hida (Niedrigdruck) benachbart. Seit MIYASHIROs ursprünglicher Klassifikation japanischer Gürtel wurden viele neuere Arbeiten durchgeführt, die einige seiner Schlüsse revidieren. BANNO (1986) bietet eine englische Zusammenfassung über neuere Arbeiten.

Insbesondere wurde deutlich, daß viele Beispiele gepaarter metamorpher Gürtel, die MIYASHIRO entlang des Pazifikrandes erkannte, die strengen Kriterien nicht erfüllten. In vielen Fällen stellte sich heraus, daß entweder die Metamorphosen in beiden Teilgürteln des vermuteten gepaarten Gürtels tatsächlich nicht gleichzeitig stattfanden, oder daß die Metamorphose in jedem Gürtel nicht einfach einem einzigen Drucktyp entspricht, wie ursprünglich angenommen. In anderen Fällen scheinen die Gürtel während der Metamorphose weit auseinander gelegen zu haben und erst anschließend nebeneinandergeraten zu sein. Obwohl das Konzept der gepaarten Gürtel von großer Bedeutung war, Geologen dazu zu motivieren, metamorphe und tektonische Prozesse zu korrelieren, bietet es keine vollständige Erklärung für unterschiedliche Typen von Metamorphose und ihre Verteilung. (Ähnlich wurde ZWARTS Unterteilung zwischen alpinotypen und herzynotypen Gürteln durch spätere Arbeiten relativiert). Dennoch existieren wahrscheinlich Beispiele für echte gepaarte metamorphe Gürtel einschließlich des klassischen Beispiels des Sanbagawa- und des Ryoke-Gürtels.

7.1.1 Der Sanbagawa-Gürtel

Dieser Gürtel weist viele typische Charakteristika von Hochdruckgürteln um den Pazifik herum auf, obwohl aus der Diskussion der Mineralparagenesen in Kap. 3 und Kap. 4 hervorging, daß sich die Blauschiefer im Sanbagawagürtel nicht bei solch hohen Drücken bildeten wie Blauschiefer anderswo.

Die vorherrschenden Metasedimentgesteine sind pelitische bis psammitische Schiefer und Phyllite, seltener metamorphe Kieselgesteine und sporadische Karbonathorizonte (ERNST, ONUKI & GILBERT 1970). Im Norden kommen Konglomerate mit abnehmender Korngröße nach Süden vor. Häufige vulkanogene Gesteine sind vorwiegend mafischer Zusammensetzung. Zu ihnen gehören metamorphosierte Laven und Vulkanoklastika. Auch gibt es tektonisch eingeschuppte Ophiolithlinsen. Posttektonische saure Intrusionen, wie sie in vielen metamorphen Gürteln vorkommen, fehlen völlig.

Der Metamorphosegrad ist generell im Norden am höchsten, d.h. nahe der „Mean Tectonic Line" (Abb. 7.1). Nach Süden gehen die Phyllite in nur sehr schwach metamorphe Sedimente des oberen Paläozoikum über. Auch entlang des Streichens gibt es metamorphe Variation. Die im Gelände augenfälligste Isograde ist durch das Auftreten von porphyroblastischem Albit bedingt. Genaue Untersuchungen identifizierten eine Reihe von Zonen sowohl in pelitischen als auch in basischen Gesteinen (Abb. 3.10). Die vollständigste Zonenabfolge wurde von BANNO (1964) aus dem Bessi-Ino-Bezirk in Zentralshikoku auf der Basis von Mineralparagenesen in Metabasiten beschrieben:

Zone A: Die niedrigstgradigen Metabasite sind durch Pumpellyit + Chlorit charakterisiert. Andere häufige Minerale enthalten Glaukophan, Epidot, Aktinolith, Muskovit, Albit und Quarz. Lawsonit wurde auch beschrieben.

Zone B: Koexistierender Aktinolith + Chlorit ersetzen die Paragenese Pumpellyit + Chlorit. Glaukophan und Epidot sind häufig.

Zone C: Barroisitischer grüner Amphibol (Na-reiche Hornblende) tritt auf, aber Glaukophan kommt noch vor.

Zone D: Die Paragenese Albit + Epidot + Hornblende + Chlorit ist typisch und Na-Amphibol fehlt. In pelitischen Schiefern erscheinen Granat und Biotit.

Zone E: Bei den höchsten Graden wird Albit durch einen Ca-reicheren Plagioklas (meistens Oligoklas) ersetzt. Der Amphibol ist blau-grüne Hornblende und auch Granat kann auftreten.

Variationen in den Mineralparagenesen zwischen unterschiedlichen Bereichen quer zum Sanbagawa-Gürtel kommen vor. Beispielsweise haben amphibolitfazielle Gesteine ein sehr beschränktes Vorkommen, während in einigen Gebieten Na-Amphibole nur in den niedrigstgradigen Zonen auftreten. Echte Hochdruckparagenesen sind selten. Jadeit + Quarz kommen nicht vor, obwohl Omphazit beschrieben wurde. Ein herausragendes Charakteristikum pelitischer Paragenesen in diesem Gürtel ist, daß Almandin-reicher Granat bei niedrigeren Graden erscheint als Biotit. Dies setzt deutlich höhere Drücke als für Barrow-Metamorphose voraus, weil das Stabilitätsfeld von Biotit mit höherem Druck auf höhere Temperaturen beschränkt wird, während das von Granat vermutlich bei hohem Druck erweitert wird (Abb. 3.11).

7.1.2 Der Ryoke-Gürtel

Die Gesteine des Ryoke-Gürtels unterscheiden sich von denen des Sanbagawa-Gürtels durch die Art ihrer Metamorphose und der vorherrschenden Gesteine. Basische Vulkanite sind selten und die vorherrschenden Gesteine sind Al-reiche Pelite und Psammite sowie untergeordnet Quarzite und Kalksteine. Weiterhin gibt es viele granitische Intrusionen, während Ultrabasite fehlen.

Der Metamorphosegrad im Ryoke-Gürtel zeigt eine generelle Abnahme nach Norden, obwohl das thermische Maximum nicht immer nahe an der „Median Tectonic Line" lag (Abb. 7.1). Metamorphosezonen wurden auf der Basis von pelitischen Paragenesen definiert. MIYASHIRO (1973) nennt folgende Abfolge nach der Arbeit von ONO:

Zone 1: *Chlorit-Biotit-Zone*: Feinkörnige Schiefer mit Chlorit, Phengit, Quarz, Titanit, Ilmenit, Graphit, sowie untergeordnet Biotit und Na-Feldspat. Albit und Oligoklas können vorhanden sein.

Zone 2: *Biotit-Andalusit-Zone:* Biotit ersetzt Chlorit und Oligoklas ersetzt Albit bei der Bildung von Glimmerschiefern. Andalusit und Kalifeldspat sind in den höchstgradigen Bereichen dieser Zone vorhanden, wenn Muskovit beginnt, abgebaut zu werden.

Zone 3: *Sillimanit-Zone:* Sillimanit charakterisiert diese Zone, obwohl Andalusit noch vorhanden sein kann. Muskovit kann im niedrigergradigen Bereich der Zone noch weiter vorkommen, fehlt aber bei höheren Graden, wenn Cordierit erscheint. Die höchstgradigen Paragenesen einschließlich koexistierendem Granat und Cordierit und etwas Schmelzbildung sind typischen Migmatitzonen in aller Welt ähnlich.

Die Paragenesen im Ryoke-Gürtel bieten Anhaltspunkte für die Bildungsdrücke, weil Muskovit + Quarz im Stabilitätsfeld von Andalusit abzubauen beginnen. Dies ist typisch für die Bathozone 1 im Schema von D.M. CARMICHAEL (Abb. 3.13) und zeigt Tiefen von weniger als 10 km an.

7.1.3 Plattentektonische Interpretation gepaarter metamorpher Gürtel

Mit dem Aufkommen der Plattentektonik in den sechziger Jahren wurden die Variationen im thermischen Gradient in der Kruste offenbar. Die heutige Variation im Wärmefluß über verschiedene Typen von Plattengrenzen wurde in Abb. 1.5 dargestellt. Insgesamt resultiert hoher Wärmefluß aus hohen thermischen Gradienten und weist Gebiete aus, wo heute Niedrigdruckmetamorphose vorkommt. Solche Gebiete liegen in Bereichen mit magmatischer Aktivität, in denen aufsteigende Magmen konvektiv große Wärmemengen in der mittleren und oberen Kruste verteilen, sowie in Zonen von Krustendehnung ohne Magmatismus. Hoher Wärmefluß kommt auch in Gegenden mit schneller Hebung und Erosion vor, denn Gesteine sind schlechte Wärmeleiter und verlieren Wärme nur langsam verglichen mit der Geschwindigkeit, mit der sie freigelegt werden. Somit können heiße Gesteine aus der Tiefe nahe an die Erdoberfläche aufsteigen, bevor sie nennenswert abkühlen, so daß der oberflächennahe thermische Gradient sehr hoch ist. Regionen mit Krustendehnung sind Bereiche mit hohem Wärmefluß, weil tektonische Ausdünnung einen ähnlichen Effekt wie Erosion hat, also heiße Gesteine näher zur Oberfläche zu bringen.

Niedriger Oberflächenwärmefluß ist typisch für Bereiche oberhalb von Subduktionszonen und Akkretionsprismen, wo die Subduktion kalter Lithosphäre in den Mantel den thermischen Gradienten erniedrigt und kalte Gesteine zu hohen Drücken transportiert, bevor sie aufgeheizt werden können. Oberflächenwärmefluß ist auch beispielsweise über Sedimentbecken gering. Hochdruck-/Niedrigtemperaturbedingungen können sich durch Überschiebung dort einstellen, wo andere Gesteinspakete über relativ kühle Gesteine überschoben werden und ihr Druck somit schnell steigt. Wenn jedoch das überschiebende Paket relativ heiß ist, kann es zur Ausbildung einer invertierten metamorphen Zonierung in den unterlagernden Gesteinen kommen.

In den frühen siebziger Jahren wurden Beschreibungen gepaarter metamorpher Gürtel rund um den Pazifik im Sinne der neuen Plattentektonik uminterpretiert. OXBURGH & TURCOTTE (1971) stellten thermische Modelle für Prozesse an konvergenten Plattengrenzen auf. Sie konnten Niedrigtemperatur/Hochdruckbedingungen mit Tiefseegrabenbereichen in Verbindung bringen, sowie die Entwicklung hoher Temperaturen in Oberflächennähe mit dem magmatischen Bogen, also oberhalb des Bereiches, bei dem die abtauchende Lithosphäre zu schmelzen beginnt. MIYASHIRO (1972) interpretiert auch Hochdruckgürtel als Ausdruck von Metamorphose in Subduktionszonen, während sich seiner Meinung nach der Niedrigdrucktyp gleichzeitig im benachbarten magmatischen Bogen entwickeln sollte, wo aufsteigende Magmen zusätzlich zur Aufheizung führten. Da hier viel Magma eruptiert ist, sind die thermischen Effekte im magmatischen Bogen nicht auf die unmittelbaren Kontaktaureolen beschränkt, sondern eher regionaler Natur.

Jüngste Ergebnisse verfeinerten MIYASHIROs ursprüngliche Ansichten über die geotektonische Einordnung der japanischen Gürtel. Zum Beispiel zeigten BANNO, SAKAI & HIGASHINO (1986) nach einer Untersuchung von Granatzusammensetzungen, daß sich die höchstgradigen Zonen im Sanbagawa-Gürtel tatsächlich bei niedrigeren Drücken bildeten als einige niedrigergradige. Sie vermuteten, daß diese Verteilung durch Aufheizung der abtauchenden Platte an der heißen Basis der überfahrenden Platte zustande kam. Somit kommen Höhertemperaturgesteine über kühleren zu liegen.

7.2 Heutige konvergente Plattenränder: Auswirkungen auf die Metamorphose

7.2.1 Subduktionszonen

In bezug auf die gebildeten Mineralparagenesen ist das wichtigste Merkmal von Subduktionszonen der niedrige Wärmefluß. Viele Geowissenschaftler bringen daher die Entstehung aller Blauschiefergebiete mit Subduktion in Zusammenhang. In diesem Kapitel wird der Ausdruck **Subduktion** (subduction) in weitem Sinne gebraucht, um tief unterschobene Gesteine an einem konvergenten Plattenrand zu bezeichnen, einschließlich des Materials, das anschließend zur Oberfläche mit einer Hochdruck-metamorphen Überprägung zurückkommt.

Im Detail bleiben viele wichtige Fragen zur Subduktionszonenmetamorphose offen. Zum Beispiel, in welchem Teil der Subduktionszone genau findet die Hochdruckmetamorphose statt? Wie kommen solche Gestein wieder zur Oberfläche zurück? Die wesentlichen Modelle für Subduktionszonenmetamorphose von Sedimenten wurden von MIYASHIRO, AKI & CELAS SENGOR (1979) zusammengefaßt, die sie in drei Klassen einteilen. In Klasse 1 findet Hochdruckmetamorphose in Gesteinen statt, die Teil der abtauchenden Platte sind, während in Klasse 2 die Metamorphose Material betrifft, das an die Basis der überfahrenden Platte tektonisch angelagert wurde.

Jüngste geophysikalische Untersuchungen, insbesondere durch refelektionsseismische Profile, bilden Prozesse ab, die derzeit an aktiven konvergenten Plattenrändern ablaufen. Diese sollten zum Testen alternativer Modelle für alte metamorphe Gürtel herangezogen werden. KARIG (1983) beschreibt die Art, in der Sedimente an die obere Platte in modernen konvergenten Plattenrändern akkretiert werden (Abb. 7.2). Im Kaskadenbogen werden mächtige Turbiditabfolgen auf der abtauchenden Platte bei der Überschiebung aufgefangen und zu einem Akkretionsprisma vor der oberen Platte aufgebaut. Somit wird die Masse des Sedimen-

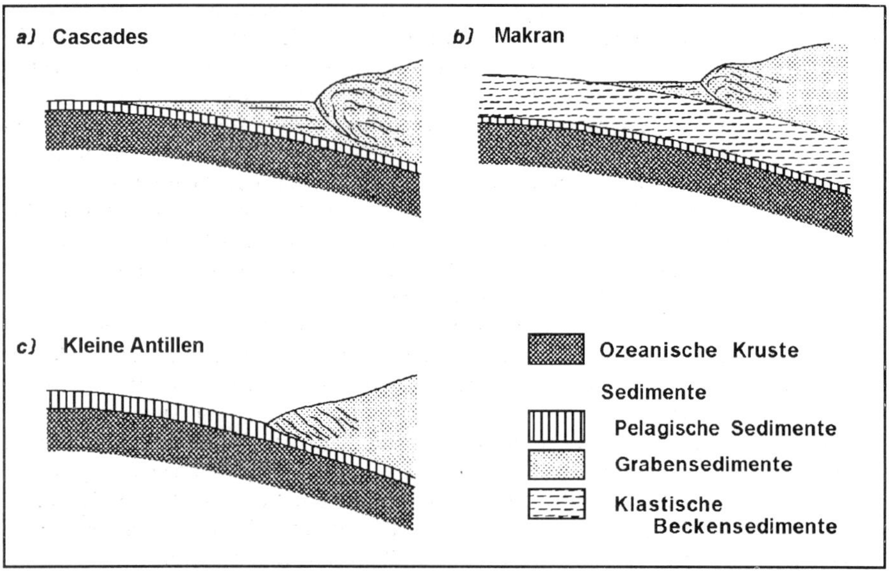

Abb. 7.2 Profile heutiger konvergenter Plattenränder mit verschiedenem Sedimentationsverhalten. Nach KARIG (1983).

tes von der abtauchenden Platte in einem niedrigen Niveau abgeschoben und nicht tief genug heruntertransportiert, um hochdruckmetamorph überprägt zu werden. Dagegen wird die mächtige Abfolge (< 6 km) am Boden der arabischen See mit der abtauchenden Platte weitgehend in den Makrangraben transportiert. Nur das obere Drittel wird abgeschoben und bildet einen Akkretionskeil. In beiden Fällen bleiben pelagische Sedimente an die abtauchende Platte gekoppelt, und nur das Verhalten der überlagernden klastischen Sedimente ist unterschiedlich. Die ozeanische Kruste, die im nördlichen Bogen der kleinen Antillen subduziert wird, trägt vor allem pelagische Sedimente. Obwohl hier die Hauptmasse des Sedimentes an die abtauchende Platte gebunden ist, wird einiges pelagisches Material am Tiefseegraben akkretiert.

Die Akkretion von Hochdruckmetamorphiten als Teil der abtauchenden Platte an die Basis der überfahrenden Platte wird als **akkretionäre Unterplattung** (subcretion or underplating) bezeichnet. Erst seit kurzer Zeit gibt es eindeutige geophysikalische Hinweise dafür, daß dieser Prozeß heute tatsächlich stattfindet. In seismischen Reflektionsprofilen über den Südteil von Vancouver Island (kanadisches LITHOPROBE-Projekt) wurden mafische Gesteine der abtauchenden Juan de Fuca-Platte oberhalb der gegenwärtig aktiven Benioff-Zone identifiziert (CLOWES et al. 1987). Diese mafischen Gesteine sind vermutlich Blauschiefer, die wahrscheinlich jetzt näher an der Oberfläche sind (20-30 km) als zur Zeit ihrer Metamorphose. Die gleiche Traverse zeigt auch Sedimente, die in Tiefen unterhalb 30 km akkretiert werden. Die Arbeit von WALCOTT (1987) über aktive Subduktion unterhalb Neuseelands bietet noch andere Belege für akkretionäre Unterplattung.

Obwohl vor allem Subduktion von ozeanischer Kruste und von Sedimenten untersucht wurde, so gibt es doch einige geologische Hinweise dafür, daß kontinentale Kruste tief subduziert worden sein kann. Dies ist besonders deutlich bei Abbau von Plagioklas in Granit zu Jadeit + Quarz zu sehen, wie er aus der Sesia-Zone Norditaliens berichtet wird. Obwohl normale kontinentale Kruste zu leicht ist, um subduziert zu werden, kann Dehnung an Kontinentalrändern kontinentale Kruste erheblich ausdünnen. In der Biscaya dünnt europäische kontinentale Kruste nach Westen bis zu 6 km aus. Wenn solch dünne Kruste nachträglich gegen einen anderen Kontinent als Teil der abtauchenden Platte konvergiert, kann sie gut bis zu beträchtlichen Tiefen subduziert werden, in denen metamorphe Reaktionen in jedem Fall ihre Dichte erhöhen. Auch wo Hinweise für Subduktion kontinentaler Kruste fehlen, entstehen Blauschiefer nicht notwendigerweise aus Subduktion rein ozeanischen Materials oder von Grabenfüllungen, wie in frühen Modellen von Subduktionszonen impliziert wird. Sie können noch kontinentale Affinitäten zeigen. FORBES, EVANS & THURSTON (1984) zeigten, daß dies der Fall für Blauschiefer der Seward-Halbinsel Alaskas ist. Ihre Interpretation war, daß die Hochdruckmetamorphose durch Überschiebung unbekannten Materials über Sedimente kontinentalen Ursprungs zustande kam, die schon 200 Ma alt waren. Dieser Prozeß muß nicht direkter Subduktion entsprechen, auch wenn er an Plattenkonvergenz gebunden ist.

Eines der interessantesten Ergebnisse moderner geophysikalischer Untersuchungen ist die sichere Erkenntnis, daß kontinentales Material bis in Tiefen um 50 km, in seltenen Fällen sogar in noch größere Tiefen, subduziert werden kann. Diese Tiefen stimmen hervorragend mit denen überein, die aus Mineralparagenesen von Hochdruckmetamorphiten abgeschätzt werden, unter der Voraussetzung, daß Druck nur durch Auflast zustande kommt. Hierdurch ist es tatsächlich unnötig, zusätzliche Faktoren wie tektonischen Überdruck anzunehmen, um Mineralparagenesen von Blauschiefern und verwandten Gesteinen zu bilden.

Sedimentologen und Strukturgeologen erkannten Abfolgen in einigen metamorphen Gürteln, die sich vermutlich in alten Akkretionskeilen gebildet hatten (Abb. 7.2 a). Ein Beispiel ist die altpaläozoische Abfolge der Southern Uplands von Schottland, für die LEGGETT et al. (1972) mehrere Merkmale belegten, die auch in aktiven Kontinentalrändern gefunden wurden. Diese Gesteine sind jetzt Schiefer neben Metabasiten, die manchmal Prehnit-Pumpellyit-Fazies-Metamorphose zeigen (OLIVER 1978). Diese niedriggradige Metamorphose ohne extemen Druck und Temperatur entspricht den Bedingungen moderner Akkretionsprismen, in denen Tiefen bis maximal 20 km erreicht werden, und die Temperaturen niedrig sind. In konvergenten Zonen wie der Makran-Graben (Abb. 7.2 b), in denen das meiste Sediment subduziert wird, besteht jedoch zwischen dem Akkretionsprisma und echt subduzierten Sedimenten wahrscheinlich ein gradueller Übergang.

7.2.2 Metamorphose an einem rezenten konvergenten Plattenrand: das Beispiel Neuseeland

Wenn wir das Aktualitätsprinzip auf metamorphe Gürtel anwenden, bedeutet dies, daß gepaarte metamorphe Gürtel sich derzeit in vielen Teilen der Welt bilden. Ein Gebiet, dessen jüngste geologische Entwicklung besonders gut untersucht ist, ist Neuseeland. Hier sind Plattenbewegungen der letzten 20 Ma durch Untersuchung magnetischer Streifen am Meeresboden, paläomagnetischer Deklination und augenblicklicher Bewegungen, die aus wiederholten Triangulationen bestimmt wurden, gut belegt. WALCOTT (1987) kombinierte die Informationen aus solchen Quellen, um ein Bild von den Metamorphosearten zu zeigen, die heute wahrscheinlich stattfinden.

Subduktion findet heute längs des Hikurangi-Trogs und des Kermadec-Grabens im Osten der Nordinsel statt (Abb. 7.3). Ein Großteil der Nordinsel wird von subduzierter Lithosphäre unterlagert. Weiter nach Süden wechselt die Bewegung an der Plattengrenze kontinuierlich zu einer hauptsächlichen Blattverschiebung. Andesitvulkane entstanden in der zentralen Nordinsel.

Die erkennbaren strukturellen Zonen sind nach Westen vom Tiefseegraben aus:

1. *Frontkeil*: Eine Akkumulation miozäner und jüngerer Sedimente, die fortlaufend akkretiert und aktiv in einen Faltenüberschiebungsgürtel deformiert werden.
2. *Forarc-Becken*: Eine Rotation der pazifischen Platte relativ zur australischen um einen Pol nahe dem Südende der Nordinsel bewirkte die Bildung eines Forarc-Beckens im Bereich der Hawke Bay mit Dehnung senkrecht zum Tiefseegraben. Ein Teil des Forarc-Beckens begann sich jüngst zu heben, obwohl die Dehnung anhält.
3. *Axialzone*: Dies ist eine Region quartärer Hebung mit Geschwindigkeiten von mehr als 1 mm pro Jahr. Mesozoische Grundgebirgsgesteine sind heute aufgeschlossen, und die Krustenmächtigkeit ist unterhalb dieser Zone am größten.
4. *Zentrale Vulkanzone*: Eine andere Region mit Dehnung im Zusammenhang mit relativer Plattenrotation ist der Bereich heutiger vulkanischer Aktivität auf der Insel. Diese Zone war besonders aktiv über die letzten 1 Ma. Während dieser Zeit wurden 2 km Absenkung des mesozoischen Grundgebirges durch Ablagerung vulkanischer Produkte kompensiert. Aktive Dehnung hat die kontinentale Kruste weitgehend ausgedünnt. Diese Region wird als landseitige Fortsetzung der Dehnung unterhalb des Ozeans im Norden angesehen.

WALCOTT zeigte, daß das Volumen akkretierter Sedimente geringer als das seit dem Miozän in dieser Gegend abgelagerte ist, und meint, daß die fehlenden Sedimente unter den Akkretionskeil transportiert und an die Basis der Kruste akkretiert wurden, wie in Abb. 7.3 b dargestellt. Die Mächtigkeit des akkretierten Sedimentes würde dann zur Hebung der Axialzone beitragen. Das akkretierte Sediment erreichte seine heutige Position in Tiefen von 20-30 km in nur 20-30 Ma und muß so noch relativ kühl sein (<< 400 °C). Dieses Material wird mit Sicherheit heute von Hochdruckmetamorphose überprägt. Dagegen ist die zentrale Vulkanzone ein Gebiet mit hohem Wärmefluß, in dem Niedrigdruck-Hochtemperaturmetamorphose stattfindet. Ob die Metamorphite dort erhalten bleiben, hängt davon ab, was dieser sehr dünnen Kruste als nächstes passiert.

7.2.3 Schlußfolgerungen

Es lassen sich drei wesentliche Schlüsse aus der Untersuchung aktiver heutiger Tektonik ziehen, die wahrscheinlich für die Interpretation alter metamorpher Gürtel sehr bedeutend sind.

Es gibt keinen typischen konvergenten Plattenrand, und man sollte daher nicht erwarten, daß alle Metamorphite in einem weitgehend konvergenten Regime die gleichen sind. OXBURGH & TURCOTTE (1971) zeigten, daß die Konvergenzgeschwindigkeit bestimmen kann, ob sich gepaarte metamorphe Gürtel entwickeln oder nicht. Speizung im „back arc"-Bereich und sogar im magmatischen Bogen selbst kann fehlen, je nach Geschwindigkeit und Winkel der Subduktion.

Bedeutende Änderungen in der Plattenkonfiguration können sehr schnell stattfinden. WALCOTT (1987) belegte, daß größere Änderungen der tektonischen Situation Neuseelands in der letzten 1 Ma stattfanden, während die letzte größere Änderung zuvor etwa 20 Ma zurück liegt. Wenn die Plattenbewegung gleichmäßig einige Millionen Jahre andauert, findet fortschreitende Metamorphose der abtauchenden Platte statt. Daraus folgt für ein Alter von Hochdruckmetamorphose in alten Metamorphiten in einer Subduktionszone, daß dies der Zeitpunkt ist, an dem solch eine Periode stetiger Metamorphose endete, ausgelöst durch Änderungen in den Plattenbewegungen, die einen Teil des „Fließbandes" zum Stoppen bringen.

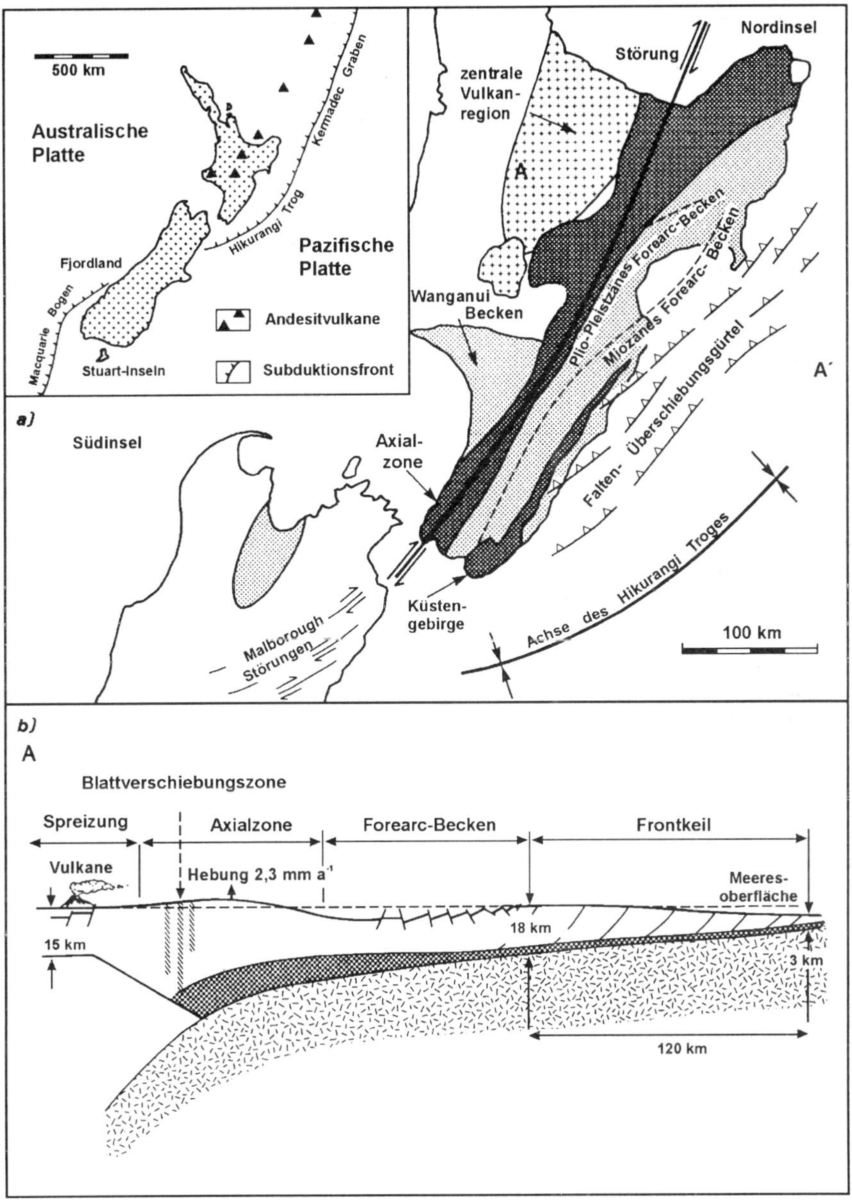

Abb. 7.3 Heutige Neotektonik von Nord-Neuseeland (s. Beikarte für den allgemeinen tektonischen Zustand). **a)** Karte zur Lage der Hebungsgebiete (dunkel schraffiert), des Senkungsgebietes (hell schraffiert) und des heutigen Vulkanismus (+ Symbol). **b)** Spekulativer Querschnitt längs der Linie A-A', die dichte Schraffur kennzeichnet unterschobenes Sediment. Nach WALCOTT (1987).

7.3 Zeit als Variable bei der Metamorphose

Einer der bedeutendsten Aspekte der Arbeit von OXBURGH & TURCOTTE (1971) war ihre Überlegung, wie sich metamorphe Bedingungen für eine bestimmte Gesteinsgruppe ändern würden, solange Subduktion und Akkretion fortschreiten. Bei der vereinfachenden Betrachtung der gepaarten metamorphen Gürtel reflektiert die vorgefundene Metamorphose einen vorübergehenden thermischen Gradienten, der irgendwie zu einem bestimmten Zeitpunkt eingefroren wurde. In der Praxis jedoch können Gesteine einige mineralogische Eigenschaften, die aus ihrer früheren Geschichte ererbt waren, konservieren, während sie weitere Veränderungen erfahren, bevor sie wieder zur Oberfläche exhumiert werden. Weiterhin darf man nicht annehmen, daß Metamorphose über eine Abfolge von Zonen notwendigerweise gleichzeitig eingefroren wurde.

Der Hauptanteil an Untersuchungen zu diesem Thema stammt aus der Arbeit der Wärmeflußgruppe, wie sie von OXBURGH zusammen mit S.W. RICHARDSON in den frühen siebziger Jahren aufgestellt wurde.

Ihre Modelle auf der Basis von Wärmeflußberechnungen sagten eine Reihe von Merkmalen metamorpher Gesteine voraus, die seitdem von Petrologen bei geländebezogenen Untersuchungen herausgefunden wurden. Die Grundlagen der Berechnungen stecken in den Gleichungen von JAEGER, die – wie in Kap. 6 dargestellt – erlaubten, Aufheizungsgeschwindigkeiten um abkühlende Plutone zu modellieren. Hochleistungsrechner erlauben heute, komplexere Probleme anzugehen.

OXBURGH & TURCOTTE (1971) charakterisierten nicht nur die thermischen Regime in der Nachbarschaft von Tiefseegraben und Inselbogen, sie überlegten auch, was frühgebildeten Metamorphiten nahe am Tiefseegraben passieren würde, wenn im Gleichgewichtszustand

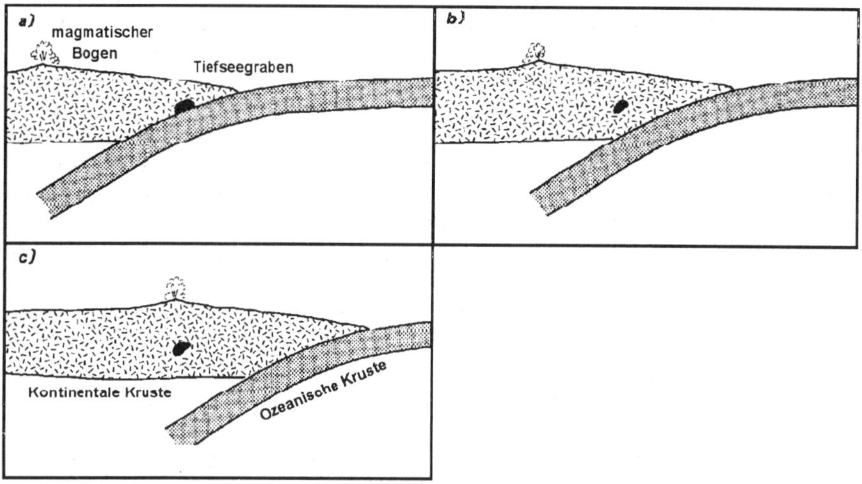

Abb. 7.4 Modellskizzen nach OXBURGH & TURCOTTE (1971). Dargestellt sind Änderungen der metamorphen Drucktypen für ein individuelles Gestein mit der Zeit. **a)** Der schwarze Gesteinskörper wurde an die obere Platte angelagert und konserviert Hochdruckparagenesen in einem Milieu mit niedrigem Wärmefluß. **b)** Bei weiterer Verlagerung des Grabens und Anschuppung an die obere Platte erfährt das gleiche Gestein nun eine Metamorphose mittleren Drucks. **c)** Nach weiterer Anschuppung befindet sich der markierte Gesteinskörper nun unter dem magmatischen Bogen und erfährt eine Hochtemperaturmetamorphose.

Akkretion über lange Zeit hinweg andauern würde. Sie zeigten, daß sich ein einzelnes Gestein stetig mit der Zeit von der Zone niedrigen Wärmeflusses wegbewegen würde und letztlich in die Zone des Inselbogens mit hohem Wärmefluß gerät (Abb. 7.4). Somit würden Gesteine mit ursprünglichen Hochdruckparagenesen kontinuierlich bei mittlerem Druck und sogar von Niedrigdruckparagenesen überprägt werden. Dies stimmt zum Beispiel gut mit der häufigen Beobachtung überein, daß Ca-Amphibole, wie sie für Mitteldruckmetamorphose typisch sind, Glaukophan in Blauschiefern umgeben. Es kann sogar im Extremfall gezeigt werden, daß einige metamorphe Abfolgen hohen, mittleren und niedrigen Drücken zu unterschiedlichen Zeiten ausgesetzt waren (z.B. YARDLEY, BARBER & GRAY 1987).

Dieses Modell ist sicherlich nicht die einzige Interpretation solcher Vorkommen. Sie können ebensogut durch eine Änderung in der Plattenkonfiguration zustande kommen, bei der ein neues thermisches Regime älteren Metamorphiten aufgeprägt wird. Zum Beispiel dürften mesozoische Grundgebirgsgesteine, die Niedrigdruckmetamorphose in der zentralen Vulkanzone Neuseelands in den letzten Millionen Jahren erfahren haben, wahrscheinlich zuvor eine separate niedriggradige Mitteldruckmetamorphose während der kretazischen Rangitata-Orogenese erfahren haben. Dennoch ist nach dem Modell von OXBURGH & TURCOTTE klar, daß Hochdruckmetamorphite nur dann unverändert an die Oberfläche zurückkehren, wenn etwas passiert, das die ursprüngliche Plattenbewegung unterbricht, oder wenn Gleichgewichtsbewegungen einen „Rückkehrmechanismus" enthalten, der sie zurück zur Oberfläche bringt.

Die generellen thermischen Folgen der Krustenverdickung für die Metamorphose wurden von ENGLAND & RICHARDSON (1977) betrachtet. Ein bestimmtes Modell, das sie untersuchten, war ein einfaches, aber sehr universelles, bei dem die kontinentale Kruste durch Überschiebung eines weiteren 30 km mächtigen Krustenblocks verdickt wird. Die Gesteine unterhalb der Überschiebung erfahren eine schnelle Druckzunahme, werden aber aufgrund der geringen Wärmeleitfähigkeit und geringen Wärmezufuhr nur sehr langsam aufgeheizt. Somit ist der ursprüngliche thermische Gradient sehr niedrig und mit der Zeit beginnen nicht nur die tieferen Gesteine aufzuheizen, auch Hebung und Erosion führt zu einer Druckentlastung. Wenn letztlich Gesteine zur Oberfläche exhumiert werden, werden sie schließlich anfangen, abzukühlen.

Der Weg, auf dem sich die metamorphen Bedingungen eines bestimmten Gesteinskörpers mit der Zeit bei solch einer Überschiebung ändern, ist in Abb. 7.5 dargestellt, ein sogenannter **Druck-Temperatur-Zeit-Pfad** oder P-T-t-Pfad. Dabei wird die Maximaltemperatur des Gesteins viel später erreicht als der Maximaldruck. Man sollte nicht über „maximale metamorphe Bedingungen" in diesem Falle sprechen, ohne zu spezifizieren, ob Druck- oder Temperaturmaximum gemeint ist.

Ein anderes sehr wichtiges Resultat der Analyse von ENGLAND & RICHARDSON wird deutlich, wenn man die P-T-t-Pfade zweier unterschiedlicher Gesteinskörper vergleicht, die unterschiedliche Bereiche innerhalb einer verdickten Kruste repräsentieren. Der Punkt, bei dem der obere Körper seine maximale Temperatur erreicht und abzukühlen beginnt, ist erreicht, während der untere Körper noch aufgeheizt wird. Mit anderen Worten, die maximalen Temperaturbedingungen werden in der verdickten Kruste insgesamt nicht zur selben Zeit erreicht. Wenn wir nun bedenken, was wir eigentlich im Gelände finden, ist das eine Abfolge von metamorphen Zonen, deren Mineralparagenesen normalerweise die maximalen Temperaturbedingungen für ein Gestein repräsentieren. Verbindet man die Punkte, die die PT-Bedingungen bei T_{max} repräsentieren, die für jede einzelne metamorphe Zone berechnet wurde, kann man eine Linie im PT-Diagramm definieren, die wie der geothermische Gradient während der Metamorphose aussieht. Diese Linie, von ENGLAND & RICHARDSON **metamorpher Geotherm** genannt, hat keine wirkliche physikalische Bedeutung, weil die Punkte, die sie

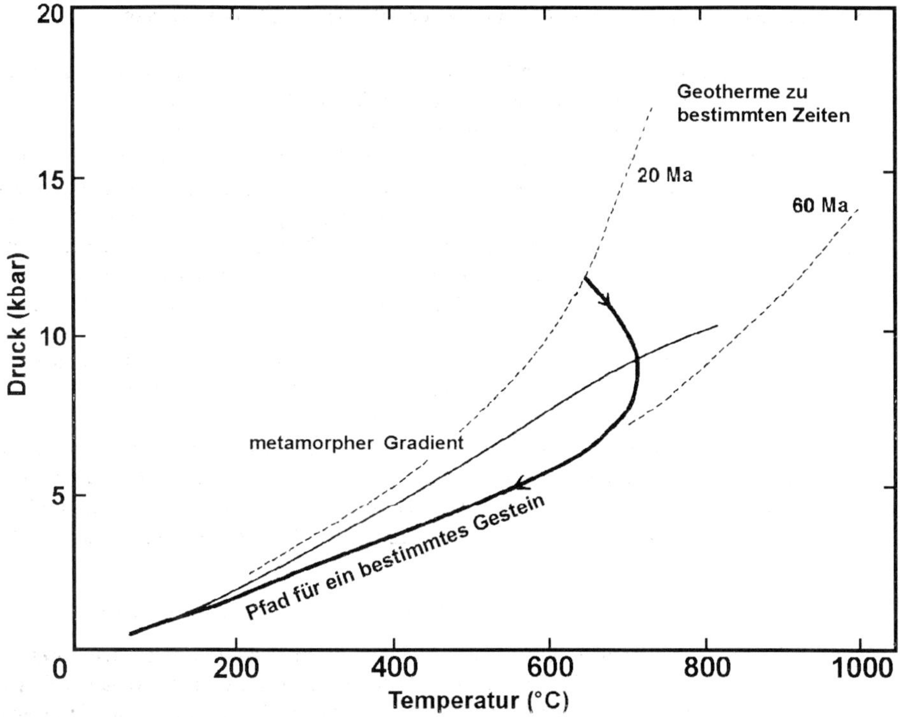

Abb. 7.5 P-T-Diagramm zur Darstellung der Zusammenhänge zwischen Geothermen in der Kruste zu verschiedenen Zeiten (gestrichelte Linien), den wechselnden P-T-Bedingungen, denen ein bestimmtes Gestein ausgesetzt ist (P-T-t-Pfad) und dem metamorphen Geotherm, d.h. der Abfolge von P-T-Bedingungen am Temperaturmaximum in Gesteinen aufeinanderfolgender metamorpher Zonen. Nach ENGLAND & RICHARDSON (1977).

verbindet, nicht PT-Bedingungen repräsentieren, die gleichzeitig in der Kruste vorherrschten. Der Ausdruck **metamorpher Gradient** (metamorphic field gradient) wird oft anstelle des metamorphen Geotherms benutzt, wenn er auf Geländedaten und nicht auf Theorie beruht.

Ebenso geht deutlich aus Abb. 7.5 hervor, daß die Abfolge metamorpher Bedingungen, wie sie aus einer metamorphen Zonierung abgeleitet werden (d.h. der metamorphe Geotherm), in diesem Fall nicht mit der Abfolge von PT-Bedingungen übereinstimmt, die höchstgradige Gesteine während fortschreitender Metamorphose durchschritten. Dies widerlegt nicht das Konzept der fortschreitenden Metamorphose in dem Sinn, daß während einer Aufheizung Gesteine fortlaufend rekristallisierten und nicht direkt von einer prämetamorphen Paragenese zu einer maximal metamorphen. Es zeigt sich, daß die Zonenabfolge, die ein Gestein durchschritten hat, nicht exakt der Abfolge entspricht, die heute kartiert werden kann.

Das einfache Überschiebungsmodell von ENGLAND & RICHARDSON, so könnte man meinen, sei eigentlich kein sehr gutes Modell für die Bildung von metamorphen Gürteln. Das hieße, den großen Wert ihrer Modellierung zu ignorieren, die zeigte, wie PT-Bedingungen und Drucktypen der Metamorphose innerhalb eines metamorphen Gürtels sich mit der Zeit ändern. Tatsächlich hat weitere Modellierung, vor allem die ausgedehnten Untersuchungen von ENGLAND & THOMPSON (1984) sowie THOMPSON & ENGLAND (1984) bestätigt, daß die Typen von PTt-Pfaden in Abb. 7.5 wahrscheinlich ablaufen, wenn immer kontinentale Kruste verdickt wird und anschließend bei Hebung und Erosion abkühlt.

7.3.1 Hinweise aus Gelände und Gefüge für zeitlich wechselnde Drucktypen

Eine Schlußfolgerung aus thermischen Modellierungen ist, daß die Metamorphose klassischer gepaarter Metamorphosegürtel wie Sanbagawa und der Ryoke-Gürtel nicht einer einzigen Metamorphose bei einem spezifischen geothermischen Gradient entspricht, wie es aus früheren Arbeiten hervorgeht. ERNST, ONUKI & GILBERT (1970) stellen fest, daß in vielen Teilen des Sanbagawa-Gürtels Alkaliamphibole teilweise von grünen Ca-Amphibolen ersetzt wurden, wahrscheinlich ein Hinweis auf einen Temperaturanstieg oder eine Druckentlastung. Dies führt von einem Wechsel von Blauschieferfazies zu Grünschieferfazies. Niedrigdruckmetapelite des Abukuma-Plateaus, eine nordöstliche Fortsetzung des Ryoke-Gürtels (Abb. 7.1), enthalten sehr selten Disthen (KANO & KURODA 1968), was zeigt, daß die Metamorphose im Detail nicht einem einzelnen Drucktyp entspricht. Es ist immer möglich, diese Vorkommen so zu interpretieren, daß zufällig die Metamorphosebedingungen intermediär zwischen den Drucktypen gelegen haben. Jedoch zeigen Gefügehinweise oft, daß sich metamorphe Bedingungen mit der Zeit tatsächlich änderten.

Das Gros der Haastschiefer auf der Südinsel Neuseelands wurde unter Bedingungen der Grünschieferfazies metamorphosiert, obwohl lokal höhere und niedrigere Grade erhalten sind. Die metamorphen Zonen sind nach Paragenesen des vermutlichen Temperaturhöhepunktes definiert. Ihre Verteilung ist in Abb. 4.1 dargestellt. Die Zonenabfolge (aus TURNER 1981) ist:

Prehnit-Pumpellyit → Pumpellyit-Aktinolith → Chlorit → Biotit → Granat

Seit vielen Jahren ist bekannt, daß blaue Amphibole sporadisch in Metabasiten vorkommen. LANDIS & COOMBS (1967) benutzten diese als Anzeiger für relativ hohe Metamorphosedrücke. Wenn die Gefüge jedoch im Detail untersucht werden, wird deutlich, daß die blauen Amphibole stets Relikte sind. Sie werden entweder von Ca-Amphibolen ummantelt oder sind als Einschlüsse in Albitporphyroblasten erhalten. YARDLEY (1982) interpretierte dies als Resultat veränderter Metamorphosebedingungen und nahm an, daß der PTt-Pfad der mittelgradigen Metabasite Bedingungen für die Bildung von Na-Amphibolen durchschritt, obwohl in keiner metamorphen Zone der Abfolge Na-Amphibol als eine Phase der Gleichgewichtsparagenese des Metamorphosehöhepunktes vorkommt. Dieses Beispiel verdeutlicht also den Unterschied, der von ENGLAND & RICHARDSON zwischen dem metamorphen Geotherm als Anzeiger der maximalen PT-Bedingungen von heute aufgeschlossenen Metamorphosezonen einerseits und dem PTt-Pfad andererseits gemacht wird, der von bestimmten Gesteinen während ihrer Metamorphosegeschichte verfolgt wird (Abb.7.6). Der metamorphe Geotherm liegt in der Prehnit-Pumpellyit- und der Grünschieferfazies bei mittleren Drücken, während die PTt-Pfade einzelner Gesteinseinheiten einen Hochdruckbereich im Übergang zur Blauschieferfazies durchliefen.

7.3.2 Schlußfolgerungen

Wenn man bedenkt, wie PT-Bedingungen der Metamorphose mit der Zeit innerhalb eines Gesteinskörpers wechseln können, wird deutlich, warum die Zonen in vielen metamorphen Gürteln nicht einer einfachen Hochdruck- oder Niedrigdruckfaziesserie entsprechen, sogar wenn die Gesteine teilweise in einem entsprechenden geotektonischen Milieu im Laufe ihrer Geschichte metamorphosiert wurden. Viele Metamorphite erlebten mehr als ein Metamorphoseereignis im Laufe ihrer Geschichte, während alle jetzt an der Oberfläche aufgeschlossenen Metamorphite Effekte der Hebung zeigen, die solche bei der Versenkung gebildeten überlagern.

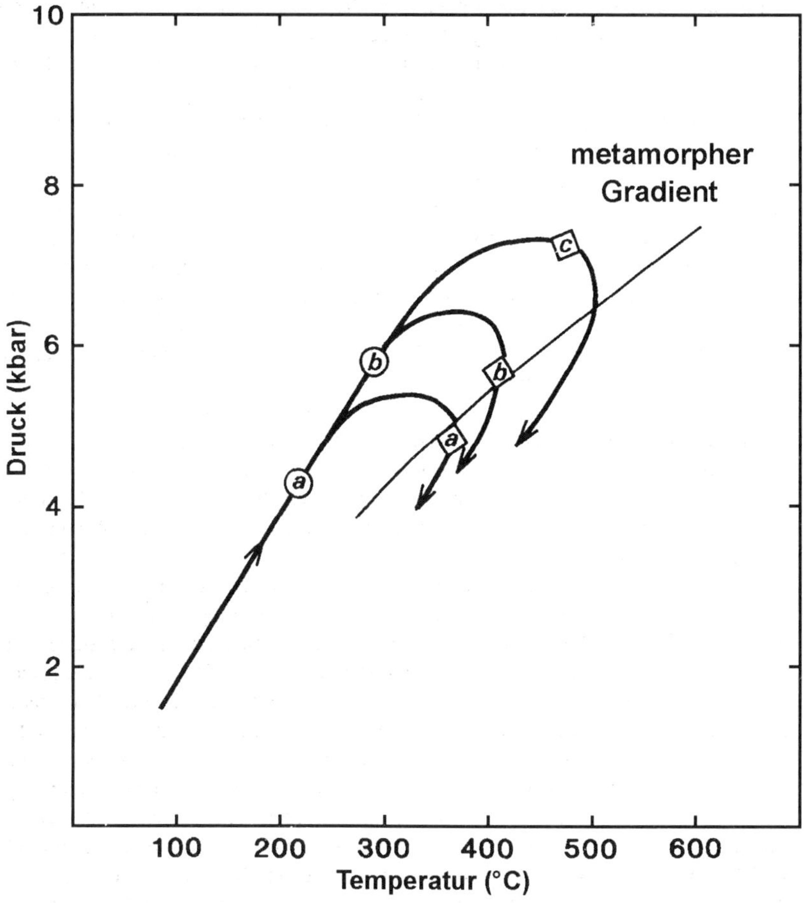

Abb. 7.6 P-T-t-Pfade für aufeinanderfolgende metamorphe Zonen in den Haast-Schiefern, Neuseeland (Abb. 4.1), nach YARDLEY (1982). Ebenso wird der metamorphe Geotherm dargestellt, der durch die am Temperaturmaximum gebildeten metamophen Paragenesen angezeigt wird.

7.4 Erhaltung von Hochdruckgesteinen nach der Metamorphose

Hochdruckmetamorphose erfordert einen anomal niedrigen geothermischen Gradienten. Daher reagieren Mineralparagenesen, die sich in solch einem Milieu gebildet haben, leicht zu Mitteldruckparagenese, wenn sich ein normaler thermischer Gradient einstellt. Man hat daher das Problem zu erklären, wie gut erhaltene Hochdruckgesteine überhaupt heute an der Erdoberfläche zu liegen kommen. Man könnte sagen, daß das Vorkommen von Granuliten, die sich unter Extrembedingungen bildeten, ein ähnliches Problem darstellt, sobald sie zur Oberkruste zurückkehren. Jedoch hängt die retrograde Überprägung von Granuliten sehr viel stärker von der Infiltration von Wasser zur Bildung von niedriggradigen Paragenesen ab als im Falle von Hochdruckgesteinen. So bleiben hochgradige Granulitparagenesen mit relativ geringen Änderungen während der Hebung erhalten, wenn sie trocken bleiben. Obwohl Beispiele von teilweiser bis vollständiger Überprägung von Blauschiefern durch Grünschiefer nicht ungewöhnlich sind, z.B. die oben beschriebenen Haastschiefer, so gibt es doch viele Blauschiefer mit geringer oder keiner Überprägung. Weiterhin gibt es abgesehen vom Problem, Blauschiefer außerhalb ihres Stabilitätsbereiches zu erhalten, auch ein tektonisches Problem, Gesteine von der Basis der Kruste an die Oberfläche zu heben, wo sie üblicherweise auf einer normal mächtigen Kruste lagern.

Generell stimmen viele Autoren darin überein, daß Blauschiefer oft schnell zur Oberfläche zurückkehren müssen und dies ergibt kinetische Beschränkungen für weitere Reaktion. Ganz abgesehen von der Tatsache, daß schnelle Rückkehr zur Oberfläche zur Erhaltung von Mineralparagenesen notwendig ist, gibt es auch direkte Belege für schnelle Hebung durch sehr junge Alter einiger Blauschiefer (< 15 Ma). Diese Hebung kann durch Änderung in der Plattenkonfiguration zustande kommen, oder es könnte ein kontinuierlicher Prozeß bei andauernder gleichmäßiger Subduktion sein.

Die Tatsache, daß in vielen metamorphen Gürteln ein bestimmtes Alter der Blauschiefermetamorphose festgestellt werden kann, scheint die Sichtweise zu stärken, daß ihre Hebung und Erhaltung ein einmaliges Ereignis infolge einer Änderung der Plattenbewegung ist. Andererseits zeigen einige Hochdruckgürtel mehrere Hochdruckereignisse. Auch gibt es Hinweise in einigen Gebieten, daß Blauschiefer die Oberfläche erreichten, während die Konvergenz andauerte.

Das thermische Problem von Blauschiefererhaltung ist folgendes: wenn ein großer Körper mit Blauschiefern bei etwa 450 °C und 10 kbar so schnell zu Bedingungen von 400 °C/5 kbar gehoben wird, daß wenig Abkühlung auftritt, dann sollte er zu grünschieferfaziellen Paragenesen reagieren. Obwohl einige Reaktionen kinetisch ungünstig sein können (z.B. solche, die Zufuhr von Wasser erfordern), kann ein solch steiler Hebungspfad Dehydratationsreaktionen überschreiten, die relativ schnell ablaufen (Abb. 7.7). Damit Blauschiefer ohne intensive weitere Reaktion zu Barrow-Paragenesen zur Oberfläche gelangen, müssen sie bei der Hebung abkühlen (z.B. Pfad A in Abb. 7.7) und dies erfordert Hebung in einem Bereich geringer langsamer Wärmezufuhr oder mit Wärmeabgabe in benachbarte Gesteinseinheiten.

Die wechselnden Grade von Niedrigdrucküberprägung in verschiedenen Hochdruckgürteln zeigen, daß beide Prozesse stattfinden können. Ein wesentlicher zusätzlicher Faktor von Bedeutung ist die Tatsache, daß nicht alle Blauschiefer als große kohärente Massen aufsteigen wie bei den oben beschriebenen einfachen thermischen Modellen. Viele Beschreibungen von Blauschiefervorkommen stellen heraus, daß sie als eingeschuppte tektonische Körper platznahmen, z.B. die Shuksan Blauschiefer in den NW-USA (Brown 1986) oder die korsischen Blauschiefer (Warburton 1986). Goffe & Velde (1984) wiesen daraufhin, daß Blauschiefer bei Aufstieg in relativ kleinen Körpern Wärme an kühlere Gesteine abgeben können, in die sie eingeschuppt werden. PTt-Pfade, die bisher die Hebungsgeschichte von Blauschiefern beschrieben, zeigen einerseits Aufheizung, andererseits Kühlung bei Hebung an. Beispiele aus der Literatur aus den West-Alpen sind in Abb. 7.7 dargestellt. Es bleibt allerdings zu zeigen, daß die Unterschiede zwischen diesen Pfaden für nahe beieinander liegende Gebiete real sind und nicht aus unterschiedlicher Methodik verschiedener Autoren resultieren.

Cowan & Silling (1978) und Cloos (1982) folgend haben verschiedene Autoren Modelle vorgeschlagen, die die Rückkehr von Blauschiefern zur Oberfläche als Teil einer Konvergenz in Subduktionszonen deuten. Ein jüngstes Modell von Platt (1986/87) berücksichtigt die geologische Entwicklung sowohl in den europäischen Alpen als auch in der Franciscan Formation Kaliforniens. Dabei können Blauschiefer, die sich früh bei einer Konvergenz bilden, hohe Krustenniveaus erreichen oder sogar exponiert werden, während die Konvergenz anhält.

Zonen beschrieben wurden (Kap. 1). Die metamorphe Entwicklung im Ordovizium nach YARDLEY, BARBER & GRAY (1987) umfaßt eine frühe Phase mit Mitteldruckmetamorphose, auf die ohne Unterbechung ein Niedrigdruckereignis folgt.

Das frühe metamorphe Ereignis ist grob vergleichbar mit der Barrowmetamorphose mit Bildung von Granat und Staurolith, sowie seltener Disthen. Der Grund für die Seltenheit von Disthen scheint teilweise ein Fehlen von Gesteinen entsprechender Zusammensetzung zu sein, teilweise waren die Drücke bei den erreichten Temperaturen niedriger als im klassischen Barrowgebiet. Der Metamorphosegrad in diesem Stadium scheint über den heute aufgeschlossenen Bereich verhältnismäßig einheitlich gewesen zu sein, aber es folgte eine Periode von Magmenintrusion, die zu weiterer Aufheizung führte. Gleichzeitig erfolgte Hebung, so daß die neuen Mineralparagenesen niedrige Drücke sowie hohe Temperaturen anzeigen. In einer Probe kommen kleine Disthenrelikte in Cordierit vor. Der deutlichste Hinweis für abnehmende Drücke ergibt sich aus dem Gefüge: Sillimanit und Granat werden durch Cordierit ersetzt, während in der Sillimanitzone Granat weitgehend durch Reaktion mit Muskovit zu Biotit und Sillimanit abgebaut wurde. Beide Reaktionen sind besonders druck- aber nur wenig temperaturempfindlich. Die Metamorphosezonen liegen parallel zu einem Gürtel basischer bis saurer Kalkalkali-Intrusionen in der südlichen Hälfte der Region und schneiden komplexe Strukturen (Abb. 6.12 b). Sie bilden somit eine thermische Aureole regionalen Ausmaßes, da sie mehr als 10 km von den Intrusiva entfernt noch ausgebildet sind. Das Ausmaß der Kontakteffekte resultiert wahrscheinlich aus Gesteinen, die schon vor Beginn des Magmatismus Temperaturen der Granatzone ausgesetzt waren. Die Zonenabfolge in Connemara ist in Abb. 7.9 zusammen mit den PTt-Pfaden für die unterschiedlichen Zonen dargestellt. Die Tatsache, daß Metamorphose von Hebung und Erosion begleitet war, führte zu den verschiedenen Pfaden für die verschiedenen Zonen im PT-Diagramm. Dies entspricht einer verdickten Kruste während der Metamorphose innerhalb eines magmatischen Bogens. Der Typ von PTt-Pfad in Connemara mit einer Hochtemperatur-Niedrigdruck-Überprägung früherer Höherdruckparagenesen ist nicht selten, obwohl die Rolle des Magmatismus nicht immer klar definiert ist. VIELZEUF (1980) beschrieb auffällige Niedrigdruckparagenesen der Granulitfazies in pelitischen Migmatiten aus den französischen Pyrenäen, die durch Dekompression von früheren Paragenesen mit Disthen entstanden.

7.5.2 Krustendehnung und Niedrigdruckmetamorphose

Obwohl Regionalmetamorphose üblicherweise an tektonische Konvergenzzonen gebunden ist, gibt es doch Fälle von Regionalmetamorphose durch Krustendehnung. Das wahrscheinlich deutlichste Beispiel dafür ist die niedriggradige Metamorphose (Prehnit-Pumpellyit-Fazies) in Teilen der Anden (AGUIRRE & OFFLER 1985). Diese tritt in vulkanogenen Sedimenten in mesozoischen Randbecken kurz nach der Ablagerung auf. ROBINSON (1987) wies auf die Unterschiede niedriggradiger Metamorphose in diesem Milieu und in Konvergenzzonen hin. Ein hoher geothermischer Gradient ist typisch, der manchmal dem in modernen Geothermalfeldern nahekommt.

Weiterhin haben einige andere Niedrigdruckgürtel keine klare Beziehung zu gleichzeitigem Inselbogenmagmatismus und es kann auch kein paralleler Hochdruckgürtel lokalisiert werden. Aus der Sicht vieler Geowissenschaftler entwickelten sich diese Gürtel innerhalb kontinentaler Kruste ohne extensive Beteiligung ozeanischer Kruste, obwohl dem von anderen heftig widersprochen wird, die Interpretationen im Sinne mehr konventioneller plattentektonischer Modelle suchen.

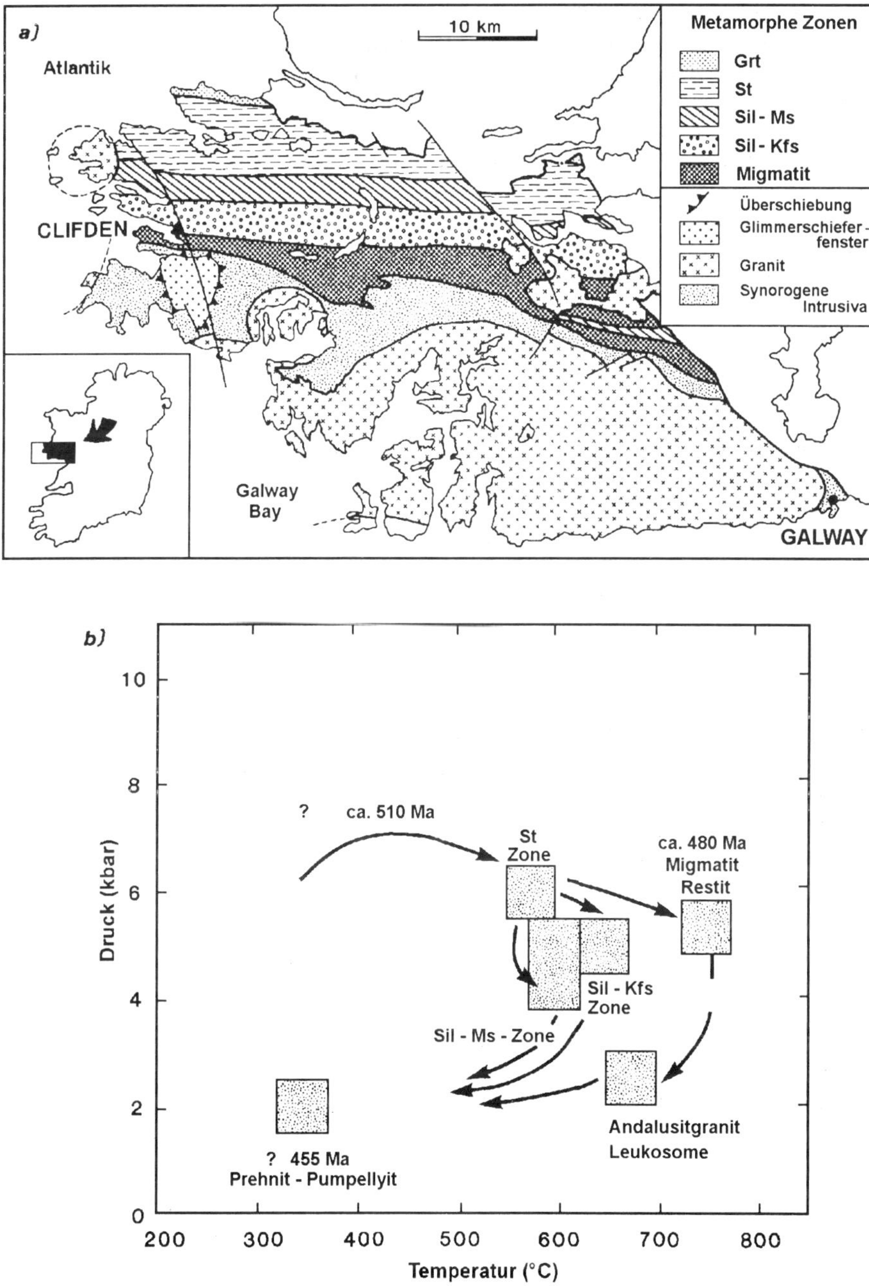

Abb. 7.9 **a)** Metamorphe Zonierung in Connemara, Irland. **b)** P-T-t-Pfad für aufeinanderfolgende Zonen in den Connemara-Schiefern, die Hebung und Erosion begleitet von Aufheizung zeigen. Ebenso sind ungefähre Daten für verschiedene Metamorphosestadien eingezeichnet. Nach YARDLEY, BARBER & GRAY (1987).

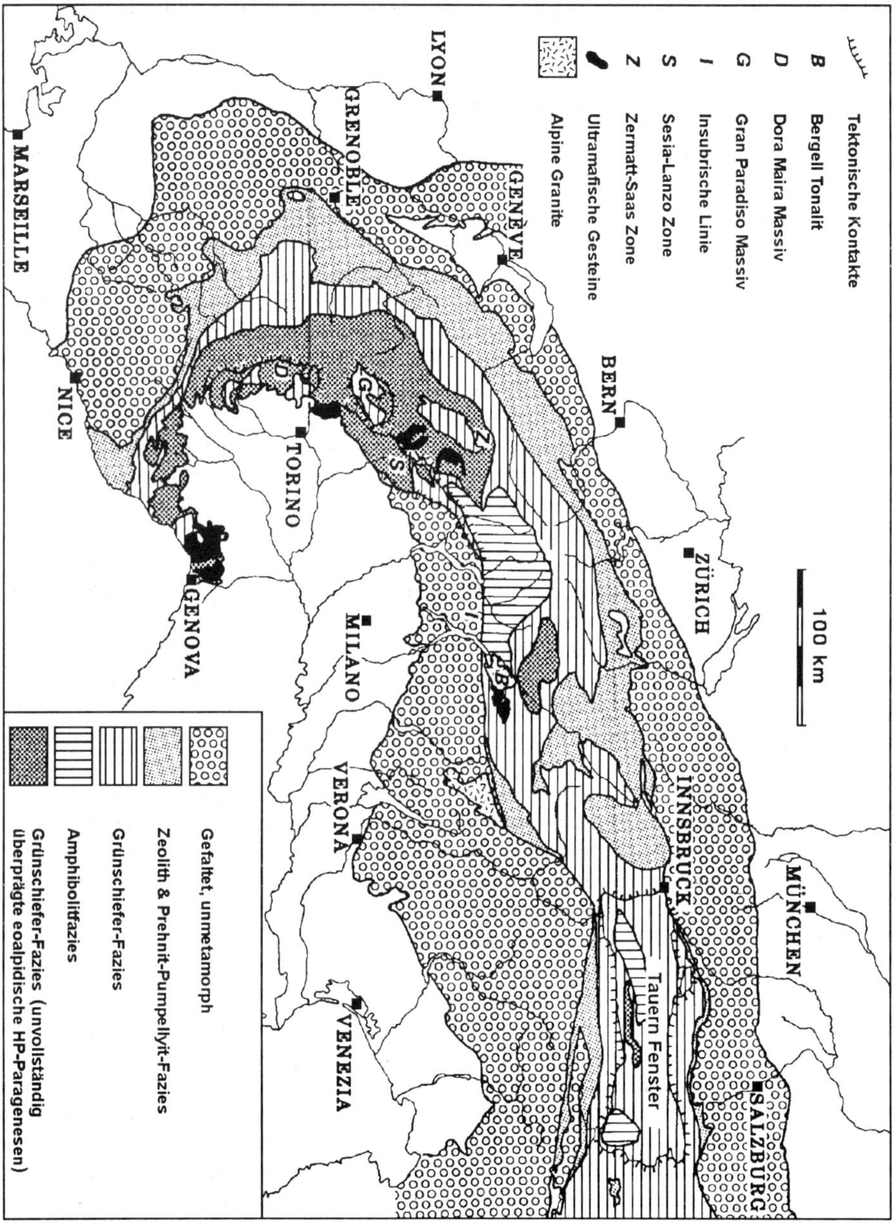

Abb. 7.10 Karte für alpine Metamorphose der europäischen Alpen. Nach FREY et al. (1974).

nis. Dieses Ereignis führte zur Bildung von Eklogiten und Blauschiefern im kontinentalen und ozeanischen Grundgebirge sowie in mesozoischen Sedimenten. Es ist in den West- und den Ostalpen (Tauernfenster) erhalten, aber in den Zentalalpen völlig durch spätere Ereignisse überprägt. Der Ausdruck **eoalpidische Metamorphose** wird für diese Phase benutzt. Neben der Hochdruckmetamorphose in der penninischen Zone erfuhren Metasedimente der austoalpinen Decken zu dieser Zeit Mitteldruckmetamorphose bis zur Amphibolitfazies. Relikte der eoalpidischen Mitteldruckmetamorphose in den austroalpinen Decken werden in Abb. 7.10 nicht unterschieden. Dazu gehören Staurolithschiefer östlich und westlich des Tauernfensters, die nur teilweise durch das alpidische Grünschieferereignis überprägt wurden.

In der Sesia-Lanzo-Zone Norditaliens (COMPAGNONI 1977) sind eoalpidische Überprägungen sowohl in polymetamorphen Glimmerschiefern als auch präalpidischen granitoiden Intrusionen gut erhalten. Obwohl die Hochdruckmetamorphose im allgemeinen von penetrativer Deformation begleitet war, blieben einige Gebiete undeformiert und rekristallisierten zu Hochdruckparagenesen unter Beibehaltung ihrer Originalgefüge. Das vielleicht bestbekannte Beispiel ist der Metagranit von Monte Mucrone (COMPAGNONI & MAFFEO 1973), in dem ursprünglicher Kalifeldspat weitgehend unverändert ist, während Plagioklas komplett durch Pseudomorphosen feinkörnigen Jadeits mit Zoisit und Quarz ersetzt ist. Biotitkörner werden von feinkörnigen Granaten umgeben. Quarz rekristallisierte zu polygonalen Aggregaten, aber das Gestein hat ein typisch granitisches Aussehen in gering deformierten Handstücken.

Nordwestlich der Sesia-Lanzo-Zone wurde das paläozoische Grundgebirge der Internmassive (d.h. Gran Paraliso, Dora Maira und Monte Rosa) und die mesozoischen Sedimente (Schistes Lustres) von der eoalpidischen Hochdruckmetamorphose überprägt (DAL PIAZ & LOMBARDO 1986). CHOPIN (1981) zeigte, daß die ungewöhnliche Paragenese Talk + Phengit verbreitet ist und aus dem Abbau von Chlorit bei hohen Drücken entsteht:

$$\text{Chlorit} + \text{Quarz} \rightarrow \text{Talk} + \text{Granat} + H_2O$$

Obwohl die meisten Petrologen bei ihren Druckabschätzungen zunächst zurückhaltend waren und mehr als 7-8 kbar annahmen, wurde erst jüngst offenbar, daß erheblich höhere Drücke erreicht wurden. Der spektakulärste Beleg dafür war die Entdeckung von Coesit durch CHOPIN (1984), der in gepanzerten Einschlüssen in großen Pyropkristallen in Metasedimenten des Dora Maira-Massivs vorkommt. Er nahm an, daß der gesamte Quarz in diesen Gesteinen zu Coesit am Höhepunkt der Hochdruckmetamorphose umgewandelt war, aber bei der Hebung wieder zu Quarz reagierte. Die Körner, die im Granat eingeschlossen waren, konnten jedoch nicht zu Quarz reagieren, weil im Granat nicht genügend Raum für die notwendige Volumenänderung vorhanden war. Der Granat verhielt sich somit wie ein starrer Druckbehälter. Zusätzlich zu Coesit enthielten diese Gesteine viele andere einzigartige Phasen aufgrund ihrer speziellen Kombination extremer Drücke und sedimentärer Pauschalzusammensetzungen (CHOPIN 1987). Das Vorkommen von Coesit deutet auf Metamorphosedrücke um 30 kbar, welches Tiefen um 100 km entspricht. Nicht alle internen Massive sind solch extremen Drücken unterworfen gewesen. Die Variation eoalpidischer PT-Bedingungen in unterschiedlichen Teilen der penninischen Zone der Westalpen ist in Abb. 7.7 dargestellt.

Eine detaillierte Untersuchung der Metamorphose des Tauernfensters durch MILLER (1974) zeigte, daß es tatsächlich drei metamorphe Phasen gibt. Die früheste Phase war ein eklogitfazielles Ereignis (nur auf eine Einheit beschränkt), und diese wurde von einer blauschieferfaziellen Metamorphose gefolgt. Schließlich gab es eine grünschieferfazielle Überprägung der Hochdruckparagenesen. Weitere Arbeit von HOLLAND (1979 b) in dieser Gegend zeigte, daß die eklogitfazielle Metamorphose um 20 kbar stattfand und wahrscheinlich die mesozoischen Sedimente sowie das Grundgebirge erfaßte. Somit konnte sie nicht Teil eines getrennten, ausschließlich prämetamorphen Zyklus sein. Gefüge, die die Überprägung früh gebildeter Eklogite durch Blauschiefer anzeigen, sind aus den Westalpen wohlbekannt.

Eoalpine Hochdruckparagenesen zeigen gewöhnlich variable Überprägungsgrade während der Hauptphase der alpidischen Metamorphose (Lepontinereignis). Dieses spätere Ereignis wurde in den Westalpen um 40 Ma datiert, d.h. spätes Eozän. Daher datiert es den Beginn der Kollision in diesem Gebiet, die wahrscheinlich im frühen Eozän lag. Somit ist das Lepontinereignis die erste Metamorphose, die wirklich mit Kollision korreliert werden kann. Die Regionalmetamorphose in den Zentralalpen wird von der Lepontinmetamorphose beherrscht, und nur einige eoalpidische Relikte verbleiben. Der Metamorphosegrad nimmt nach Süden hin zu, bis er an der Insubrischen Linie abrupt endet. Die Isograden haben eine recht einfache Geometrie im Gegensatz zur komplexen Struktur. Das Zonenschema für Metakarbonate wurde schon in Kap. 5 ausgeführt. Pelitische Lithologien zeigen eine Mitteldruckfaziesserie für die Lepontinmetamorphose an, grob vergleichbar mit den Barrowzonen Schottlands. Jedoch sind die niedriggradigen Zonen besser entwickelt und einzelne Stilpnomelan- und Chloritoidzonen wurden auskartiert. Diese gehen nach Süden in eine Disthenzone (mit Staurolith) und eine Sillimanitzone über.

Obwohl der Höhepunkt der Lepontinphase der alpidischen Metamorphose im frühen Oligozän nach vielen Interpretationen enden soll, wurden zahlreiche miozäne Alter datiert. Niedriggradige Gesteine in den Glarner Alpen und Kluftminerale anderswo in den Zentralalpen ergeben miozäne Alter, und diese können eine gesonderte spätere Metamorphosephase anzeigen. Aus der Paläogeographie des Tethysraums (die Tethys ist im weitesten Sinne der Vorläuferozean des heutigen Mittelmeers) ist bekannt, daß zur Zeit der eoalpidischen Metamorphose Subduktion ozeanischer Kruste mit oder ohne kontinentale Fragmente unter den Südrand der europäischen Platte stattfand. Somit steht das eoalpidische Hochdruckereignis im groben Rahmen mit Subduktion in Zusammenhang. OXBURGH & TURCOTTE (1974) modellierten die thermische Entwicklung alpidischer Metamorphite für die Ostalpen, wandten sich aber dem grundsätzlichen Problem zu, zu erklären, daß die eoalpidische Hochdruckmetamorphose 25-30 Ma später von einem Mitteldruckereignis gefolgt wird. Sie folgerten, daß Deckenüberschiebungen vor etwa 65 Ma stattfanden, und daß die Hochdruckgesteine durch diesen Prozeß gebildet wurden oder durch ihn in den Deckenstapel gelangten. Mit der Zeit wurde die thermische Störung innerhalb der Kruste, die durch die Stapelung verursacht war, ausgeglichen, und Gesteine in der Tiefe wurden aufgeheizt. Hierdurch kam es zur Lepontinmetamorphose. Dies ist daher ein Vorläufermodell zu dem von ENGLAND & RICHARDSON (1977), das oben diskutiert wurde.

Ob der Deckenstapel selbst für die Bildung der eoalpidischen Hochdruckmetamorphose ohne Subduktion unter eine überlagernde Platte mächtig genug war, wurde überall in den Alpen kontrovers diskutiert. Die kürzlich bestimmten sehr hohen Drücke aus den Westalpen machen es unwahrscheinlich. Auf jeden Fall bildeten sich die Hauptüberschiebungen und Decken in den Westalpen und der Sesia-Lanzo-Zone nach der eoalpidischen Metamorphose. Die Decken unterschiedlichen eoalpidischen Metamorphosegrades sind miteinander verschuppt, während das Lepontinereignis posttektonisch ist (COMPAGNONI et al. 1977). Die genauen Ursachen der lepontinen Überprägung bleiben unklar. Viele Autoren bezogen sie auf die Bildung eines thermischen Domes infolge eines lokal verstärkten Wärmeflusses eventuell in Zusammenhang mit subsequentem Magmetismus. Andererseits zeigt die Metamorphose keine Erhöhung gegenüber einem normalen geothermischen Gradienten für kontinentale Kruste. Somit war erhöhter Wärmefluß nicht notwendig. Dies wurde auch durch die Wärmeflußmodellierung durch OXBURGH & ENGLAND (1980) bestätigt. Obwohl detaillierte Geländeuntersuchungen im Himalaja noch im Anfangsstadium sind, werden heute grundsätzliche Ähnlichkeiten der metamorphen Entwicklung mit den Alpen deutlich. BURG & CHEN (1984) faßten die Entwicklung der Suturzone in Südtibet zusammen, in der auch metamorphe Überprägungen durch frühere Orogenesen und an Kontinentalrändern nebeneinander gerieten, und bei der es zusätzlich durch die eozäne Kollision der eurasischen und indischen Platten zu Überprägungen kam.

In vielerlei Hinsicht besteht bei den Gesteinen im östlichen Mittelmeer ein wesentlich größerer Gegensatz. Dies ist jetzt ein eingeschlossenes ozeanisches Becken, das erhalten ist, während die Kontinentalplatten im Osten und Westen aufgrund von Unregelmäßigkeiten im Verlauf der Plattengrenze kollidierten. LE PICHON (1983) beschrieb das gegenwärtige und möglicherweise zukünftige tektonische Verhalten. Danach ist es möglich, daß sich heute metamorphe Gürtel bei aktiver Subduktion und Inselbogenvulkanismus bilden. Viel jüngere Hochdruckmetamorphite als in den Alpen sind heute in und um das östliche Mittelmeer aufgeschlossen, weil die Subduktion in diesem Raum anhält. Dies ist ein hervorragendes Beispiel für größere Variation im Streichen älterer metamorpher Gürtel.

7.6.2 Mögliche Ursachen einer kaledonischen Kollision in West-Norwegen

In der westlichen Gneisregion Norwegens (Kap. 4) gibt es Hochtemperatur-Hochdruck-Paragenesen, die sich unter Bedingungen gebildet zu haben scheinen, die denen der Basis einer durch Kollision verdickten kontinentalen Kruste entsprechen. Die besten Hinweise für hohe PT-Bedingungen stammen von Eklogitkörpern, aber ihre Interpretation ist noch unklar (Kap. 4). Andererseits enthalten wenigstens einige Eklogite Relikte eines ursprünglichen Ophitgefüges, das eine frühere Existenz von Plagioklas anzeigt. Letzteres belegt, daß ihre Ausgangsgesteine Oberkrustengesteine und nicht Mantelgesteine waren. Dies wird auch durch das gangförmige Aufteten einiger Eklogitkörper bestätigt (BRYHNI, KROGH & GRIFFIN 1977). Weiterhin fand KROGH (1980) Pyroxen + Granat-Paragenesen in einigen der sauren Gneise, die Eklogite enthalten. Diese zeigen Drücke um 18 kbar an, ähnlich denen, die für Eklogite notwendig sind.

Nimmt man an, daß die Eklogitkörper in der westlichen Gneisregion in situ metamorphosiert wurden, und daß die umgebenden sauren Gneise auch den hohen PT-Bedingungen unterworfen waren, dann muß der Hauptanteil dieses 300 km langen Streifens Westnorwegens in einer Tiefe von rund 60 km metamorphosiert worden sein. Danach hat KROGH (1977) die Region als untere Platte einer kontinentalen Kollisionszone während der kaledonischen Orogenese gedeutet. Trotz der Unsicherheiten scheinen die Belege die Annahme einer in situ-Metamorphose der Eklogite zu unterstützen, das die Basis für dieses tektonische Modell darstellt. Wahrscheinlich werden heute vergleichbare Gesteine unter dem Himalaja gebildet.

7.7 Metamorphose in Ophiolithkomplexen

Ophiolithkomplexe sind eine allgemeine Erscheinung in vielen orogenen Gürteln, einschließlich der Alpen, der Kaledoniden-Appalachen-Kette und vieler zirkumpazifischer Gürtel. Sie setzen sich überwiegend aus basischen und ultrabasischen Gesteinen zusammen und weisen viele Merkmale von ozeanischer Kruste und Mantel auf: Kissenlaven und Lagergänge über Gabbros und ultramafischen Gesteinen. Folglich werden sie allgemein als Linsen ozeanischer (oder ozeanähnlicher) Kruste gedeutet, die auf kontinentaler Kruste Platz nahmen, d.h. **obduziert** (obducted) wurden.

In vielen metamorphen Gürteln treten Ophiolithe als nichtkohärente Linsen auf. Sie können wie die umgebenden Gesteine eine regionalmetamorphe Überprägung aufweisen oder sie können Paragenesen zeigen, die sich auf dem Ozeanboden gebildet haben. Manchmal jedoch gibt es Merkmale, die sich eindeutig auf die Platznahme der Ophiolithkomplexe beziehen, obwohl ihre Interpretation umstritten ist.

7.7.1 Ozeanbodenmetamorphose ophiolithischer Gesteine

Der Vorgang der Ozeanbodenmetamorphose und die daraus entstehenden Gesteine wurden in Kap. 4 beschrieben. Obwohl man annimmt, daß sie vor allem an den mittelozeanischen Rücken stattfindet, kann sie generell auch immer dann auftreten, wenn magmatische Aktivität am Ozeanboden stattfindet, wenn es auch einige Unterschiede bei nur seichten Wassertiefen geben mag. Ozeanbodenmetamorphose ist der vorherrschende metamorphe Prozeß, der an divergenten Plattenrändern vorkommt. Die Hauptbedeutung für Geologen, die mit heute aufgeschlossenen Gesteinen arbeiten, ist jedoch, daß sie Mineralparagenesen und Strukturen enthalten, die unter dem Meeresboden entstanden, selbst wenn sie nachträglich von Deformation und Regionalmetamorphose überprägt wurden. Die Gesteine der Ligurischen Alpen, die in Kap. 1 umrissen wurden, sind ein Beispiel dafür, und viele Ophiolithe enthalten Hinweise auf Metamorphose am Ozeanboden. Dennoch ist Ozeanbodenmetamorphose keinesfalls auf Ophiolithe beschränkt und kann auch in anderen metavulkanischen Gesteinen innerhalb orogener Gürtel vorkommen.

7.7.2 Metamorphose bei Platznahme von Ophiolithkomplexen

Einige der vollständigsten Ophiolithkomplexe liegen in Neufundland und sind ordovizischen Alters. Am bekanntesten ist der Bay of Island-Ophiolithkomplex. Nach WILLIAMS & SMYTH (1973) ist die ultramafische Basis des Ophiolithkomplexes von 150-300 m mächtigen metamorphosierten basischen Vulkaniten unterlagert. Dieses metamorphe Unterlager ist tektonisch mit dem Ophiolithkomplex eingeschuppt und steht nicht in Zusammenhang mit den unterlagernden Sedimenten. Der Metamorphosegrad nimmt vom Kontakt mit der ultramafischen Basis des Ophiolithkomplexes aus rasch ab, von Pyroxenamphiboliten über Amphibolite und

Tabelle 7.2 Fortschreitende metamorphe Zonierung mit zunehmendem Abstand innerhalb des White Hills-Peridotits, Neufundland (zusammengestellt nach JAMIESON 1981).

Gesteinseinheit	Typische metamorphe Paragenesen	P (kbar)	T (°C)
White Hills-Peridotite			
Green Ridge-Amphibolit	Klinopyroxen + Mg-Hornblende + Plagioklas + Titanit (Kontaktgesteine)	7-10	900-950
	braune Hornblende + Andesin + Klinopyroxen + Quarz ± Orthopyroxen ± Rutil	3,5-5	800-900
	grüne Hornblende + Andesin + Quarz + Titanit und/oder Ilmenit	3,5-5	650-800
Goose Cove-Schiefer	blaugrüne Hornblende + Epidot + Albit ± Oligoklas ± Quarz ± Titanit	2-4,5	500-650
	Aktinolit + Epidot + Albit ± Chlorit ± Quarz ± Titanit	2-4,5	350-500

Granatamphibolite zu Grünschiefern, mit einer Amphibolit-Fazieszone von nur insgesamt 90 m Mächtigkeit. Diese Abfolge stellt eine metamorphe Aureole dar, hervorgerufen durch die Überschiebung eines heißen Ophiolithkomplexes. Im einzelnen gibt es jedoch einige verwirrende Anomalien.

JAMIESON (1981) untersuchte die Zonenabfolge ebenso in Neufundland unterhalb des White Hills-Peridotits und fand eine vergleichbare Sequenz. Diese ist in Tabelle 7.2 gemeinsam mit den metamorphen Temperaturen und Drucken zusammengestellt, die aus der Mineralchemie und den vorhandenen Paragenesen abgeschätzt wurden. Die bemerkenswerte Variation der metamorphen Drücke über eine kurze Distanz sowie die Tatsache, daß Hochdruckgesteine solche mit niedrigeren Drücken überlagern, zeigt, daß dies keine einfache Aureole darstellt. JAMIESON vermutet, daß die Gesteine des metamorphen Unterlagers zur Basis des Ophiolithkomplexes fortlaufend akkretiert wurden, d.h. die höhergradigen Gesteine wurden früh bei der Platznahme angegliedert, als der Ophiolithkomplex noch relativ tief lag. Niedrigergradige Gesteine wurden später und in höherem Niveau angegliedert.

Weitere komplexe Entwicklungen metamorpher Unterlager von Ophiolithkomplexen wurden durch geochronologische Untersuchungen einiger griechischer Ophiolithkomplexe von SPRAY & RODDICK (1980) vermutet. Sie berichteten, daß die Metamorphose im Unterlager 170-180 Ma alt war, während das Alter der Platznahme 140-150 Ma betrug. Daraus schlossen sie, daß fortlaufende Akkretion des Unterlagers zum Ophiolithkomplex durch Bewegungen der ozeanischen Lithosphäre vor der Obduktion stattfand.

7.8 Variation der Metamorphose im Laufe der Erdgeschichte

Nicht alle Arten metamorpher Gesteine sind im Laufe der Erdgeschichte gleich verbreitet. Dies kann durch Variation der thermischen Struktur sowie der Mächtigkeit und/oder dem tektonischen Verhalten der Kruste im Laufe der Erdgeschichte zustande kommen. ERNST (1972) stellte heraus, daß alle bekannten Blauschiefer tatsächlich phanerozoisch sind, und daß echte Hochdruck-Blauschiefer mit Glaukophan + Lawsonit eher als solche mit nur Crossit + Epidot fast alle mesozoisch sind. Diese Unterscheidung hat die folgenden Jahre nicht recht überlebt, da mehr alte Blauschiefer entdeckt wurden, jedoch trifft der Kernpunkt immer noch recht gut zu. Blauschiefer aus dem Ordovizium werden nun weitgehend aus den Kaledoniden beschrieben, und einige der ältesten auf Spitzbergen enthalten Paragenesen mit Jadeit + Quarz (OHTA, HIRAJIMA & HIROI 1986). Weniger klar ist der Grund für das Fehlen alter Blauschiefer. Als Folge des thermischen Modells nach ENGLAND & RICHARDSON (1977) haben Blauschiefer nach ihrer Bildung die Wahl, entweder schnell gehoben und durch Erosion zerstört zu werden, oder in der Tiefe zu bleiben und durch Mineralparagenesen mittleren Druckes überprägt zu werden. Folglich darf die Erhaltung alter Blauschiefer nicht ihre ursprüngliche Verbreitung widerspiegeln. Andererseits sind manche Hochdruckminerale in Sedimenten nicht vollständig abgebaut, und Erosion sollte sie nicht immer restlos zerstören. Der Detritus von Blauschiefern war lange aus dem Ordovizium von Süd-Schottland bekannt (KELLING 1961), obwohl Aufschlüsse von Blauschiefern minimal in den angrenzenden metamorphen Gebieten vorhanden sind. Wenn folglich Blauschiefer im Präkambrium weit verbreitet waren, sollte Hoffnung bestehen, mehr von ihnen im sedimentären Detritus zu finden.

Im Gegensatz dazu gibt es kaum Zweifel, daß Mittel- und Niedrigdruckbedingungen sowohl größtenteils im Präkambrium als auch jünger erreicht wurden. Tatsächlich wurden Versuche unternommen, metamorphe Mineralparagenesen als Grenzwerte für die Mächtigkeit früherer präkambrischer Kruste zu benutzen, indem man ihre Bildungsdrücke bestimmte (WELLS 1977).

7.9 Zusammenfassung und Schlußfolgerungen

Ein großer Teil dieses Kapitels muß als spekulativ oder wenigstens von vorläufiger Natur betrachtet werden, weil die behandelten Themen heute aktiv erforscht werden. Dennoch sind viele allgemeine Trends jetzt gut belegt. Vor einiger Zeit wurde offensichtlich, daß verschiedene metamorphe Gürtel unterschiedliche Charakteristika haben können, die das Ergebnis von Metamorphose unter verschiedenen thermischen Gradienten sind. Diese Differenzen im thermischen Gradienten können sowohl qualitativ und quantitativ mit unterschiedlichen Wärmefluß-Charakteristika verschiedener heutiger plattentektonischer Milieus verglichen werden. Die geschätzten Drücke für metamorphe Gesteine stimmen gut mit den Tiefen überein, in denen wir Metamorphose in heute tektonisch aktiven Zonen erwarten können.

Jetzt werden viel anspruchsvollere Untersuchungen der Metamorphose mit dem Ziel gemacht, nicht nur metamorphe Temperatur und Druck eines jeden Gesteins zu bestimmen, sondern auch zu zeigen, wie sich diese beiden Variablen während ihrer fortschreitenden Rekristallisation veränderten. Solche Studien erfordern sorgfältige Untersuchung metamorpher Gefüge und chemischer Zonierung, sowie Abschätzungen des Ausmaßes, in dem verschiedene Minerale im Gestein mit anderen zu unterschiedlichen Zeiten ihrer Geschichte im Gleichgewicht standen. Dieser Ansatz wurde durch thermische Modellierungen der P-T-Entwicklung metamorpher Gesteine während Versenkung, Überschiebung und Hebung stark beeinflußt, die Änderungen der P-T-Bedingungen mit der Zeit, die anschließend durch Feldstudien belegt wurden, voraussagten. Abgesehen von der Unsicherheit, die die Geothermometrie und Geobarometrie metamorpher Gesteine beinhaltet, können unter besonderen Umständen feine Details ihrer thermischen Entwicklung herausgearbeitet werden. Dies zeigt die Arbeit von SPEAR et al. (1984), die Granatzonierungen als Indikator für wechselnde metamorphe Bedingungen benutzten. Sie konnten zeigen, daß, wenn zwei verschiedene Gesteinspakete bei Deckenbildung tektonisch nebeneinander gebracht wurden, beide die gleichen metamorphen Endbedingungen aufwiesen, aber durch gänzlich unterschiedliche P-T-Pfade, die ihre sehr unterschiedlichen P-T-Bedingungen vor der Stapelung widerspiegeln, dorthin gelangten.

Durch die Erarbeitung absoluter Werte für Temperaturen und Tiefen, bei denen sich bestimmte Gesteine bildeten, kann der metamorphe Petrologe dazu beitragen, regionale geotektonische Modelle zu belegen und zu testen, abgesehen von dem Beitrag zum Verständnis petrologischer Prozesse selbst. Dies ist eines der Hauptthemen heutiger Metamorphoseuntersuchungen.

Die Kombination von Untersuchungen von Gefügen und Phasengleichgewichten zusammen mit Geochronologie erlaubt es sogar, die metamorphe Entwicklung komplexer metamorpher Gesteine alter metamorpher Gürtel zu entwirren, wenn der ursprüngliche tektonische Zusammenhang nicht mehr gegeben ist. In metamorphen Gürteln wie den Kaledoniden und den Alpen kann eine lange metamorphe Geschichte oft in eine Serie einzelner Ereignisse unterteilt werden, die nacheinander kontinuierlich abliefen oder durch längere Intervalle unterbrochen sein konnten. Aber jedes von ihnen ist charakteristisch für eine Metamorphose in einem unterschiedlichen geotektonischen Milieu.

Zuletzt sei noch ein Punkt deutlich gemacht. Keine geologische Interpretation kann besser sein als die Daten, auf denen sie basiert. Es fehlen immer noch gute experimentelle und thermodynamische Daten als Schlüssel zu vielen metamorphen Systemen. Daher beruhen die meisten geologischen Interpretationen auf nur unzureichend belegten metamorphen Bedingungen, wenn man die Fehler der Daten berücksichtigt. Werden die Unsicherheiten nicht beachtet, können die Interpretationen gänzlich falsch sein.

8 Anhang: SCHREINEMAKERs Methoden zur Konstruktion von Phasendiagrammen

SCHREINEMAKERs Methoden zur Konstruktion von Phasendiagrammen bieten einen im wesentlichen geometrischen Ansatz zur Ermittlung der Zahl und Lage univarianter Kurven, invarianter Punkte und divarianter Felder für ein Gleichgewicht zwischen bestimmten Phasen eines Systems, wozu nur die Kenntnis der Phasenzusammensetzung erforderlich ist. Sie wurden ursprünglich von F.A.H. SCHREINEMAKERS in einer Serie von 29 Artikeln zwischen 1915 und 1925 veröffentlicht. Obwohl sie auf geologische Probleme von einigen früheren Bearbeitern angewendet wurden, wurden sie einem weiten geowissenschaftlichen Publikum erst durch die Veröffentlichungen von NIGGLI (1954), KORZHINSKY (1959) und ZEN (1966) vorgestellt.

Obwohl ursprünglich vor allem zur Vorhersage der Beziehungen zwischen univarianten Kurven in einem PT-Diagramm benützt, können die gleichen Methoden ebenso für jedes andere Phasendiagramm mit intensiven Variablen als Achsen angewendet werden, welche die Gibbssche freie Energie einer Mineralparagenese kontrollieren. All diese Diagramme sind in divariante Felder unterteilt, d.h. Segmente, in denen eine besondere divariante Paragenese stabil ist, begrenzt durch univariante Kurven, an denen die divarianten Paragenesen beider angrenzenden Paragenesen im Gleichgewicht koexistieren können. Üblicherweise verwendete Achsen sind P und T, sowie X_{CO_2} in einer fluiden Phase (wie in T-X_{CO_2}-Diagrammen, Kap. 5), chemische Potentiale fluider Elemente (z.B. μ_{CO_2}, μ_{H_2O}, μ_{SiO_2}) und log f_{O_2}. Der vollständige Satz univarianter Kurven, die sich an einem invarianten Punkt schneiden, wird „**SCHREINEMAKERS-Bündel**" genannt.

8.1 Die Grundlagen: Wie viele Reaktionen kommen in einem System vor?

SCHREINEMAKERs Methoden werden üblicherweise auf ein System angewendet, das eine Phasengruppe definiert, die sich aus K Komponenten zusammensetzen läßt. Für ein System mit K + 2 Phasen folgt nach der Phasenregel, daß alle Phasen an einem invarianten Punkt koexistieren können. Dieser liegt im Schnittpunkt einer Schar univarianter Kurven, an denen K + 1 Phasen im Gleichgewicht zusammen vorkommen können, d.h. entlang jeder univarianten Kurve muß eine Phase fehlen, so daß es für jede der K + 2 Phasen eine univariante Kurve gibt. Nach Übereinkunft können univariante Kurven mit dem Namen der *fehlenden* Phase, in eckige Klammern gesetzt, bezeichnet werden. Für komplexe Reaktionen ist dies offensichtlich einfacher, als die Reaktion voll auszuschreiben.

Ein System mit mehr als K + 2 Phasen wird mehr als einen invarianten Punkt haben, und es wird sich um jeden herum ein Bündel univarianter Kurven befinden. Diese Systeme sind als **Multisysteme** bekannt und werden im weiteren hier nicht weiter behandelt, da sie komplizierter und weniger eindeutig zu interpretiern sind als Systeme mit nur einem invarianten Punkt (für eine Einführung in Multisysteme s. DAY 1972).

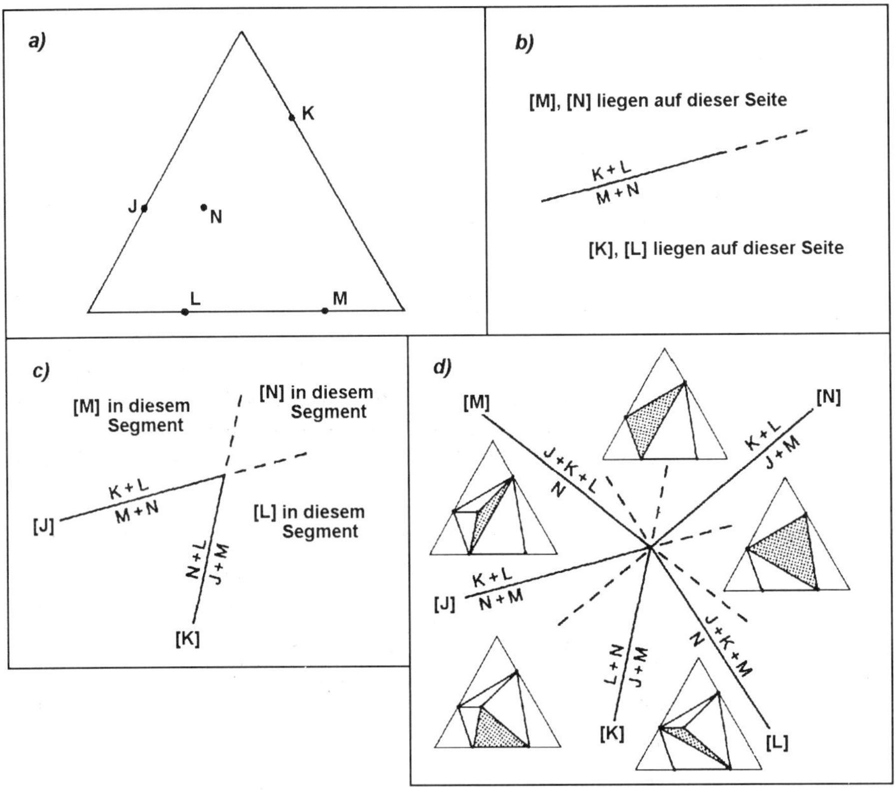

Abb. 8.2 Konstruktion eines Phasendiagramms nach der SCHREINEMAKERS-Methode. **a)** Darstellung der Phasen J bis N im ternären System. **b)** Schritt 1: Kurve [J] und der invariante Punkt wurden willkürlich festgelegt. Zwingende Bedingungen über die Lage der stabilen Anteile der verbleibenden Kurven sind eingetragen. **c)** Schritt 2: Kurve [K] zugefügt zu Kurve [J] zeigt die zusätzlich entstehenden zwingenden Bedingungen. **d)** Das vollständige Diagramm, das die Phasendiagramme enthält, um die entsprechenden Paragenesen in jedem Segment zu zeigen; die einmaligen Paragenesen sind gepunktet.

ten Kurve, bei dem die Phase P fehlt (d.h. Reaktion [P]), muß auf der gegenüberliegenden Seite der anderen univarianten Kurven des Systems liegen, auf der P als Reaktionsprodukt erscheint. Anders ausgedrückt, der metastabile Anteil der Kurve [P] liegt zwischen P-produzierenden Reaktionen.

In Kombination mit der MOREY-SCHREINEMAKERS-Regel läßt dies nur zwei mögliche Lösungen für die Sequenz, in der sich univariante Kurven (und ihre metastabilen Verlängerungen) um den invarianten Punkt herum anordnen. Die Abfolge der Kurven jedoch, die im einen Fall im Uhrzeigersinn um den invarianten Punkt gezählt wird, ist einfach die im Gegenuhrzeigersinn gezählte in der anderen Lösung.

Abb. 8.2 a zeigt z.B. die Bildung von fünf Phasen: J, K, L, M, N, bestehend aus drei Komponenten. Die fünf univarianten Reaktionen zwischen ihnen schreiben sich wie folgt:

K + L = M + N [J]

J + M = N + L [K]

N = J + K + M [L]

N = J + K + L [M]

K + L = J + M [N]

In Abb. 8.2 b wurde die univariante Kurve [J] willkürlich eingezeichnet (es sind keine Achsen angegeben), der invariante Punkt in dem System wurde an das eine Ende gelegt, und die metastabile Verlängerung ist jenseits des invarianten Punktes. Man erkennt, daß der stabile Anteil der univarianten Kurven [K] und [L] auf der einen Seite liegen muß, während [M] und [N] auf der anderen Seite liegen, entsprechend dazu wird [J] beschriftet. Das Hinzufügen der Kurve [K] (Abb. 8.2 c) liefert weitere Beschränkungen der Lage von [L], [M] und [N]. Das vollständige Diagramm zeigt Abb. 8.2 d. Man beachte, daß diese Lösung nur insofern einmalig ist, weil sie die Sequenz vorhersagt, in der die univarianten Kurven und ihre metastabile Verlängerungen um den invarianten Punkt herum zusammentreten. Die Winkel zwischen ihnen, und ob sie im oder gegen den Uhrzeigersinn angeordnet sind, ist willkürlich eingetragen.

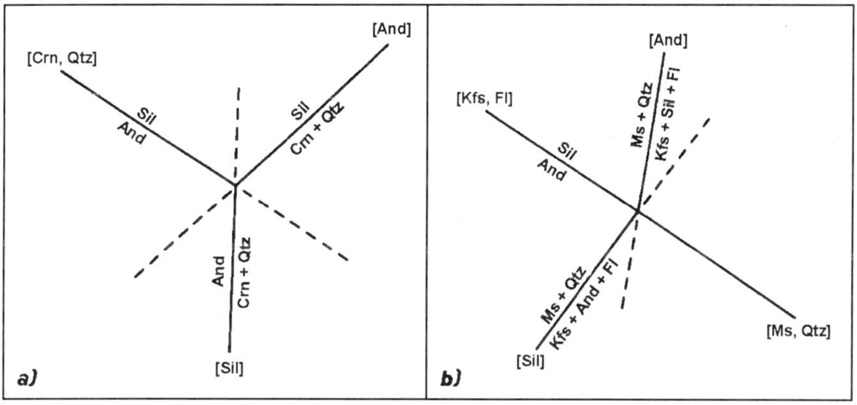

Abb. 8.3 Beispiel für SCHREINEMAKERS-Bündel, die entartete Reaktionen enthalten. **a)** System Korund-Quarz-Andalusit-Sillimanit. Die entartete Reaktion [Crn, Qtz] ist nur auf einer Seite des invarianten Punktes stabil. **b)** System Muskovit-Quarz-Kalifeldspat-Sillimanit-Andalusit-fluide Phase. Die entartete Reaktion [Ms, Qtz, Kfs, Fl] ist auf beiden Seiten des invarianten Punkts stabil.

Die Lage entarteter Reaktionen

Der Weg der Festlegung entarteter Reaktionen folgt logischerweise dem gleichen Prinzip wie für normale Reaktionen, mit der Ausnahme, daß für einige die univariante Kurve beiderseits des invarianten Punktes stabil ist. In dem oben gezeigten Beispiel für das System Korund-Quarz-Andalusit-Sillimanit bedingt die Festlegung der Kurven [And] und [Sil], daß die Kurven [Crn] und [Qtz] im gleichen Sektor erscheinen. Diese stellen natürlich beide die gleiche Reaktion dar, die deshalb in diesem Sektor zu liegen kommt (Abb. 8.3 a).

Im Gegensatz dazu sei das System Kalifeldspat-Muskovit-Quarz-Sillimanit-Andalusit-fluide Phase betrachtet, das sich aus den Komponenten K_2O-SiO_2-Al_2O_3-H_2O zusammensetzt. Die möglichen Reaktionen sind folgende:

Muskovit + Quarz → Sillimanit + Kalifeldspat + fluide Phase	[And]
Muskovit + Quarz → Andalusit + Kalifeldspat + fluide Phase	[Sil]
Andalusit → Sillimanit	[Ms, Kfs, Qtz, Fl]

Nach der Betrachtung der ersten Reaktion wird klar, daß die stabilen Anteile der Reaktionen [Ms] und [Qtz] auf ihrer einen Seite, [Kfs] und [Fl] dagegen auf ihrer anderen Seite liegen. Allerdings sind alle vier Reaktionen ein und dieselbe. Dies bedeutet, daß die univariante Kurve [Ms, Kfs, Qtz, Fl] auf beiden Seiten des invarianten Punktes stabil ist, so daß das eine Ende [Ms, Qtz], das andere [Kfs, Fl] benannt wird. Dies wurde in Abb. 8.3 b getan.

8.5 Anordnung des SCHREINEMAKERS-Bündels unter Berücksichtigung intensiver Variablen

Obwohl die Anwendung der SCHREINEMAKERS-Regel eine rein geometrische Übung ist, ist es sichtlich wünschenswert, die Kurven relativ zu P, T oder anderen Parametern zu lokalisieren. Im Fall mit P und T als gewünschte Achsen, falls Paragenesen mit kleineren Volumina durch steigende Drücke stabilisiert werden, ist es gewöhnlich möglich zu entscheiden, welche die Hochdruckseite einer jeden Kurve ist. Angaben für Molarvolumina von Feststoffen werden von ROBIE, HEMINGWAY & FISHER (1978) und HELGESON et al. (1978) angegeben, die für Wasser von BURNHAM, HOLLOWAY & DAVIS (1969). Da das Molarvolumen von Wasser variabel ist, ist die Wahl eines Wertes für einen ungefähren P-T-Bereich von Bedeutung. In ähnlicher Weise stabilisieren hohe Temperaturen Paragenesen mit höherer Entropie (die Werte sind in den gleichen Quellen enthalten, aber es ist Vorsicht geboten, die Konsistenz der Einheiten sicherzustellen und auf die Art der Entropiemessung zu achten, wenn mehr als ein Wert benötigt wird). Als Faustregel gilt, Entwässerungsreaktionen laufen normalerweise mit steigenden Temperaturen ab.

Ist eine oder beide der Achsen ein Parameter wie X_{CO_2}, f_{O_2} oder das chemische Potential einer besonderen Komponente, dann wird die betreffende fluide Komponente durch Reaktion freigesetzt, wenn ihre Konzentration, Fugazität oder chemisches Potential abnimmt. In Kap. 5 sahen wir, daß beim Abbau von Calcit + Quarz bei geringen Werten für X_{CO_2} CO_2 freigesetzt wird, wenn Druck und Temperatur konstant sind (Abb. 5.2).

9 Literatur

ABRAHAM, K. & SCHREYER, W. (1976): A talc-phengite assemblage in piemontite schist from Brezovica, Servia, Yugoslavia. - Journal of Petrology **17**: 421-439.

AGUIRRE, L. & OFFLER, R. (1985): Burial metamorphism in the western Peruvian Trough: Its relation to Andean magmatism and tectonics. - In: W.S. Pitcher, M.P. Atherton, E.J. Cobbing & R.D. Beckinsale (Hrsg.) Magmatism at a Plate Edge: The Peruvian Andes. - Glasgow (Blackie), 59-71.

ALBEE, A.L. (1965): Distribution of Fe, Mg and Mn between garnet and biotite in natural mineral assemblages. - Journal of Geology **73**: 155-164.

ANOVITZ, L.M. & ESSENE, E.J. (1987): Phase equilibria in the system $CaCO_3$-$MgCO_3$-$FeCO_3$. - Journal of Petrology **28**: 389-414.

ATHERTON, M.P. (1977): The metamorphism of the Delradian rocks of Scotland. - Scottish Journal of Geology **13**: 331-370.

ATHERTON, M.P. & EDMONDS, W.M. (1966): An electron microprobe study of some zoned garnets from metamorphic rocks. - Earth and Planetary Science Letters **1**: 185-193.

BANNO, S. (1964): Petrologic studies on Sanbagawa crystalline schists in the Bessi-Ino district, central Shikoku, Japan. - Journal of Faculty of Science University Tokyo, Sect. 2. **15**: 203-319.

BANNO, S. (1986): The high pressure metamorphic belts in Japan: a review. - Geological Society of America Memoir **164**: 365-374.

BANNO, S., SAKAI, C. & HIGASHINO, T. (1986): Pressure-temperature trajectory of the Sanbagawa metamorphism deduced from garnet zoning. - Lithos **19**: 51-63.

BARBER, J.P. & YARDLEY, B.W.D. (1985): Conditions of high grade metamorphism in the Dalradian of Connemara, Ireland. - Journal of the Geological Society, London **142**: 87-96.

BARNICOAT, A. (1983): Metamorphism of the Scourian complex, N.W. Scotland. - Journal of Metamorphic Geology **1**: 163-182.

BARROS, L.A. (1960): A ilha do Principe e a „Linha dos Camarôes“. - Mem. Junta Investig. do Ultramar, **17**.

BARROW, G. (1893): On an intrusion of muscovite biotite gneiss in the S.E. Highlands of Scotland and its accomponying metamorphism. - Quarterly Journal of the Geological Society, London **49**: 330-358.

BARROW, G. (1912): On the geology of lower Deeside and the southern highland border. - Proceedings of the Geologists' Association **23**: 268-284.

BEACH, A. (1973): The mineralogy of high temperature share zones at Scourie, N.W. Scotland. - Journal of Petrology **14**: 231-284.

BEARTH, P. (1959): Über Eklogite, Glaukophanschiefer und metamorphe Pillowlaven. - Schweizerische Mineralogische und Petrologische Mitteilungen **39**: 267-286.

BELL, T.H. (1985): Deformation partitioning and porphyroblast rotation in metamorphic rocks: a radical reinterpretation. - Journal of Metamorphic Geology **3**: 109-118.

BINNS, R.A. (1962): Metamorphic pyroxenes from the Broken Hill district, New South Wales. - Mineralogical Magazine **33**: 320-338.

BINNS, R.A. (1965 a, b): The mineralogy of metamorphosed basic rocks from the Willyama complex, Broken Hill district, New South Wales. - Mineralogical Magazine **35**: 306-326; 561-587.

BLACK, P.M. (1974): Oxygen isotopic study of metamorphic rocks from the Ouegoa district. - Contributions to Mineralogy and Petrology **49**: 269-284.

BLACK, P.M. (1977): Regional high pressure metamorphism in New Caledonia: phase equilibria in the Ouegoa district. - Tectonophysics **43**: 89-107.

BOHLEN, S.R., WALL, V.J. & BOETTCHER, A.L. (1983 a): Experimental investigations and geological applications of equilibria in the system FeO-TiO_2-Al_2O_3-SiO_2-H_2O. - American Mineralogist **68**: 1049-1058.

BOHLEN, S.R., WALL, V.J. & BOETTCHER, A.L. (1983 b): Geobarometry in granulites. - In: S.K. Saxena (Hrsg.) Advances in Physical Geochemistry, **3**. - New York (Springer), 141-171.

BOLES, J.R. & COOMBS, D.S. (1975): Mineral reactions in zeolitic Triassic tuff, Hokonui Hills, New Zealand. - Geological Society of America Bulletin, **86**, 163-173.

BOUCHEZ, J.L. & PECHER, A. (1981): The Himalayan main central thrust pile and its quartz-rich tectonites in Central Nepal. - Tectonophysics **78**: 23-50.
BOWEN, N.L. (1940): Progressive metamorphism of siliceous limestones and dolomite. - Journal of Geology **48**: 225-274.
BOWERS, T.S. & HELGESON, H.C. (1983): Calculation of the thermodynamic and geochemical consequences of nonideal mixing in the system H_2O-CO_2-NaCl on phase relations in geologic systems: metamorphic equilibria at high pressure and temperature. - American Mineralogist **68**: 1059-1075.
BRODIE, K.H. & RUTTER, E.H. (1985): On the relationship between deformation and metamorphism with reference to the behaviour of basic rocks. In: A.B. Thompson & D.C. Rubie (Hrsg.) Advances in Physical Geochemistry, Vol.4. New York (Springer), 138-179.
BROTHERS, R.N. & YOKOYAMA, K. (1982): Comparison of high pressure schist belts of New Caledonia and Sanbagawa, Japan. - Contributions to Mineralogy and Petrology **79**: 219-229.
BROWN, E.H. (1974): Comparison of the mineralogy and phase relations of blueschits from the North Cascades, Washington and greenschists from Otago, New Zealand. - .Geological Society of America Bulletin **85**: 333-344.
BROWN, E.H. (1977): The crossite content of Ca-amphibole as a guide to pressure of metamorphism. - Journal of Petrology **18**: 53-72.
BROWN, E.H. (1986): Geology of the Shuksan suite, North Cascades, Washington, USA. - Geological Society of America Memoir **164**: 143-154.
BROWN, G.C. & MUSSETT, A.E. (1981): The Inaccessible Earth. - London (George Allen & Unwin).
BROWN, W.H., FYFE, W.S. & TURNER, F.J. (1962): Aragonite in California glaucophane schists, and the kinetics of the aragonite-calcite transition. - Journal of Petrology **3**: 566-582.
BRYHNI, I., GREEN, D.H., HEIER, K.S. & FYFE, W.S. (1970): On the occurrence of eclogite in western Norway. - Contributions to Mineralogy and Petrology **26**: 12-19.
BRYHNI, I., KROGH, E.J. & GRIFFIN, W.L. (1977): Crustal derivation of Norwegian eclogites: a review. - Neues Jahrbuch für Mineralogie Abhandlungen **130**: 49-68.
BUDDINGTON, A.F. (1952): Chemical petrology of some metamorphosed Adirondack gabbroic, syenitic and quartz-syenitic rocks. - American Journal of Science, Bowen volume, 37-84.
BURG, J.P. & CHEN, G.M. (1984): Tectonics and structural zonation of southern Tibet, China. - Nature **311**: 219-223.
BURNHAM, C.W., HOLLOWAY, J.R. & DAVIS, N.F. (1969): Thermodynamic properties of water to 1000 °C and 10,000 bars. - Geological Society of America Special Publication **132**.
BURNS, R.G. (1970): Mineralogical Applications of Crystal Field Theory. - Cambridge (Cambridge University Press).
CANN, J.R. (1969): Spilites from the Carlsberg Ridge, Indian Ocean. - Journal of Petrology **10**: 1-19.
CARLSON, W.D. & ROSENFELD, J.L. (1981): Optical determination of topotactic aragonite-calcite growth kinetics: metamorphic implications. - Journal of Geology **89**: 615-638.
CARMICHAEL, D.M. (1970): Intersecting isograds in the Whetstone Lake area, Ontario. - Journal of Petrology **11**: 147-181.
CARMICHAEL, D.M. (1978): Metamorphic bathozones and bathograds: a measure of the depth of post-metamorphic uplift and erosion on a regional scale. - American Journal of Science **278**: 769-797.
CARTER, N.L. (1976): Steady state flow of rocks. - Rewiews of Geophysics and Space Physics **14**: 301-360.
CHATTERJEE, N.D. (1972): The upper stability limit of the assemblage paragonite + quartz and its natural occurrences. - Contributions to Mineralogy and Petrology **34**: 288-303.
CHATTERJEE, N.D. & JOHANNES, W. (1974): Thermal stability and standard thermodynamic properties of synthetic $2M_1$-muscovite $KAl_2[AlSi_2O_{10}](OH)_2$. - Contributions to Mineralogy and Petrology **48**: 89-114.
CHINNER, G.A. (1961): The origin of sillimanite in Glen Clova, Angus. - Journal of Petrology **2**: 312-323.
CHINNER, G.A. (1965): The kyanite isograd in Glen Clova, Angus. - Mineralogical Magazine **34**: 132-143.
CHINNER, G.A. (1967): Chloritoid and the isochemical character of Barrow's zone. - Journal of Petrology **8**: 268-282.
CHOPIN, C. (1981): Talc-phengite: a widespread assemblage in high-grade pelitic blueschists of the western Alps. - Journal of Petrology **22**: 628-650.

CHOPIN, C. (1984): Coesite and pure pyrope in high-grade blueschists of the western Alps: a first record and some consequences. - Contributions to Mineralogy and Petrology **86**: 107-118.

CHOPIN, C. (1987): Very-high-pressure metamorphism in the western Alps: implication for subduction of continental crust. - Philosophical Transactions of the Royal Society, London **A321**: 183-195.

CHOPIN, C. & SCHREYER, W. (1983): Magnesiocarpholite and magnesiochloritoid: two index minerals of pelitic blueschists and their preliminary phase relations in the model system $MgO-Al_2O_3-SiO_2-H_2O$. - American Journal of Science **283A**: 72-96.

CLARC, S.P. & RINGWOOD, A.E. (1964): Density distribution and constitution on the mantle. - Reviews of Geophysics and Space Physics **2**: 35-88.

CLAYTON, R.N. (1981): Isotopic thermometry. - In: R.C. Newton, A. Navrotsky & B.J. Wood (Hrsg.) Advances in Physical Geochemistry, **1**. - New-York (Springer), 85-110.

CLEMENS, J.D. (1984): Water contents of silicic to intermediate magmas. - Lithos **17**: 273-288.

CLIFF, R.A. (1985): Isotopic dating in metamorphic belts. - Journal of the Geological Society, London **142**: 97-110.

CLOOS, M. (1982): Flow mélanges: numerical modelling and geologic constraints on their origin in the Franciscan subduction complex, California. - Geological Society of America Bulletin **93**: 330-345.

CLOWES, R.M., BRANDON, M.T., GREEN, A.G., YORATH, C.J., SUTHERLAND-BROWN, A., KANASEWITCH, E.R. & SPENCER, C. (1987): LITHOPROBE-southern Vancouver Island: Cenozoic subduction complex imaged by deep seismic reflections. - Canadian Journal of Earth Science **24**: 31-51.

COE, R.S. (1970): The thermodynamic effect of shear stress on the ortho-clino inversion in enstatite and other phase transitions characterised by a finite simple shear. - Contributions to Mineralogy and Petrology **26**: 247-264.

COLEMAN, R.G., LEE, D.E., BEATTY, L.B. & BRANNOCK, W.W. (1965:) Eclogites and eclogites: their differences and their similarities. - Geological Society of America Bulletin **76**: 483-508.

COMPAGNONI, R. (1977): The Sesia-Lanzo zone: high pressure, low temperature metamorphism in the Austroalpine continental margin. - Rendiconti Societa Italiana di Mineralogia e Petrologia **33**: 335-374.

COMPAGNONI, R., DAL PIAZ, G.V., HUNZIKER, J.C., GOSSO, G., LOMBARDO, B. & WILLIAMS, P.F. (1977): The Sesia-Lanzo zone, a slice of continental crust with alpine high pressure-low temperature assemblages in the western Italian Alps. - Rendiconti Societa Italiana di Mineralogia e Petrologia **33**: 123-176.

COMPAGNONI, R. & MAFFEO, B. (1973): Jadeite-bearing metagranites and related rocks in the Mount Mucrone area (Sesia-Lanzo zone, western Alps). - Schweizerische Mineralogische und Petrographische Mitteilungen **53**: 355-382.

COOMBS, D.S. (1954): The nature and alteration of some Triassic sediments from Southland, New Zealand. - Transactions of the Royal Society of New Zealand **82**: 65-109.

COOMBS, D.S., ELLIS, A.J., FYFE, W.S. & TAYLOR, A.M. (1959): The zeolite facies, with comments on the interpretation of hydrothermal syntheses. - Geochimica et Cosmochimica Acta **17**: 53-107.

COOPER, A.F. (1972): Progressive metamorphism of metabasic rocks from the Haast Schist group of southern New Zealand. - Journal of Petrology **13**: 457-492.

CORLISS, J.B., DYMOND, J., GORDON, L.M., von HERZEN, R.D., BALLARD, R.D., GREEN, K., WILLIAMS, D., BAINBRIDGE, A., CRANE, K. & VON ANDEL, G.H. (1979): Exploration of submarine thermal springs on the Galapagos rift. - Science **203**: 1073-1083.

CORRENS, C.W. (1949): Growth and dissolution of crystals under linear pressure. - Discussions of the Faraday Society **5**: 267-271.

COWAN, D.S. & SILLING, R.M. (1978): A dynamic, scaled model of accretion at trenches and its implications for the tectonic evolution of subduction complexes. - Journal of Geophysical Research **83**: 5389-5396.

CRAWFORD, M.L. (1966): Composition of plagioclase and associated minerals in some schists from Vermont, USA and South Westland, New Zealand, with inferences about the peristerite solvus. - Contributions to Mineralogy and Petrology **13**: 269-294.

CURTIS, C.D. (1985): Clay mineral precipitation and transformation during burial diagenesis. - Philosophical Transactions of the Royal Society, London **A315**: 91-105.

DAL PIAZ, G.V. & LOMBARDO, B. (1986): Early alpine eclogite metamorphism in the Peninic Monte Rosa-Gran Paradiso Basement nappes of the northwestern Alps. - Geological Society of America Memoir **164**: 249-269.

KRETZ, R. (1973): Kinetics of the crystallisation of garnet at two localities near Yellowknife. - Canadian Mineralogist **12**: 1-20.
KRETZ, R. (1983): Symbols for rock-forming minerals.- American Mineralogist, **68**, 277-279.
KRIDELBAUGH, S.J. (1973): The kinetics of reaction calcite + quartz = wollastonite + carbon dioxide at elevated temperatures and pressures. - American Journal of Science **273**: 757-777.
KROGH, E.J. (1977): Evidence for a Precambrian continent-continent collision in western Norway. - Nature **267**: 17-19.
KROGH, E.J. (1980): Compatible P-T conditions for eclogites and surrounding gneisses in the Kristiansund area, western Norway. - Contributions to Mineralogy and Petrology **75**: 387-393.
LAIRD, J. & ALBEE, A.L. (1981): Pressure, temperature, and time indicators in mafic schist: their application to reconstructing the polymetamorphic history of Vermont. . American Journal of Science **281**: 127-175.
LANDIS, C.A. & COOMBS, D.S. (1967): Metamorphic belts and orogenesis in southern New Zealand. - Tectonophysics **4**: 501-518.
LAPPIN, M.A. & SMITH, D.C. (1978): Mantle equilibrated orthopyroxene eclogite pods from the basal gneisses in the Selje district, western Norway. - Journal of Petrology **9**: 530-584.
LASAGA, A.C. (1986): Metamorphic reaction rate laws and development of isograds. - Mineralogical Magazine **50**: 359-373.
LEAKE, B.E. (1964): The chemical distinction between ortho- and para-amphibolite. - Journal of Petrology **5**: 238-254.
LEGGETT, J.K., MCKERROW, W.S., MORRIS, J.H., OLIVER, G.J.H. & PHILLIPS, W.E.A. (1979): The north-western margin of the Iapetus Ocean. In: A.L. Harris, C.H. Holland & B.E. Leake (Hrsg.) The Caledonides of the British Isles - Reviewed. - London (The Geological Society), 499-511.
LE PICHON, X. (1983): Land-locked ocean basins and continental collision: the eastern Mediterranean as a case example. - In: K.J. Hsu (Hrsg.) Mountain Building Processes. London (Academic Press), 201-212.
LINDSEY, D.H. (1983): Pyroxene thermometry. - American Mineralogist **65**: 477-493.
LIOU, J.G. (1971 a): Synthesis and stability relations of prehnite, $Ca_3Al_2Si_3O_{10}(OH)_2$. - American Mineralogist **56**: 507-531.
LIOU, J.G. (1971 b): P-T stabilities of laumontite, wairakite, lawsonite and related minerals in the system $CaAl_2Si_2O_8$-SiO_2-H_2O. - Journal of Petrology **12**: 379-411.
LIOU, J.G., MARUYAMA, S. & CHO, M. (1987): Very low-grade metamorphism of volcanic and volcanoclastic rocks - mineral assemblages and mineral facies. - In: M. Frey (Hrsg.) Low Temperature Metamorphism. - Glasgow (Blackie), 59-113.
LOOMIS, T.P. (1983): Compositional zoning of crystals: a record of growth and reaction history. In: S.K. Saxena (Hrsg.) - Advances in Physical Geochemistry **3**, New York (Springer), 1-60.
LUTH, W.D., JAHNS, R.H. & TUTTLE, O.F. (1964): The granite system at pressures of 4 to 10 kilobars. - Journal of Geophysical Research **69**: 659-773.
MARESCH, W.V. (1977): Experimetal studies of glaucophane: an analysis of present knowledge. - Tectonophysics **43**: 109-125.
MARTIGNOLE, J. & SISI, J.-C. (1981): Cordierite-garnet-H_2O equilibrium: a geological thermometer, barometer and water fugacity indicator. - Contributions to Mineralogy and Petrology **77**: 38-46.
MASSONNE, H.-J., MIRWALD, P.W. & SCHREYER, W. (1981): Experimentelle Überprüfung der Reaktionskurve Chlorit + Quarz = Talk + Disthen im System MgO-Al_2O_3-SiO_2-H_2O. - Fortschritte für Mineralogie **59**: 122-123.
MATHER, J.D. (1970): The biotite isograd and the lower greenschist facies in the Dalradian rocks of Scotland. - Journal of Petrology **11**: 253-275.
MATTHEWS, A. & SCHLIESTEDT, M. (1984): Evolution of the blueschist and greenschist facies rocks of Sifnos, Cyclades, Greece. A stable isotope study of subduction-related metamorphism. - Contributions to Mineralogy and Petrology **88**: 150-168.
MCKENZIE, D.P. (1978): Some remarks on the development of sedimentary basins. - Earth and Planetary Science letters **40**: 25-32.
MEHNERT, K.R. (1968): Migmatites and the Origin of Granitic Rocks. - Amsterdam (Elsevier).
MILLER, C. (1974): On the metamorphism of the eclogites and high grade blueschists from the Penine terrane of the Tauern Window. - Schweizerische Mineralogische und Petrographische Mitteilungen **54**: 371-384.
MISCH, P.M. (1964): Stable association wollastonite-anorthite and other calc-silicate assemblages in amphibolite-facies crystalline schists of Nanga Parbat, northwest Himalayas. - Beiträge zur Mineralogie und Petrographie (später Contributions to Mineralogy and Petrology) **10**: 315-356.

Misch, P.M. & Rice, J.M. (1975): Miscibility of tremolite and hornblende in progressive Skagit metamorphic suite, North Cascades Washington. - Journal of Petrology **16**: 1-21.

Miyashiro, A. (1961): Evolution of metamorphic belts. - Journal of Petrology **2**: 277-311.

Miyashiro, A. (1964): Oxydation and reduction in the earth's crust, with special reference to the role of graphite. - Geochimica et Cosmochimica Acta **28**: 717-729.

Miyashiro, A. (1972): Pressure and temperature conditions and tectonic significance of regional and ocean floor metamorphism. - Tectonophysics **13**: 141-159.

Miyashiro, A. (1973): Metamorphism and Metamorphic Belts. - London (George Allen & Unwin).

Miyashiro, A., Aki, K. & Celas Sengor, A.M. (1979): Orogeny. - New York (John Wiley).

Mørk, M.B. (1986): Coronite and eclogite formation in olivine gabbro (western Norway): reaction paths and garnet zoning. - Mineralogical Magazine **50**: 417-426.

Mottl, M.J. (1983): Metabasalts, axial hot springs and the structure of hydrothermal systems at mid-ocean ridges. - Geological Society of America Bulletin **94**: 161-180.

Muffler, L.J.P. & White, D.E. (1969): Active metamorphism of Upper Cenozoic sediments in the Salton Sea geothermal field and the Salton trough, southeastern California. - Geological Society of America Bulletin **80**: 157-182.

Myers, J. & Eugster, H.H. (1983): The system Fe-Si-O: Oxygen buffer calibrations to 1500 K. - Contributions to Mineralogy and Petrology **82**: 75-90.

Naylor, R.S. (1971): Acadian orogeny: an abrupt and brief event. - Science **172**: 558-560.

Newton, R.C. (1983): Geobarometry of high grade metamorphic rocks. - American Journal of Science **283-A**: 1-28.

Newton, R.C. (1986): Metamorphic temperatures and pressures of Group B and C eclogites. - Geological society of America Memoir **164**: 17-30.

Newton, R.C. & Hasleton, H.T. (1981): Thermodynamics of garnet-plagioclase-Al_2SiO_5-quartz geobarometer. - In: R.C. Newton, A. Navrotsky & B.J. Wood (Hrsg.) Thermodynamics of Minerals and Melts. New York (Springer), 131-148.

Newton, R.C. & Kennedy, G.C. (1963): Some equilibrium reactions in the join $CaAl_2Si_2O_8$-H_2O. - Journal of Geophysical Research **68**: 2967-2983.

New Zealand Geological Survey (1972): South Island - Geological Map of New Zealand 1:10 000. - 1. Aufl. DSIR, Wellington.

Niggli, P. (1954): Rocks and mineral deposits. - San Francisco (W.H. Freeman & Sons).

Nitsch, K-H. (1971): Stabilitätsbeziehungen von Prehnit- und Pumpellyit-haltigen Paragenesen. - Contributions to Mineralogy and Petrology **30**: 240-260.

Norris, R.J. & Henley, R.W. (1976): Dewatering of a metamorphic pile. - Geology **4**: 333-336.

Norton, D. & Knight, J. (1977): Transport phenomena in hydrothermal systems: cooling plutons. - American Journal of Science **277**: 937-981.

O'Hara, M.J. (1961): Zoned ultrabasic and basic gneiss masses in the early Lewisian metamorphic complex at Scourie, Southerland. - Journal of Petrology **2**: 248-276.

O'Hara, M.J. & Yarwood, G. (1978): High pressure-temperature point on an Archaean geotherm. - Philosophical Transactions Royal Society, London **A288**: 441-456.

Ohta, Y., Hirajima, T. & Hiroi, Y. (1986): Caledonean high-pressure metamorphism in central western Spitzbergen. - Geological Society of America Memoir **164**: 205-216.

Okrusch, M., Seidel, E. & Davis, E. (1978): the assemblage jadeite-quartz in the glaucophane rocks of Sifnos (Cyclades Archipeligo, Greece). - Neues Jahrbuch für Mineralogie Abhandlungen **132**: 284-308.

Oliver, G.J.H. (1978): Prehnite-pumpellyite facies metamorphism in County Cavan, Ireland. - Nature **274**: 242-243.

Olsen, S.N. (1984): Mass-balance and mass-transfer in migmatites from the Colorado Front Range. - Contributions to Mineralogy and Petrology **85**: 30-44.

O'Neil, J.R. & Ghent, E.D. (1975): Stable isotope study of coexisting metamorphic minerals from the Esplanade Range, British Columbia. - Geological Society of America Bulletin **86**: 1708-1712.

Orville, P.M. (1969): A model for metamorphic diffrentiation origin of thin layered amphibolites. - American Journal of Science **267**: 64-68.

Oxburgh, E.R. (1974): The plain man's guide to Plate Tectonics. Processings of the Geologists' Association **85**: 299-358.

WICKHAM, S.M. & OXBURGH, E.R. (1985): Continental rifts as a setting for regional metamorphism. - Nature **318**: 330-333.
WICKHAM, S.M. & OXBURGH, E.R. (1987): Low-pressure regional metamorphism in the Pyrénées and its implications for the thermal evolution of rifted continental crust. - Philosophical Transactions of the Royal Society, London **A321**: 219-241.
WILLIAMS, H. & SMYTH, W.R. (1973): Metamorphic aureoles beneath ophiolite suites and peridotites: tectonic implications with west Newfoundland examples. - American Journal of Science **273**: 594-621.
WINKLER, H.G.F. (1976): Petrogenesis of Metamorphic Rocks. 4. Aufl. - New York (Springer).
WISEMAN, J.D.H. (1934): The central and south-west Highland epidiorites: a study in progressive metamorphism. - Quarterly Journal of the Geological Society, London **90**: 354-417.
WOOD, B.J. & BANNO, S. (1973): Garnet-orthopyroxene and orthopyroxene-clinopyroxene relationships in simple and complex systems. - Contributions to Mineralogy and Petrology **42**: 109-124.
WOOD, B.J. & WALTHER, J.V. (1984): Rates of hydrothermal reactions. - Science **222**: 413-415.
WRIGHT, T.O. & PLATT, L.B. (1982): Pressure dissolution and cleavage in the Martinsburg shale. - American Journal of Science **282**: 122-135.
WYLLIE, P.J. (1962): The effect of 'impure' pore fluids on metamorphic dissociation reactions. - Mineralogical Magazine **33**: 9-25.
YARDLEY, B.W.D. (1977 a): An empirical study of diffusion in garnet. - American Mineralogist **62**: 793-800.
YARDLEY, B.W.D. (1977 b): The nature and significance of the mechanism of sillimanite growth in the Connemara Schists, Ireland. - Contributions to Minralogy and Petrology **65**: 53-58.
YARDLEY, B.W.D. (1981 a): Effect of cooling on the water content and mechanical behaviour of metamorphosed rocks. - Geology **9**: 405-408.
YARDLEY, B.W.D. (1981 b): A note on the composition and stability of Fe-staurolite. - Neues Jahrbuch für Mineralogie Monatshefte **1981**: 127-132.
YARDLEY, B.W.D. (1982): The early metamorphic history of the Haast Schists and related rocks of New Zealand. - Contributions to Mineralogy and Petrology **81**: 317-327.
YARDLEY, B.W.D. (1986): Fluid migration and veining in the Connemara Schists, Ireland. - In: J.V. Walther & B.J. Wood (Hrsg.) Advances in Physical Geochemistry **5**. - New York (Springer), 109-131.
YARDLEY, B.W.D., BARBER, J.P. & GRAY, J.R. (1987): The metamorphism of the Dalradian rocks of western Ireland and its relation to tectonic setting. - Philosophical Transactions of the Royal Society, London **A321**: 243-268.
YARDLEY, B.W.D., LEAKE, B.E. & FARROW, C.M. (1980): The metamorphism of Fe-rich pelites from Connemara, Ireland. - Journal of Petrology **21**: 365-399.
YODER, H.S. & TILLEY, C.E. (1962): Origin of basalt magmas: an experimental study of natural and synthetic rock systems. - Journal of Petrology **3**: 342-352.
ZEN, E-an. (1961): The zeolite facies: an interpretation. - American Journal of Science **259**: 401-409.
ZEN, E-an. (1966): Construction of pressure-temperature diagrams for multi-component systems after the method of Schreinemakers - a geometrical approach. - US Geological Survey Bulletin **1225**.
ZWART, H.J. (1962): On the determination of polymetamorphic mineral associations, and its application to the Bosost area (central Pyrénées). - Geologische Rundschau **52**: 38-65.
ZWART, H.J. (1967): The duality of orogenic belts. - Geologie en Mijnbouw **46**: 283-309.

10 Mineralnamen und Abkürzungen

Mineralname	Abkürzung	Chemische Formel
Adular		s. Feldspat
Ägirin		s. Pyroxen
Aktinolith	Act	s. Amphibol
Albit	Ab	s. Feldspat
Almandin	Alm	s. Granat
Alumosilikat	Als	Al_2SiO_5
Amphibol-Gruppe:		
Klinoamphibole		
Aktinolith	Act	$Ca_2(Mg,Fe^{2+})_5Si_8O_{22}(OH)_2$
Barroisit		$CaNa(Mg,Fe^{2+})_3(Al,Fe^{3+})_2AlSi_7O_{22}(OH)_2$
Crossit		$Na_2(Mg,Fe^{2+})_3(Al,Fe^{3+})_2Si_8O_{22}(OH)_2$
Cummingtonit	Cum	$(Mg,Fe^{2+})_7Si_8O_{22}(OH)_2$
Glaukophan	Gln	$Na_2(Mg,Fe^{2+})_3Al_2Si_8O_{22}(OH)_2$
Hornblende	Hbl	$Na_{0-1}Ca_2(Mg,Fe^{2+},Fe^{3+},Al)_5Al_{2-1}Si_{6-7}O_{22}(OH)_{22}$
Tremolit	Tr	$Ca_2Mg_5Si_8O_{22}(OH)$
Orthoamphibole		
Anthophyllit	Ath	$(Mg,Fe^{2+})_7Si_8O_{22}(OH)_2$
Gedrit	Ged	$(Mg,Fe^{2+})_5Al_4Si_6O_{22}(OH)_2$
Analcim	Anl	s. Zeolith
Anatas		TiO_2
Andalusit	And	Al_2SiO_5
Andradit		s. Granat
Ankerit		$Ca(Mg,Fe,Mn)(CO_3)_2$
Anorthit	An	s. Feldspat
Antigorit	Atg	s. Serpentin
Apatit		$Ca_5(PO_4)_3(OH,F,Cl)$
Aragonit	Arg	$CaCO_3$
Augit		s. Pyroxen
Barroisit		s. Amphibol
Biotit	Bt	s. Glimmer
Calcit	Cal	$CaCO_3$
Chlorit	Chl	$(Mg,Fe^{2+},Al)_{12}(Si,Al)_8O_{20}(OH)_{16}$
Chloritoid	Cld	$(Fe^{2+},Mg)_2Al_4Si_2O_{10}(OH)_4$
Chrysotil		s. Serpentin
Coesit		SiO_2
Cordierit	Crd	$(Mg,Fe^{2+})_2Al_4Si_5O_{18}$
Crossit		s. Amphibol
Cummingtonit	Cum	s. Amphibol
Diopsid	Di	s. Pyroxen
Disthen	Ky	Al_2SiO_5
Dolomit	Dol	$CaMg(CO_3)_2$
Enstatit	En	s. Pyroxen

Mineralname	Abkürzung	Chemische Formel
Epidot-Gruppe:		
Epidot	Ep	$Ca_2Fe^{3+}Al_2Si_3O_{12}(OH)$
Klinozoisit	Czo	$Ca_2Al_3Si_3O_{12}(OH)$
Fayalit		s. Olivin
Feldspat-Gruppe:		
Adular		$(Na,K)AlSi_3O_8$
Albit	Ab	$NaAlSi_3O_8$
Anorthit	An	$CaAl_2Si_2O_8$
Kalifeldspat	Kfs	$KAlSi_3O_8$
Orthoklas	Or	$KAlSi_3O_8$
Plagioklas	Pl	$(Ca,Na)Al(Si)Si_2O_8$
Forsterit	Fo	s. Olivin
Gedrit	Ged	s. Amphibol
Glaukophan	Gln	s. Amphibol
Glimmer-Gruppe:		
Biotit	Bt	$K_2(Mg.Fe^{2+},Fe^{3+}Al)_6Al_{2-3}Si_{6-5}O_{20}(OH)_4$
Margarit		$Ca_2Al_8Si_4O_{20}(OH)_4$
Muskovit	Ms	$K_2Al_6Si_6O_{20}(OH)_4$
Paragonit	Pg	$Na_2Al_6Si_6O_{20}(OH)_4$
Phengit		$K_2(Mg,Fe^{2+})_{0-2}Al_{6-4}Si_6O_{20}(OH)_4$
Phlogopit		$K_2Mg_6Al_2Si_6O_{20}(OH)_4$
Serizit		(feiner Phengit+Paragonit+andere Schichtsilikate)
Graphit		C
Grossular	Grs	s. Granat
Granat-Gruppe:	Grt	
Almandin	Alm	$Fe_3Al_2Si_3O_{12}$
Andradit		$Ca_3Fe^{3+}{}_2Si_3O_{12}$
Grossular	Grs	$Ca_3Al_2Si_3O_{12}$
Pyrop	Prp	$Mg_3Al_2Si_3O_{12}$
Spessartin		$Mn_3Al_2Si_3O_{12}$
Hämatit		Fe_2O_3
Heulandit		s. Zeolith
Hornblende	Hbl	s. Amphibol
Hypersthen		s. Pyroxen
Illit		s. Tonminerale
Ilmenit	Ilm	$FeTiO_3$
Jadeit	Jd	s. Pyroxen
Kalifeldspat	Kfs	s. Feldspat
Kaolinit		s. Tonminerale
Karpholith	Cp	$(Mn,Mg,Fe^{2+})(Al,Fe^{3+})_2Si_2O_6(OH)_4$
Klinopyroxen	Cpx	s. Pyroxen
Klinozoisit		s. Epidot
Korund	Crn	Al_2O_3
Kyanit	Ky	s. Disthen
Larnit		Ca_2SiO_4
Laumontit	Lmt	s. Zeolith
Lawsonit	Lws	$CaAl_2Si_2O_7(OH)_2 \cdot H_2O$

Mineralname	Abkürzung	Chemische Formel
Magnetit		Fe_3O_4
Margarit		s. Glimmer
Mesolit		s. Zeolith
Mordenit		s. Zeolith
Montmorillonit		s. Tonminerale
Muskovit	Ms	s. Glimmer
Natronit		s. Tonminerale
Olivin-Gruppe:	Ol	
Fayalit		Fe_2SiO_4
Forsterit	Fo	Mg_2SiO_4
Omphazit	Omp	s. Pyroxen
Orthopyroxen	Opx	s. Pyroxen
Paragonit	Pg	s. Glimmer
Phengit		s. Glimmer
Phlogopit		s. Glimmer
Plagioklas	Pl	s. Feldspat
Prehnit	Prh	$Ca_2Al_2Si_3O_{10}(OH)_2$
Pumpellyit	Pmp	$Ca_4(Mg,Fe^{2+})(Al.Fe^{3+})_5Si_6O_{23}(OH)_3 \cdot 2H_2O$
Pyrit		FeS_2
Pyrop	Prp	s. Granat
Pyrophyllit	Prl	$Al_4Si_8O_{20}(OH)_4$
Pyroxen-Gruppe:		
Klinopyroxene	Cpx	
Ägirin		$NaFeSi_2O_6$
Augit		$(Na,Ca,Fe,Mg,Al)_2(Al,Si)_2O_6$
Diopsid	Di	$CaMgSi_2O_6$
Jadeit	Jd	$NaAlSi_2O_6$
Omphazit	Omp	$(Ca,Na)(Mg,Al)Si_2O_6$
Orthopyroxene	Opx	
Enstatit	En	$Mg_2Si_2O_6$
Hypersthen		$Mg_{1-1,4}Fe^{2+}{}_{1-0,6}Si_2O_6$
Pyrrhotin		$Fe_{(1-x)}S$
Quarz	Qtz	SiO_2
Rutil	Rt	TiO_2
Sapphirin	Sa	$(Mg,Fe)_2Al_4SiO_{10}$
Scolecit		s. Zeolith
Seladonit		s. Tonminerale
Serizit		s. Glimmer
Serpentin-Gruppe:		
Antigorit	Atg	$Mg_3Si_2O_5(OH)_4$
Chrysotil		$Mg_3Si_2O_5(OH)_4$
Sillimanit	Sil	Al_2SiO_5
Spessartin		s. Granat
Spinell	Spl	$MgAl_2O_4$
Spurrit		$Ca_4Si_2O_8 \cdot CaCO_3$
Staurolith	St	$(Fe^{2+},Mg)_4Al_{18}Si_{7,5}O_{44}(OH)_4$
Stilbit		s. Zeolith

Mineralname	**Abkürzung**	**Chemische Formel**
Stilpnomelan		$(K,Ca)_{0-1,4}(Fe,Mg,Al)_{5,9-8,2}Si_8O_{20}(OH)4$
Talk	Tlc	$Mg_6Si_8O_{20}(OH)_4$
Thomsonit		s. Zeolith
Titanit		$CaTiSiO_4(O,OH)$
Tonmineral-Gruppe:		
Illit		$K_{1-5}Al_{5-5,5}Si_{7-6,5}O_{20}(OH)_4$
Kaolinit		$Al_4Si_4O_{10}(OH)_8$
Montmorillonit Smectit)		$(^1/_2Ca,Na)_{0,7}(Al,Mg,Fe)_4(Si,Al)_8O_{20}(OH)_4$
Nontronit		$(^1/_2Ca,Na)_{0,7}Fe^{3+}{}_4(Si,Al)_8O_{20}(OH)_4\cdot nH_2O$
Tremolit	Tr	s. Amphibol
Turmalin		$Na(Fe^{2+},Mg)_3Al_6B_3Si_6O_{27}(OH,F)_4$
Vesuvian		$Ca_{10}(Mg,Fe^{2+})_2Al_4Si_9O_{34}(OH,F)_4$
Wairakit	Wa	s. Zeolith
Wollastonit	Wo	$CaSiO_3$
Zeolith-Gruppe:		
Analcim	Anl	$NaAlSi_2O_6\cdot H_2O$
Heulandit		$(Ca,Na_2)Al_2Si_7O_{18}\cdot 6H_2O$
Laumontit	Lmt	$Na_2Ca_2Si_4O_{12}\cdot 4H_2O$
Mesolit		$Na_2Ca_2Al_6Si_9O_{30}\cdot 8H_2O$
Mordenit		$(Na_2,K_2,Ca)Al_2Si_{10}O_{24}\cdot 7H_2O$
Scolecit		$CaAl_2Si_3O_{10}\cdot 3H_2O$
Stilbit		$(Ca,Na_2,K_2)Al_2Si_7O_{18}\cdot 7H_2O$
Thomsonit		$NaCa_2Al_5Si_5O_{20}\cdot 6H_2O$
Wairakit	Wa	$CaAl_2Si_4O_{12}\cdot 2H_2O$
Zirkon		$ZrSiO_4$
Zoisit	Zo	$Ca_2Al_3Si_3O_{12}(OH)$

Die verwendeten Mineralabkürzungen entsprechen internationaler Norm (KRETZ 1983).

Sachverzeichnis